中国城市科学研究系列报告

中国城市规划发展报告
2009—2010

中国城市科学研究会
中国城市规划协会
中国城市规划学会　编
中国城市规划设计研究院

中国建筑工业出版社

图书在版编目（CIP）数据

中国城市规划发展报告：2009—2010/中国城市科学研究会等编. —北京：中国建筑工业出版社，2010.6
（中国城市科学研究系列报告）
ISBN 978-7-112-12155-7

Ⅰ.①中… Ⅱ.①中… Ⅲ.①城市规划－研究报告－中国－2009~2010　Ⅳ.①TU984.2

中国版本图书馆 CIP 数据核字（2010）第 100336 号

　　本书由中国城市科学研究会、中国城市规划协会、中国城市规划学会、中国城市规划设计研究院共同组成编委会，延续《中国城市规划行业发展报告 2008－2009》的体例和框架，定期对城乡规划的发展进行总结。
　　本书梳理了 2009 年城乡规划领域的重点话题，从中国城市规划 60 年、我国城镇化的新认识、低碳生态城市的新理念和新进展、四川汶川地震灾后城乡恢复重建规划和建设的新进展等四个方面以综述方式进行了总结；并对区域（空间）规划、城市规划获奖项目的评价、城市总体规划、风景名胜区规划、历史文化名城名镇名村保护规划、城市交通规划、城市交通规划中国城市住房：政策与市场、城乡规划督察工作进展、规划信息化建设最新进展等进行了年度盘点；结合城市规划热点问题，撰写了上海市城市总体规划实施评估、世博会和虹桥交通枢纽对上海城市发展的影响、北京市限建区规划、城乡统筹新进展——成都的探索与实践、北川新县城规划的节能减排与低碳建设、城市的容积率问题等评论性文章；最后对 2009 年度城乡规划的重要事件、行业发展概况、学术动态进行了梳理。
　　本书适合城市规划师、城市规划管理工作者、高等院校师生及相关专业从业者参考使用。

责任编辑：黄　翙
责任设计：李志立
责任校对：刘　钰　关　健

中国城市科学研究系列报告
中国城市规划发展报告
2009—2010
中国城市科学研究会
中国城市规划协会　编
中国城市规划学会
中国城市规划设计研究院
*
中国建筑工业出版社出版、发行（北京西郊百万庄）
各地新华书店、建筑书店经销
北京嘉泰利德公司制版
北京云浩印刷有限责任公司印刷
*
开本：787×1092 毫米　1/16　印张：20½　字数：492 千字
2010 年 6 月第一版　2010 年 6 月第一次印刷
定价：**76.00** 元
ISBN 978-7-112-12155-7
　　　　（19410）

版权所有　翻印必究
如有印装质量问题，可寄本社退换
（邮政编码　100037）

编研机构

编 制 单 位：中国城市科学研究会
中国城市规划协会
中国城市规划学会
中国城市规划设计研究院
支 持 单 位：美国能源基金会
中国城市规划行业信息网

编委会

编委会主任：仇保兴　赵宝江
编委会副主任：吴良镛　周干峙　邹德慈
编委会委员：（按姓氏笔画为序）
尹　稚　王　凯　王　燕　王景慧　王静霞　宁越敏
石　楠　任致远　吕　斌　孙安军　朱子瑜　吴志强
李　迅　李兵弟　李晓江　杨保军　邵益生　邹时萌
陈　锋　陈为邦　周一星　金　磊　胡序威　赵　民
赵士修　唐　凯　唐子来　徐文珍　顾朝林　崔功豪
谢晓帆

执行编委会

执 行 主 编：（按姓氏笔画为序）
王　凯　王　燕　石　楠　任致远　李　迅　陈　锋
执 行 编 委：（按姓氏笔画为序）
龙　瀛　何　旻　张　兵　张　杰　张　菁　李宗华
邱　建　金晓春　俞斯佳　洪昌富　徐毅松　殷广涛
秦凤霞　贾建中　彭瑶玲　谢晓帆　谢鹏飞　樊　杰

编辑部

编辑部成员：陈　明　郭　磊　周兰兰　庞　涛

导言

2009年是中华人民共和国成立60周年。在这60年中,城市规划的历史地位与作用得到充分肯定,中国特色的规划理论体系不断完善,规划法制和管理体制日益健全,规划行业队伍不断扩大。

2009年也是新世纪以来我国经济发展最为困难的一年。为了应对国际金融危机的严重冲击,党中央、国务院全面分析、准确判断、果断决策、从容应对,团结带领全国各族人民坚定信心,有效遏制了经济增长明显下滑的态势,率先实现了经济形势的总体回升向好。

城市规划界在2009年适应时代变化、紧扣时代脉搏,积极探索社会主义市场经济条件下具有中国特色的城乡规划理论与方法。在理念探索、规划实践、管理制度、公共政策等方面取得了长足进展,促进了社会经济的协调发展。保障性安居工程大规模推进、建筑节能工作力度进一步加大、村镇规划编制和实施取得新成就、施工安全监管工作得到强化、城市建设和管理工作进一步加强、法规和工程建设标准工作取得新进展等都是2009年中国城乡建设系统的重要工作,这些工作在对抗金融危机、促进经济发展方式转变和关注民生改善等问题上发挥了重要的基础保障作用。

一、城市规划理念进一步创新

城镇化战略充分体现了打破城乡分割、促进城乡协调的重要发展理念。在2009年年底召开的中央经济工作会议及2010年的1号文件中,都把城镇化战略作为推动国民经济和社会健康发展的重要举措,特别是对中小城市和小城镇的发展给予了更大的战略关注。在2009年,我国城镇化水平继续稳步提高,城市人居环境得到进一步改善;区域城乡统筹进一步加强,小城镇和新农村建设稳步推进;区域战略进一步深化细化。与此同时,国家以空前的力度在推动和实施区域规划,城镇空间结构的多元化和均衡化态势愈益显著,不同地区分类指导多样化城镇化道路已经得到初步确立，打破城乡二元体制分割进入破冰阶段。

城乡统筹是扭转传统城镇化过程中以城市为核心的传统发展理念，其实质是为城市—农村整体找出更优的发展路径，在城市和乡村之间构建人口和各类生产要素相互融通开放的经济社会大系统，联动解决城镇化过程中的城市问题和乡村问题。这个过程主要体现为通过推进新兴工业化和健康城镇化的相关制度创新，城市大量地为农村减负和反哺，最后实现城乡均等化的公共服务体系。在实践中，各地普遍注意结合自身的经济社会条件，在城乡的统筹规划和建设中重点突出，目标明确，积极引导村庄整治与建设。东部发达地区的城乡一体化、中部地区的城乡统筹与两型社会建设相结合、西部地区的城乡协调发展等，既具有很强的现实意义，也表现出较强的政策属性。

低碳生态城市成为规划界共同探究的城市发展模式，低碳理念融入生态城市的规划建设也日益成为共识。"低碳生态城市"是低碳城市和生态城市这两个关联度高、交叉性强的发展理念的复合。这个概念的提出，是可持续发展思想在城市发展中的具体化，是低碳经济发展模式和生态化发展理念在城市发展中的落实，是城市发展的新目标。在全球气候变化和我国快速城镇化进程的双重压力下，低碳生态城市已成为我国城市发展的战略选择，成为中国发展模式转型的关键。目前中国的各个城市也正在积极探索低碳生态城市的建设模式，如上海世博会提出以"和谐"作为城市发展理念；虹桥枢纽在规划中提出建设"低碳商务社区"的目标，把世博会的理念又推进了一步。总之，低碳是生态城市发展的方向，低碳生态城市正成为中国践行生态文明的重要载体和基本内容。

二、城市规划编制工作取得新进展

区域协调理念得到进一步提升，区域规划工作取得突破性进展。近年来我国区域规划明确提出划分主体功能区的要求，区域规划成果纷纷出台。在2009年国务院批准的12个区域规划和区域性政策文件中，对区域的战略定位更加明确和突出，充分体现了国家战略要求与地方发展诉求的结合点，凝聚着中央和地方的发展共识。"十二五"时期，应继续健全区域（空间）规划体系，立足于安全国土、提升地区竞争力，着眼于国土可持续性、重塑人居环境，以普惠健康和基本公共服务均等化来促进社会和谐。

2009年，我国城市总体规划工作随着《城乡规划法》的颁布实施而更加强调了其严肃性与规范性。从国务院启动制定《城市总体规划修改工作规则》，到住房和城乡建设部制定下发《城市总体规划实施评估办法（试行）》（建规[2009]59号），以及国务院审批总体规划城市数量的增加等，都反映了中央政府维护城市总体规划严肃性的决心。与此同时，总规编制中技术特点呈现多样性的探索模式，如天津总规对总规修改程序与内容的关注；广州、上海两市对"三规合一"、"两规合一"模式的探索；武汉总规强化了实施管理的要求和浙江省市县域总规对城乡统筹的实践等，都为总规技术的完善提供了丰富的实践积累。

历史文化名城、名镇、名村的保护理念继续完善，技术方法继续优化。在历史文化名城保护中，经常出现重形态特征保护，轻历史文脉传承的问题，从而陷入"形神不一"的误区，对文化遗产造成无法挽回的损失。随着《历史文化名城名镇名村保护条例》影响的加深，文化遗产外延的扩展进一步促使保护规划的深层变革，历史文化名城、名镇、名村保护规划过程将整合更广泛的社会力量。现有历史文化名城保护规划的改进和优化中，更加突出历史文化名城保护的战略性地位与作用，通过选择切合实际的历史文化名城保护模式，建立历史文化名城保护的综合评价体系，借助城市设计有机延续城市历史空间特色和完善历史文化名城保护的实施保障机制来使历史文化名城形神兼备，不断弘扬中华文明。

风景名胜区的规划、保护和管理工作继续加强，国务院审定发布第七批国家级风景名胜区，住房和城乡建设部在国家级风景名胜区推行年度报告制度在其中发挥了突出作用。2009年，四川地震灾区的风景名胜区灾后恢复重建规划基本完成，长江三峡风景名胜区总体规划编制工作全面启动，许多风景名胜区开展了文物保护规划。实践中，风景名胜区范围边界划定仍是规划修编的焦点，风景名胜区保护和重大工程建设的矛盾仍然十分突出，风景名胜区中的村镇实现可持续发展仍在积极探索，风景名胜区控制性详细规划亟须技术规范引导。

城市综合交通规划思想进一步确立，公交引导、绿色交通、需求管理等方面从理念进入实践。2009年城市交通规划呈现出四个方面的特点：第一，伴随着高速铁路、城市轨道交通的快速发展，城镇间联系以及城市内部联系的高速化服务带来人们对于城市空间布局的调整和城市交通方式结构转变的期盼；第二，伴随着绿色交通模式探索从理念到实践的推进，步行和自行车引起的关注程度广泛提高，从公共自行车租赁到慢行交通系统的标准以及相关专项规划设计纷纷涌现；第三，在优先发展公共交通战略的指引下，从公交都市到公共交通行业改革再到城乡公交一体化的研究层出不穷；第四，随着私人机动车的迅猛增长，特大城市交通拥堵常态化态势明显，以交通改善为目标的交通需求管理措施的研究和实施进入实践阶段。

城市空间规划管制工作进一步推进和落实。针对城市的无序建设和蔓延，限建区规划工作取得较大突破。北京市在编制新一轮城市总体规划时，适应奥运建设等重大发展契机带来的城乡建设快速推进，适时编制了限建区规划，把不宜于开发或不宜于以普通强度开发的城乡空间划出，制定强制性的禁限建和保护措施，把涉及资源、环境和城乡安全的敏感区域以及历史文化遗产的保护落实到空间，保障了快速发展的同时实现可持续的发展，是将城市增长控制理念引入城乡规划领域的一次有益探索。

灾后城乡恢复重建规划和建设工作继续推进。四川汶川地震的灾后重建工作在 2009 年继续得到中央领导的高度关注。在灾后恢复重建实施工作中，通过加强组织领导、突出科学重建、贯彻落实政策、注重依靠群众、加强指导帮扶、积极争取援建、坚持信息公开等原则和措施，充分发挥了各方面的作用。目前，四川灾后重建工作在民生项目、基础设施、城镇重建和产业发展等方面均进展顺利。截至 2010 年 4 月底，四川省纳入《汶川地震灾后恢复重建总体规划》的 29704 个项目，已开工 28886 个，占 97.2%，已完工 23232 个，占 78.2%；已完成投资 6787.5 亿元，占概算投资的 72.3%。

三、城市规划管理制度更加完善

城乡规划督察工作取得积极进展。2009 年，根据全国住房城乡建设工作会议对城乡规划督察工作的总体部署，住房和城乡建设部新聘任 17 名部派城乡规划督察员，派驻到邯郸等 17 个城市，使派驻城市达到 51 个，督察员总数达到 68 名。部派督察员全年共向派驻城市政府发出督察意见书 5 份，督察建议书 39 份，约见地方政府领导 60 余次，纠正了一些城市侵占公共绿地、拆除历史文化建筑搞商业开发的倾向，减少了因决策失误而造成的损失。同时，省派城乡规划督察员工作稳步推进，全国已有 19 个省（自治区、直辖市）建立了城乡规划督察制度。今后，将用三年时间将部派规划督察员派驻到国务院审批城市总体规划的所有城市，省级政府派驻督察员覆盖到所有地级以上城市和国家级历史文化名城。

各地规划部门继续积极开展信息化建设。城市规划的信息化建设在我国政府部门信息化当中开展较早，技术门类较多，构建难度较大。同时，它也是当今普及程度较高、发展速度较快的一个部门的信息化建设。经过 20 多年的发展，目前我国已有 200 多个城市建成了空间数据基础设施，近 300 个城市建成了规划审批管理系统，大多数城市政府规划部门通过网站实施政务公开和公众参与，新思路、新技术层出不穷，信息技术已成为带动体制和机制创新、转变行政管理模式、提高行政审批效率和服务水平的重要手段，为实现规划管理的信息网络化、办公自动化、决策智能化、政务公开化和服务社会化发挥着重要的基础作用。

四、城市规划热点问题不断涌现

住房政策始终围绕强化保障和稳定市场两大主题展开。2009 年以来，各城市纷纷加强保障性住房规划，加大保障住房建设用地供应，重视旧住宅区改造完善工作，推动小面积居住设计水平的提升，人居环境继续得到改善。自 2009 年年初的交易萎缩到年底的房价持续上涨,住房市场在一年之内迅速回暖,住房投机行为在市场中日趋明显。为了遏制房价的快速攀升,中央政府从 2009 年年底开始对住房市场进行新一轮调控,在 2010 年进一步增大了保障性住房的供给,同时加大了对住房投资和投机行为的打击。中央和各级地方政府相继出台了一系列土地、金融等方面的政策用以规范住房市场,引导房价理性回归。

容积率问题中的不正之风得到纠正,容积率调整的具体条件和审批程序得到规范。各地在规划编制过程中,加强了影响容积率的相关要素研究,强化了上位规划对容积率管理的具体要求,完善了公众参与的制度和程序。在管理和实施过程中,还需要通过建立公平公正的容积率管理机制、建立容积率的补偿机制、健全容积率调整的决策程序和监督机制、完善相关的协同配套措施等,来提高和规范对容积率的管理。

2009 年适逢新中国成立 60 周年。在这 60 年中,我国城市规划的理论和实践均得到了巨大的发展。面对当前城市规划的诸多问题,我们还有大量的工作要做。下一年度的工作重点,一是进一步加强住房工作,重点是加强保障性住房的规划建设和遏制部分城市商品房价格过高过快上涨;二是适应城乡规划的配套法律规章不断完善的新形势,不断提高规划编制水平,加强技术创新;三是继续加强节能减排工作,推动低碳生态城市的规划和建设工作。广大的城乡规划工作者应该在把握好科学发展、和谐发展的原则下,用具有中国特色的城乡规划理论、方法与实践指导我国城乡规划事业的蓬勃发展,为实现我国经济社会的健康、可持续作出更大的贡献。

(本文撰写过程中,得到中国城市规划设计研究院总规划师王凯,中国城市规划设计研究院陈明的大力支持与帮助,在此一并致谢!)

(撰稿人:李迅,中国城市规划设计研究院副院长,教授级高级城市规划师;庞涛,中国城市科学研究会)

目　录

导言

重点篇

中国城市规划 60 年 ·· 3
我国城镇化的新认识 ·· 12
低碳生态城市的新理念和新进展 ·· 28
四川汶川地震灾后城乡恢复重建规划和建设的新进展 ····························· 38

盘点篇

2009 年我国区域（空间）规划 ·· 47
2007 年度城市规划获奖项目的评价 ··· 56
2009 年城市总体规划 ·· 72
2009 年风景名胜区规划 ··· 82
2009 年历史文化名城名镇名村保护规划 ··· 89
2009 年城市交通规划 ··· 102
2009 年中国城市住房：政策与市场 ·· 110
2009 年城乡规划督察工作进展 ·· 122
2009 年规划信息化建设最新进展 ··· 133

焦点篇

上海市城市总体规划实施评估 ··· 143
世博会和虹桥交通枢纽对上海城市发展的影响 ···································· 155
北京市限建区规划 ··· 168
城乡统筹新进展——成都的探索与实践 ··· 178
北川新县城规划的节能减排与低碳建设 ··· 189
城市的容积率问题 ··· 206

CONTENTS

Introduction

Summary

Sixty-year of Chinese Urban Planning ································· 3
New Understandings on China's Urbanization ······················· 12
New Concept and Progress of Low-Carbon Eco-city ················ 28
New Progress of Urban and Rural Reconstruction Planning and
  Construction after Wenchuan Earthquake ························ 38

Review

National Regional (Spatial) Planning in 2009 ······················ 47
Review on Projects of Urban Planning Awards in 2007 ············ 56
City Master Plan in 2009 ··· 72
National Park and Scenic Spots Planning in 2009 ·················· 82
Conservation of Historic Cultural Cities, Towns, Villages in 2009 ··· 89
Urban Transportation Planning in 2009 ······························ 102
Chinese Urban Housing in 2009: Policy and Market ················ 110
Progress of Urban and Rural Planning Inspectorate System in 2009 ··· 122
The Latest Progress of Information Construction on Planning in 2009 ··· 133

Focus

Evalution on Implementation of Shanghai Urban Master Plan ······ 143
Impact of World Expo and Hongqiao Transport Hub on Shanghai's
  Urban Development ··· 155
Planning for Limited Areas in Beijing ································ 168
New Progress of Urban and Rural Coordination: Research and Practice
  in Chengdu ··· 178
Energy-saving and Low-carbon Construction of Beichuan New
  County Planning ··· 189
The Issue on Urban FAR ··· 206

动态篇

2009年中国城市规划协会动态 …………………………………………………… 219
2009年中国城市科学研究会动态 ………………………………………………… 229
2009年中国城市规划学会动态 …………………………………………………… 238

附　录

2009年度大事记 …………………………………………………………………… 257
2009年度城市规划相关政策法规索引 …………………………………………… 284
2009年国务院批准的城市总体规划名单 ………………………………………… 290
2009年中国人居环境奖获奖名单 ………………………………………………… 291
中国城市规划行业信息网十周年改版简介 ……………………………………… 293

Trends

Work Trends of CACP in 2009 219
Work Trends of CSUS in 2009 229
Work Trends of UPSC in 2009 238

Appendix

Events in the Chinese Planning 2009 257
Index of the Urban Planning Policies and Norms 2009 284
The List of Urban Master Planning Approved by State Council in 2009 290
The List of Winning Cities (Projects) of 2009 National Human Settlement
　Award 291
Brief Introduction of China-up. com's Website Upgrading at 10-year
　Anniversary 293

重点篇

Summary

中国城市规划 60 年

中华人民共和国已经走过 60 年历程。新中国的城市规划亦经历了 60 年的风风雨雨，从小到大，从弱到强，励精图治，不断发展，走向成熟，谱写了曲折的创业奋斗史，形成了具有中国特色的城市规划机制、体制、理论体系、法规体系、实践经验和管理模式，取得了瞩目成就。

一、历经曲折，规划的地位与作用日趋突出

新中国的城市规划事业是伴随着人民共和国的诞生而起步的，1952 年 9 月建筑工程部召开新中国成立以来第一次城市建设座谈会，将城市规划提上了议事日程。会议决定开展城市规划，各城市都要开展城市规划机构，城市建设一定要按照规划进行。经过三年国民经济恢复，从 1953 年起，我国进入第一个五年计划时期，第一次由国家组织有计划的大规模经济建设，根据 1953 年中共中央关于"重要的工业城市规划工作必须加强进行"的指示精神，以适应 156 项重点建设项目的需要，工业建设比重较大的城市迅速组织力量，开展并加强城市规划工作。到 1957 年，国家先后批准兰州、洛阳、太原、西安、包头、成都、大同、湛江、石家庄、郑州、哈尔滨、吉林、沈阳、抚顺、邯郸等 15 个城市的总体规划和部分详细规划。可以说，新中国的城市规划工作起步阶段机遇大好，发展很快，成果累累，迎来了在计划经济体制下城市规划备受重视和尊重的春天。据不完全统计，到 1958 年，全国从事城市规划工作的人员发展到 5000 多人，初步奠定了我国城市规划工作发展的体制框架和事业基础。

1958 年的"大跃进"促使工业建设和城市建设头脑发热，到"困难时期"不少建设项目纷纷落空，1960 年 11 月在全国第九次计划会议上，把承担失误的责任打向城市规划，草率宣布"三年不搞城市规划"。如此决策，不仅对"大跃进"形成的不切实际后果无以补救，还导致了城市规划命运的转折，再加上 1964 年开展的全国性设计革命，又一次批判城市规划，使得城市规划雪上加霜。1966 年开始的"文化大革命"，更是变本加厉，彻底否定城市规划工作，致使各地纷纷撤销规划机构，下放规划人员，销毁规划档案资料，造成了对城市规划管理体制和队伍建设的浩劫和致命挫折。受此屡屡打击，到 1973 年，全国还处在城市规划岗位上的职工仅剩 700 人。这是新中国城市规划发展史上一段十分沉痛

的记忆和教训。尽管1972年5月国务院批转三部委《关于加强基本建设管理的几项意见》中，强调城市的改建和扩建要做好规划，此时看到规划走向复苏的机会和希望，但由于极左错误思想影响，加之问题成堆，积重难返，阻力重重，直至"文化大革命"结束前，我国城市规划事业仍处在十分薄弱、动荡和被动的局面。

1978年党的十一届三中全会是一个伟大的转机。当年，国务院在北京召开第三次全国城市工作会议并经中共中央批准下发《关于加强城市建设工作的意见》，随后国家建委在兰州召开城市工作座谈会，宣布全国恢复城市规划工作，要求各地城市立即开展城市总体规划的编制，彻底解开了对城市规划的羁束。从此，我国城市规划重新走上兴旺和持续发展的道路。到1986年年底，国务院相继审查批准了兰州、呼和浩特等38个重要城市的总体规划，各省、自治区、直辖市也已完成了绝大多数城市的总体规划编制审批工作，从而使我国城市的发展建设全面迈入按照城市规划进行的新阶段。1989年12月26日《城市规划法》的颁布，开创了我国城市规划依法行政的新纪元，有力地保障了城市规划在我国国民经济社会发展和城市建设中的重要地位与作用。这一时期，称之为我国城市规划的第二个春天。

改革开放和市场经济给我国城市发展建设带来巨大活力，城市建设出现大发展形势和新的机遇。2001年城镇化发展战略的实施，推动了我国城镇化快速发展的进程。一方面，新的形势要求城市规划不断改革与发展，以适应经济社会发展和生态文明建设的客观需要；另一方面，开发区的泛滥、房地产业的强势、形象工程的压力、大拆大建的难控，又要求城市规划必须提高科学编制水平和加大有效监督的力度，以保证城市建设健康有序和可持续发展。在这种情况下，2007年10月28日《城乡规划法》颁布，成为我国新世纪城市规划领域的里程碑。它是建立和完善市场经济体制，贯彻落实科学发展观，保证城镇化进程健康发展的法律成果和法治武器。该法规定的"先规划后建设"原则，涵盖了城乡统筹领域，通过法律形式强调了城市规划的重要性，则进一步突出了城市规划的地位与作用。与此同时，也对城市规划赋予了更大的责任和更高的要求。

二、尊重实践，规划的理论体系日臻完善

新中国的城市规划理论是在长期的实践基础上，汲取国外的先进经验，并注重与我国经济社会的具体实际相结合，通过不断创新而日臻完善的。新中国的城市规划理论强调突出自己的特色，逐步自成体系。早在1955年国务院颁布了城乡划分标准，1956年国家建委颁发了《城市规划编制暂行办法》，之后出版了我国学者编写的《城乡规划》和《城市规划原理》教科书，开设了城乡规划专业，

这就为我国城市规划理论的建立和发展奠定了基础。

我国最初的城市规划原理，主要包括总体规划和详细规划，突出城市的功能布局和道路骨架以及市政公用配套设施，针对工业建设项目进行生活居住区详细规划。20世纪70年代以前，城市规划被视为国民经济和社会发展计划的继续与具体化，主要是为实现工业发展计划建设项目服务的。但在实践的过程中，往往出现计划与规划的脱节现象，规划上有的建设项目，计划上没有立项；计划上有的立项项目，规划上难以安排。于是就形成了"规划赶不上计划，计划赶不上变化"的被动局面和尴尬处境，使城市规划不能够有力地指导各项城市建设和管理。到1965年国家计委把城市建设列为非生产性建设项目，干脆取消了城市建设户头，不再下达城市建设立项项目和投资指标，结果让城市规划成为无米之炊。

实践经历说明，城市规划不仅仅是对计划项目的具体化安排，它必须谋划整个城市科学、合理、和谐、有序的持续发展，应当是指导城市各项建设协调发展的蓝图，不能只看计划的眼色行事，迫切需要建立自己的城市规划理论体系。于是，20世纪80年代提出"规划是计划的继续与具体化"概念，提出"城市规划是为实现一定时期内城市的经济社会发展目标，确定城市性质、规模和发展方向，合理利用城市土地和空间资源，协调城市空间布局和各项建设的综合部署和具体安排"的新含义，确立了城市规划在城市发展建设和管理中的"龙头"地位和主导作用。同时，丰富了城市规划的内容，使总体规划包括城镇体系规划、城市总体布局规划、各类专项规划和近期建设规划，大中城市编制城市分区规划，详细规划包括控制性详细规划和修建性详细规划，并增加了城市设计的内容。明确了城市规划的实质，一是政府职能，二是具有法律效力的管理手段，三是一项社会实践活动，四是一门综合科学，五是一门空间艺术。城市规划所承担的任务是合理确定城市的发展目标、土地利用、空间布局、建设部署，其核心是土地利用，根本方法是统筹兼顾、综合部署。这就对城市规划有了一个明确的认识，建构了我国自己的城市规划理论体系。这是一个非常大的进步。

1989年《城市规划法》的颁布，从法律上确定了重新建立我国城市规划的理论体系。同时，依法建立了我国统一的城市规划管理的理论体系，包括城市规划编制管理、城市规划审批管理和城市规划实施管理。城市规划实施管理又包括建设项目选址规划管理、建设用地规划管理、建设工程规划管理和城市规划实施的监督检查等，出版了一系列城市规划管理的理论书籍，彻底改变了过去在我国城市规划管理中缺乏基本理论，单靠经验和行政手段进行管理的混乱局面。

值得提及的是，自1982年国务院批准公布第一批国家历史文化名城以来，我国历史文化遗产保护出现良好转机，历史文化保护的理论和方法在实践中不断得到充实完善并形成体系。包括世界自然文化遗产保护，我国的历史文化名城、名镇、名村保护，历史文化街区和历史建筑保护，国家各级文物单位和文物古迹保护，工业遗产保护，文化线路保护以及非物质文化遗产保护等，在城市规划中建立了专项的历史文化保护规划，成为我国城市规划理论体系中内容丰实的理论分支。《历史文化名城名镇名村保护条例》的颁布就是对我国历史文化保护理论的一种肯定。

还应提及的是，最初的城市规划与建筑学科是相互融合的，沿用建筑理论及其空间思维方式。随着城市的大规模发展建设和结合城市经济社会发展的需要，与时俱进，城市规划的理论视野扩大了，从实践中来，到实践中去，吸收了城市地理学、城市生态学、城市社会学、城市经济学和环境保护、节能减排、综合交通、防灾减灾等方面的相关理念和内容，融会贯通、综合考虑、充实完善，建立了"城市规划原理"、"城市规划管理与法规"、"城市规划相关知识"、"城市规划实务"等科目，形成了自己的有别于其他学科的城市规划理论体系，这就为适应改革开放、市场经济和城镇化发展的需要奠定了基础。

随着改革开放、市场经济和城镇化发展战略的实施，城市发展建设空前活跃，推动城市规划进一步与之适应，不仅纷纷编制各类开发区规划，还出现城市发展概念规划（战略规划）、城市圈规划、城市连绵地带城市群规划，以及城市限建区规划、城市商务中心区规划和城乡统筹规划等，进一步解放了城市规划思想，丰富了城市规划类型和内容，充实了城市规划理论，促进了城市规划的改革与发展。同时，出现法定规划与非法定规划并存的现象，需要进一步加以研究、协调和规范。面对新的实践要求，《城乡规划法》颁布了。该法将城镇体系规划、城市规划、镇规划、乡规划和村庄规划纳为城乡规划范畴，保留了总体规划、各类专项规划、近期建设规划、控制性详细规划、修建性详细规划等内容，法定了城乡统筹、合理布局、节约土地、集约发展和生态、环保、节能、历史文化遗产和特色保护、安全、科学性等规划原则，必将进一步加强、调整、充实和完善我国城市规划理论体系，为贯彻落实科学发展观，促进我国城市以人为本、全面、协调、可持续发展作出更大贡献。

三、规矩绳墨，规划法制建设计日程功

城市规划关系国计民生和城市健康循序发展，是驾驭城市发展、建设城市和管理城市的基本依据，是保证城市土地合理利用和开发活动协调进行的前提，涉及经济、政治、社会、文化的广泛领域，联系各行各业，影响千家万户，触及面大，情况复杂，综合性强，没有法律的规范、支撑、保障是不行的。必须通过立法来提高城市规划的严肃性、权威性和约束力，确立城市规划的法律地位和法律效力，并实现依法行政，才能保证城市规划发挥指导、调控、合理安排各项城市

建设和管理的职能。正如《管子》中提到的："法律政令者，吏民规矩绳墨也。"城市的发展建设必须依法严守规矩绳墨，才能沿着健康的轨道行进。

不必讳言，"文化大革命"前我国人治大于法治，法律意识淡薄，主观意志很强，致使规划出现"纸上画画，墙上挂挂，不如领导一句话"的现象，"文化大革命"更是对城市规划的践踏，必须引以为戒。1979年国家建委和国家城建总局在认真总结历史经验教训的基础上，开始起草《城市规划法》（草案），1980年10月，在国家建委召开的第一次全国城市规划工作会议上讨论通过了《城市规划法》（草案），准备上报国务院。该会议《纪要》指出："为了彻底改变多年来形成的'只有人治，没有法治'的局面，国家有必要制定专门的法律，来保证城市规划稳定地、连续地、有效地实施。"1983年11月，国务院常务会讨论了《城市规划法》（草案），决定1984年1月5日以《城市规划条例》的形式颁布。该《条例》成为新中国城市规划建设管理方面的第一部行政法规，表明城市规划法制建设取得了突破性的进展，开始迈上法制化的历程。

1986年10月城乡建设环境保护部城市规划局以《城市规划条例》为中心编辑了《城市规划法规文件汇编》，收集了国内外的大量法规文件资料，1987年8月城乡建设环境保护部在山东威海召开全国第一次城市规划管理工作会议，1988年又在吉林市召开第一次全国城市规划法规体系研讨会，皆在为推动我国城市规划管理的理论化、规范化、程序化、法制化进程，并首次提出建立健全我国的城市规划法规体系设想，这就为丰富城市规划法律思维、制定城市规划立法计划、加强城市规划法制建设奠定了思想理论基础和工作方向，为《城市规划法》颁布之后能够尽快加强配套法规的建设做好了思想准备和工作储备。

1989年12月26日《城市规划法》的颁布，揭开了我国城市规划建设管理领域划时代的一页，成为城市规划法制建设上的一座里程碑，彻底改变了城乡规划建设史上无法可依的局面。建设部除及时进行贯彻实施《城市规划法》的广泛宣传外，依据"以《城市规划法》为中心，建立健全包括有关法律、行政法规、部门规章、地方法规、地方政府规章等在内的城市规划法规划体系"的设想，1990年发出了《关于抓紧划定城市规划区和实行统一的"两证"的通知》，1991年颁布了《建设项目选址规划管理办法》和《城市规划编制办法》，1992年颁布了《城市国有土地使用权出让转让规划管理办法》，1994年颁布了《城镇体系规划编制审批办法》，1995年颁布了《开发区规划管理办法》等，之后，几乎年年有部门规章颁布，直到2005年，已颁布配套的部门规章25个，加之相关法律已颁布20个，行政法规10多个，规划技术标准与规范20多个，以及各省、自治区、直辖市都颁布了《城市规划法》的实施条例或办法（地方法规），以及有关的地方政府规章，基本上已建立起我国城市规划的法规体系。

2000年8月，建设部开始起草《城乡规划法》，经多次征询意见、研究、修改、论证后，2003年5月形成修订送审稿上报国务院。2006年国务院讨论通过《城乡规划法（草案）》，提请全国人大常委会审议。2007年10月28日全国人大常委会审议通过《城乡规划法》并公布，自2008年1月1日起施行。《城乡规划法》内容弥补了在市场经济条件下需要进一步加强依法行政条款的不足，增加了规划修改控制和加大了监督检查、法律责任等方面的力度，成为一部更加符合我国社会主义现代化建设新时期城乡统筹需要的法律，体现了我国城乡规划法制建设的重大进步和发展。2008年4月国务院颁布《历史文化名城名镇名村保护条例》，成为《城乡规划法》颁布后第一个相应配套的行政法规。住房和城乡建设部正准备以《城乡规划法》为中心，对已建立起来的城市规划法规体系中的相关部门规章进行调整修订，并加强城市规划技术标准和技术规范的全面制定工作，可以相信，新的完善的城乡规划法规体系的建设一定会计日程功。

四、坚持改革，规划管理体制日益健全

新中国最早的城市规划管理是按照城市规划以行政手段审批各项建设工程，一是划定建筑红线图（建筑用地），二是审发建筑执照（施工凭证）。当时在城建局或规划局设有规划室（科）和建筑审批科（或称建筑管理科），有的局里还设有用地审批科。主要是按规划、依申请、靠人治进行城市规划管理。"文化大革命"中，连这样的规划管理也被戴上"管、卡、压"的帽子被剥夺了，机构撤销、人员下放、资料散失，致使城市中的各项建设出现无政府状态，建设用地及其建筑工程由长官意志任意摆布，各自为政，功能混乱，见缝盖房，污染严重，在城市建设中否定规划和规划管理，出现乱局，对城市的规划建设造成一场历史性的浩劫。

沉重的教训，记忆尤深。党的十一届三中全会扭转乾坤，拨乱反正，结束了无法可依、无章可循、规划失控、盲目乱建的城市发展建设局面。1978年的中共中央13号文件《关于加强城市建设工作的意见》要求："必须加强城建队伍的建设"；1980年国务院批转的《全国城市规划工作会议纪要》指出："市长的主要职责应该是规划、建设和管理好城市"，"充分发挥城市规划的综合指导作用"，"城市各项建设应根据城市规划统一安排"。1984年颁布的《城市规划条例》规定："城市规划区内的各项建设活动，由城市规划主管部门实行统一的规划管理"，我国的城市规划管理法制建设和体制建设从此走上发展的轨道。

1985年城乡建设环境保护部城市规划局增设规划管理处，1987年召开全国第一次城市规划管理工作会议，编印了《城市规划管理》、《城市规划实施管理》等系列书籍，从法规上、理论上为城市规划管理开道。1989年颁布《城市规划法》，从法律上明确规定："县级以上地方人民政府城市规划行政主管部门主管本

行政区域内的城市规划工作",并规定了核发"一书两证"(建设项目选址意见书、建设用地规划许可证、建设工程规划许可证)的依法行政制度,这就有力地推进了我国城市规划管理体制建设和依法行政、加强规划管理的力度。各省、自治区相继建立建设厅,直辖市成立规划委员会或规划局,设市城市大多数成立规划局,县人民政府设置规划局或规划办,基本建立了我国城市规划管理体制的机构框架体系。

改革开放,不仅促进了我国经济社会的大发展,也有力地促进了城市规划管理的体制建设。为适应法制建设需要,各规划局纷纷设立法制研究室或法制处(科)、监督检查处(科)等内部机构;为方便建设单位需要和杜绝不正之风,各规划局建立了统一的报建中心或窗口;为适应拨改贷和科研单位体制改革以及市场经济的需要,不少规划设计院(室)从规划行政管理部门中分离出来或者新成立独立的规划设计院;为加强全市集中统一的规划管理,不少市规划局在城市辖区以及开发区建立了规划分局;同时,逐渐理顺了规划局与土地管理局、房地产管理局、环境保护局的关系,使得我国的城市规划管理体制进一步符合改革开放、职责分工、规划管理权不得下放、在市场经济条件下依法行政和廉政建设的需要,并走向日益健全和完善。

《城乡规划法》的颁布施行,进一步促进了规划管理体制的改革和发展。不少城市的规划局为适应城乡统筹的需要,增设了镇和乡村规划管理内部机构,加强了对镇和乡村规划的指导和规划管理。为适应《历史文化名城名镇名村保护条例》施行的需要,住房和城乡建设部城乡规划司设立名城(名镇名村)处,专门加强对历史文化名城名镇名村的保护和规划管理。为贯彻《国务院关于加强城乡规划监督管理的通知》精神和住房和城乡建设部《关于建立派驻城乡规划督察员制度的指导意见》要求,自上而下对我国大中城市派驻规划督察员,进一步强化了我国城市规划管理的法制化、科学化、民主化、规范化、制度化的发展建设进程。

可以说,随着改革开放的不断深入发展,我国城市规划管理体制适时进行调整深化,城市规划管理作为政府的行政职能已经确定,自上而下的规划管理机构已经形成体系,城市规划管理权限已经明确,城市规划管理的监督检查制度已经建立,城市规划与土地、房地产、环境等相关部门的关系基本理顺,规划主管部门内部机构设置日趋完善,高素质的规划管理人员比例明显增加,规划管理水平不断提高,我国城市规划管理的体制建设已经出现比较健全的可喜局面,迈上依法行政、科学管理和民主管理的里程。

五、顺应发展,规划行业队伍不断壮大

新中国建立之初(1949年)设市城市136个,城镇人口5765万人,城市化

率10.6%；1978年设市城市193个，建制镇2173个，城市化率17.9%；到2008年，设市城市655个，建制镇19249个，城镇人口60667万人，城市化率45.7%。上述数据说明，自改革开放以来，实行市场经济和城镇化发展战略，我国城市发展迈上快车道，发生了翻天覆地的变化。为适应城市发展建设的需要，城市规划的地位与作用、理论体系、法制建设和管理体制等不断提高、健全、完善。随之，我国城市规划行业队伍日见壮大，在1986年统计为1.5万人的基础上，到2009年已超过10万人。

首先是城市规划编制单位的改革变化。各城市规划设计研究院从规划主管部门中分离出来或新成立后，市场经济促进了规划编制单位独立生存，实行技术经济责任制促使规划院面向市场，打破大锅饭局面，加大对人事制度的改革力度，大量引进技术人才，使得规划院的专业化、年轻化、多样性水平提高。如今全国已有甲级规划院170多个，乙级规划院700多个，丙级规划院1600多个，进入规划市场的机构达2500多个，规划编制单位甲乙丙级呈现典型的金字塔形结构。清华大学、同济大学等高等院校建立城市规划设计研究院，产研学相结合，发展很快。加上新成立的规划编研中心40多个和172所大专院校设立规划本科专业的科研教育工作者，估计从事规划编制设计、研究、咨询、教育的各类人员6万人以上。其中，每年一次的全国注册城市规划师执业资格考试已经进行了10年，约1.2万人取得注册城市规划师执业资格。

从两年一度全国优秀城市规划设计奖的评选来看，1998年度申请项目134项，获奖项目46项，到2007年度申报项目达到400项，获奖项目174项。其中一项获得国家优秀工程勘察设计金奖，一项获得银奖，三项获得铜奖。各地的城市规划项目大量增加，规划设计专业水平明显提高，这就从另一个侧面证明了我国城市规划编制队伍在不断地发展壮大和规划质量水平有了很大提高。2009年度全国规划评优工作将于2010年上半年进行。

由于从事城市规划编制、规划管理、城市勘测、规划信息管理的行业队伍与人员与日俱增，迫切需要有一个行业组织代表、组织、规范和加强自律作用，建立联系行政主管部门、行业、公众参与的渠道、桥梁和纽带，并适应政府职能转变，即一些职能由部门行政管理转向行业管理，需要行业协会来发挥沟通、联络、协调、服务功能，1994年中国城市规划协会应运而生。经过15年的不懈奋斗，到2009年，协会已经拥有规划管理、规划设计、城市勘测、地下管线、规划信息管理、规划展示和女规划师等7个专业委员会，会员单位发展到800多个，成为一个具有一定凝聚力的城市规划行业团体，发挥着行业协会作为非政府组织的重要作用。随着改革开放的进一步深入，政府部分职能向社会职能的转移，尤其是国务院《关于加快推进行业协会商会改革和发展的若干意见》（国办法［2007］36号文件）要求："加快推进行业协会的改革与发展，逐步建立体制完善、结构合理、行为规范、法制健全的行业协会体系，充分发挥行业协会在经济建设和社会发展中的重要作用。"行业协会的发展建设必然会进一步加强，中国城市规划协会和各省、市地方协会的力量一定会继续发展与相互配合，共同促进我国城市规划行业队伍的建设迈上新的台阶，呈现出新的精神面貌，彻底改变我国城市规划行业的发展命运，真正走向欣欣向荣、健康发展的道路。

（撰稿人：任致远，中国城市规划协会副会长）

我国城镇化的新认识

自 2008 年年底金融危机爆发以来，国家对经济发展方式的反思不断全面和深刻，许多民生性的制度改革也在加速推出，一系列重大基础设施和区域规划加速实施，将不可避免地对中国未来的经济社会发展和城镇化道路带来深远的影响。城镇化作为结构调整的重要内容和手段，引起了各级政府和社会各界的高度关注。在国家城镇化战略面临重要转折的时期，通过深化改革、正确处理城乡关系、优化空间布局和发挥根植性优势，推动经济社会发展与城镇化互促共进，是中国实现转型发展的必由之路。

一、2009 年我国城镇化取得的成效

（一）城镇化水平继续稳步提高，城市人居环境得到进一步改善

2009 年，我国城镇人口规模 6.22 亿，城镇化水平达到 46.6%，比 2008 年提高了 0.9 个百分点，继续保持了平稳快速增长。截至 2008 年年底，全国 655 个城市用水普及率 94.73%，燃气普及率 89.55%，污水处理率 70.16%，生活垃圾处理率 86.75%，人均住房建筑面积 28m^2，人均公园绿地面积 9.71m^2。其中，城市污水处理率、生活垃圾无害化处理率、人均公园绿地面积分别比"十五"期末增长了 18.21 个百分点、15.07 个百分点和 1.82m^2。"十一五"前三年，有 6 个城市获得"联合国人居环境奖"，8 个城市获得"中国人居环境奖"，6 个城市被评为国家级历史文化名城（表 1）。

各地在城镇化推进过程中，还普遍重视人居环境的改善。针对珠三角地区开发强度过高、城市连绵、建设无序、环境恶化等问题，广东省明确提出通过建设区域绿道，建设宜居城乡，提高城镇化质量。目前，区域绿道建设已在珠三角地区全面铺开。

各省（市）城镇化率及增速情况　　　　　　　　　表 1

	2008 年城镇化率（%）	2009 年城镇化率（%）	2008 年增速（%）	2009 年增速（%）
全国	45.7	46.6	0.8	0.9
北京	84.9	85	0.4	0.1

续表

	2008年城镇化率（%）	2009年城镇化率（%）	2008年增速（%）	2009年增速（%）
天津	77.2	—	0.9	—
河北	41.9	—	1.65	—
山西	45.11	—	1.08	—
内蒙古	51.7	53.4	1.55	1.7
辽宁	60.1	60.3	0.9	0.2
吉林	53.2	53.3	0.04	0.0
黑龙江	55.4	55.5	1.5	0.1
上海	88.7	—	0.00	—
江苏	54.3	—	1.1	—
浙江	57.6	—	0.4	—
安徽	40.5	42.1	1.8	1.6
福建	49.9	51.4	1.2	1.5
江西	41.4	43.18	1.6	1.78
山东	47.6	—	0.85	—
河南	36.0	37.7	1.66	1.7
湖北	45.2	46.0	0.9	0.8
湖南	42.1	43.2	1.65	1.1
广东	63.4	63.4	0.26	0.0
广西	38.2	39.2	1.96	1.0
海南	48.6	—	1.4	—
重庆	50	51.6	1.66	1.6
四川	37.4	38.7	1.8	1.3
贵州	29.1	29.9	0.86	0.8
云南	33	—	1.4	—
西藏	22.6	23.8	0.09	1.2
陕西	42.1	43.5	1.48	1.4
甘肃	32.2	32.7	0.61	0.5
青海	40.9	—	0.83	—
宁夏	45.5	—	1.48	—
新疆	39.6	—	0.45	—

数据来源：2008年度城镇化率数据来自于《全国统计年鉴2009》。2009年度城镇化率数据依据各省公布的统计公报整理。

注："—"表示数据未获得。

（二）区域战略进一步深化细化，国家城镇空间布局多极化愈益显著（图1）

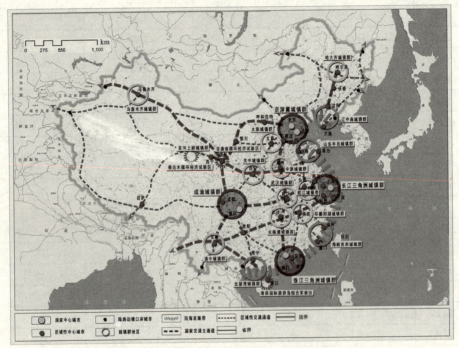

图1 国家新的城镇空间体系（2009—2020）

1. 2009年度国家审批通过的区域规划

2009年，是我国区域规划出台最密集的一年，全年共有9个区域规划和区域性政策文件得到国务院批复。1月8日，国家发改委发布《珠江三角洲地区改革发展规划纲要（2008—2020年）》，提出了珠江三角洲地区与香港、澳门和台湾地区进一步加强经济和社会发展领域合作的规划，到2020年把珠江三角洲地区建成粤港澳三地分工合作、优势互补、全球最具核心竞争力的大都市圈之一。纲要指出，保持珠江三角洲地区经济平稳较快发展，为保持港澳地区长期繁荣稳定提供有力支撑；支持粤港澳合作发展服务业，巩固香港作为国际金融、贸易、航运、物流、高增值服务中心和澳门作为世界旅游休闲中心的地位。

2009年5月，国务院常务会议审议通过《福建海峡西岸经济区规划》，要求福建海峡西岸成为"两岸交流合作先行先试区，服务中西部发展新的开放通道，东部沿海地区先进制造业重要基地，我国重要的自然文化旅游中心"。

2009年6月，《江苏沿海地区发展规划》、《关中—天水经济区规划》分别获得国务院审批通过。在《江苏沿海地区发展规划》中，国家要求江苏沿海成为"区域性国际航运中心，新能源和临港产业基地，农业和海洋特色产业基地，重要的旅游和生态功能区"。在《关中—天水经济区规划》中，国家要求关中—天水地区成为"全国内陆型经济开发开放战略高地，全国先进制造业重要基地，全国现代农业高技术产业基地，彰显华夏文明的历史文化基地"。

2009年7月，《辽宁沿海经济带发展规划》得到批复，国家要求辽宁沿海"成为特色突出、竞争力强、国内一流的临港产业集聚带，东北亚国际航运中心和国际物流中心，建设成为改革创新的先行区、对外开放的先导区、投资兴业的首选区、和谐宜居的新城区，形成沿海与腹地互为支撑、协调发展的新格局"。

2009年8月，《横琴总体发展规划》得到批复，要求把横琴建设成为"一国两制"下探索粤港澳合作新模式的示范区、深化改革开放和科技创新的先行区、促进珠江口西岸地区产业升级的新平台。同月，《中国图们江区域合作开发规划纲要》也获批复，国家要求其成为"中国沿边开放开发的重要区域，面向东北亚开放的重要门户，东北亚经济技术合作的重要平台，东北地区新的重要增长极"。

2009年9月，《促进中部地区崛起规划》在国务院常务会议通过，规划将中部地区定位为"我国重要粮食生产基地、能源原材料基地、装备制造业基地和综合交通运输枢纽"，要求加快形成沿长江、陇海、京广和京九"两横两纵"经济带，积极培育充满活力的城市群，推进老工业基地振兴和资源型城市转型，发展县域经济，加快革命老区、民族地区和贫困地区发展。

2009年12月，《黄河三角洲高效生态经济区》获得批复，国家要求其成为"全国重要的高效生态经济示范区，全国重要的特色产业基地，全国重要的后备土地资源开发区，环渤海地区重要的增长区域"。

进入2010年后，国务院又相继批复了《海南国际旅游岛规划》和《江西鄱阳湖生态经济区规划》。政府"有形之手"的不断强化和市场"无形之手"的联合推动，必将引发中国城镇空间结构的新一轮互动。

2. 国家加速区域规划审批的现实意义

国家通过区域规划的审批，对西部大开发、东北老工业基地振兴、中部崛起和东部地区率先发展等"四大板块"的区域战略进行了深化和细化，注重了对不同类型区域的分类指导，强化了沿海薄弱环节，形成了沿海开发开放更为完整的"金链条"，拓展和完善了沿海发展布局，使1.8万km的海岸带呈现出全面发展态势；同时，还将进一步深化不同地区、不同层面的对外开放和国际合作，推动沿海开发开放的全面和纵深发展，确立我国在未来世界经济发展格局中的战略发展坐标。如辽宁沿海、图们江、天津滨海新区、黄河三角洲的开发开放，将会带动东北亚的全面合作。江苏沿海开发开放，将带动国家参与欧亚大陆桥及中亚国家间的合作。海峡西岸的开发开放，将汇集两岸的力量，共同参与未来的国际竞争。

区域规划的更多出台，是国家积极落实调结构、扩内需、走多元多极发展路径，构造更具弹性的发展格局的战略构想。为应对国际金融危机、沿海外向型经济受重挫的局面，国家区域开发和发展战略布局从原来的侧重于沿海延伸到沿边，从东部、南部延伸到中部、西部和东北等地，通过发展中西部地区和欠发达地区来拉动国内消费市场，力图实现发展从金融危机前的"外循环"向"双循环"（对内对外）的转变。❶

（三）体制机制的改革进一步深化，打破城乡二元分割进入实质阶段

2009年，国家体制机制的改革明显提速，长期困扰城镇化健康发展的城乡二元分割进入实质性的破除阶段。在2009年12月，国务院常务会议审议通过了《城镇企业职工基本养老保险关系转移接续暂行办法》。办法规定，从2010年1月1日起，包括农民工在内的参加城镇企业职工基本养老保险的所有人员，其基本养老保险关系可在跨省就业时随同转移。国家还决定从2010年7月1日开始，流动人员跨省就业时可以转移自己的医保关系，个人账户可以跟随转移划转，城镇企业职工基本医疗保险、城镇居民基本医疗保险和新型农村合作医疗三种不同类型的医疗保险关系，也可互相转移。至此，制约全国形成城乡统一的劳动力市场的体制障碍基本得到破除，在优化城乡人力资源配置的同时，还将为打破城乡二元分割和推动城市化健康发展带来新的动力。

国家对中小城市和小城镇发展的重视，也达到了空前的高度。在2009年底召开的中央经济工作会议上，中央特别指出，当前城镇化发展的重点，是"加强中小城市和小城镇发展，要把解决符合条件的农业转移人口逐步在城镇就业和落户作为推进城镇化的重要任务，放宽中小城市和城镇户籍限制，提高城市规划水平，加强市政基础设施建设，完善城市管理，全方位提高城镇化发展水平"。在2010年3月召开的十一届全国人大第三次会议上，温家宝总理在政府工作报告中也进一步强调，要"统筹推进城镇化和新农村建设，……壮大县域经济，大力加强县城和中心镇基础设施和环境建设，引导非农产业和农村人口有序向小城镇集聚，鼓励返乡农民工就地创业"。

（四）城乡统筹加强，小城镇和新农村建设稳步推进

"十一五"期间，中央和地方继续贯彻实施促进小城镇发展的政策，小城镇发展活力增加，基础设施和公共设施水平显著改善。以县城为主的小城镇成为农民返乡创业和农村富余劳动力进城的重要载体。2008年年底，全国县城和建制镇人口2.57亿，占全国人口比重的19.4%，比2005年高出0.4个百分点。

在城市化迅速推进的同时，新农村建设取得了显著成效，农民生产生活环境

---

❶ 陈锋．对我国区域规划的若干思考（内部讨论稿）[R]//中国城市规划学会区域与城市经济学术委员会2009年会学术报告．

和村容村貌得到较大改善。2008年年底,近57万个行政村中,46.7%实现了集中供水,52.1%通上了公交车或客运班车,31%建设了生活垃圾收集点,61.6%实现了主要道路硬化。农村住房建设数量不断增加,样式更加丰富,功能更加完善,质量稳步提高。农村危房改造试点逐步扩大,到2011年将完成400万贫困农户的危房改造工作,占试点范围内农村危房总数的1/3。

二、中国的城镇化需要实现转型发展

(一)粗放式的城镇化模式难以持续

城镇既是创造人类物质财富和精神财富的核心,也是资源能源消耗、温室效应等问题最为集中的地方。当今,全球城市碳排放已经占到总排放量的75%,其中仅城市交通、建筑取暖的排放就占总量的27.2%。

我国近些年来的城镇化快速推进,在很大程度上是依赖于廉价的土地、能源、劳动力投入,以牺牲资源环境为代价的。珠江三角洲地区GDP每增加一个百分点,就要消耗5.08万亩耕地,目前已经陷入用地紧张、环境容量趋于饱和的境地。据统计,我国城市消耗的能源占全国的80%,排放的CO_2和COD占全国的90%和85%。虽然通过不断努力,我国万元GDP的能耗已经由1978年的15.68t标准煤降低到2007年的1.07t标准煤,但由于城市交通、照明、取暖等能耗更快地增长,未来我国城市能耗所占比重还有提高的趋势。

从现实来看,我国城市能耗效率较低,城市节能有很大的潜力。以建筑节能为例,目前我国能够达到建筑节能设计标准的建筑仅占全部城乡建筑总面积的5%,占城市现有采暖居住建筑面积的9%,绝大部分新建建筑仍是高能耗建筑。与相同气候条件的西欧或北美国家相比,我国住宅的单位采暖能耗要多50%~100%,而且舒适性较差。北京市在执行1995年新节能标准后,建筑能耗大幅降低,但仍比瑞典、丹麦、芬兰等国高出近一倍。此外,与发达国家相比,城市公共建筑能耗同样居高不下。对上海办公楼进行统计后发现其平均耗能量比条件大致相当的日本办公楼高出43.3%;清华大学对北京市10家大型商场进行详细测试,发现这些商场的全年空调系统运行的平均能耗比条件大致相当的日本商场高出将近40%。❶

中国作为发展中国家,工业化、城镇化、现代化进程远未实现,未来能源需求和温室气体排放的合理增长,是实现发展目标的基本条件。客观地说,全球气候的变化,是西方发达国家在上百年工业化进程中温室气体累积排放的结果。但由于国际社会对气候变暖问题的高度关注,中国已经没有多少"先污染后治理"、

---

❶ 江亿. 我国建筑节能现状及技术发展趋势[R], 2005.

"先排放再减排"的道德资本，必须高度关注经济增长方式的根本性变革和推动城市走低碳生态发展道路，来应对国际社会的置疑和自身面临的挑战。

（二）城乡二元分割的城镇化道路难以持续

目前，全国1.3亿农民工中有8000多万人已在城镇居住半年以上，有55.14%的农民工希望未来在城市发展、定居，但目前只有10%的农民工具有转化为市民的基本经济能力（国务院发展研究中心，2007年）。全国农村留守儿童规模高达5861万人，60岁及以上的留守老人1800万人，留守妇女高达2000万人（2005年全国1%的人口抽样调查数据）。农民工普遍处于家庭分离的现实状况，极不利于家庭单元和社会结构的稳定。

非市民化的城镇化道路，使生活在城市中的农民工普遍处于贫困状态。虽然城镇化创造的就业机会对农民增收意义非凡（农民60%以上的收入来自于非农收入），但被普遍忽视的是，有高达50%以上的农民工在城市的生活处于严重的贫困状态。由于缺乏融入城市的公平机会和实现阶层上升的顺畅通道，农民来城市打工的主要目的就是攒钱回家，因而普遍选择了节衣缩食、维持温饱的生活方式，收入提高并不会给他们带来生活条件的改善。国务院发展研究中心在北京、广州、南京、兰州四市调查发现，从工资收入指标看，农民工的贫困率只有5.15%，只略高于城市居民的贫困发生率（4.37%）。但从实际消费支出来看，农民工的贫困发生率高达52.33%，远高于城市居民的贫困发生率（9.79%）。在农民工群体之间，按照收入划分为5组来看，收入最高的20%群体是收入最低20%群体的5倍，但消费差距只有3倍，其中食品消费差距只有2.2倍，带回老家的现金差距则高达6倍。这表明，缺乏市民化通道的农民工，即使收入明显提高，他们的生活并不会随之改善，也不会积极扩大消费支出，这成为制约我国扩大内需、实现消费结构升级的重要因素。

非市民化的城镇化道路，还使农民工"两头占地"现象普遍，城镇集约用地功能没有得到充分发挥。自1996年以来，我国乡村人口开始净减少，但根据2007年的统计数据，乡村居民点建设用地不仅没有随着人口的减少而减少，反而增加了$5380.51km^2$，主要原因就在于乡村建设用地的"退出"机制还没有建立，按照农村户籍人口分配的农村宅基地只增不退，造成"空心房"、"空心村"大量存在而且面积还在不断扩大。

（三）区域发展不协调的空间布局难以持续

改革开放以来，我国的沿海地区，特别是以珠三角、长三角和京津冀为代表的三大城镇群，充分发挥了其参与全球化的门户地理优势，成为国家参与全球竞争、推动国家城镇化的主要基地。但国家在工业化和城镇化进程中过于倚重三大城镇群，也已造成了不小的负面影响，突出表现为：①国家发展重心过于沿海化，不利于在国家层面形成有弹性的城镇空间结构，也不利于国家的战略安全。②沿海大规模的产业空间扩张，使国家优质耕地资源迅速减少，生态空间退化，历史文化资源的破坏也由城市走向区域，文明传承难以进行。③粗放发展的路径依赖大，惯性强。近年来随着国家土地管理政策的收紧，这些地区普遍采取围涂造地，蚕食太湖、长江、珠江、杭州湾等岸线资源实现城市扩张，造成区域防洪、排涝、近海海域环保等新问题，与"深化改革开放，引领全国发展"的战略要求极不适应。④"城市病"难以克服。过去，我们往往只看到大城市及城镇群要素聚集产生的高效率，但忽视了这些地区严重的"城市病"。由于人口和产业的过度聚集，这些地区普遍交通拥挤、住房困难、空气污染。在大城市，就业、定居和生活成本的高门槛，形成对大部分外来人口的排斥，经济和空间资源占有的巨大差异，导致社会矛盾尖锐，贫富差距悬殊。

三、与城镇化密切相关若干问题的新思考

（一）我国城镇化与经济全球化的关系

改革开放后，我国充分发挥了劳动力廉价丰富的比较优势，抓住全球化建立的世界自由贸易体系的契机，最终以"世界工厂"的角色定位，深刻全面地融入全球经济体系中。在空间上，东南沿海地区因具备对外开放的门户优势、长期积淀的文化和制度优势，得到了最大程度的发展，成为国家城镇化和工业化的主要空间载体。借助全球化的力量，中国将劳动力廉价丰富的比较优势发挥到了极致（2008年，我国的外贸依存度超过65%，沿海各省普遍超过100%，全国平均有25%的产能需要依靠国际市场消化）。但总体来看，中国因自主创新能力不足，在全球产业分工中地位不高。同时，资本的"强势"与劳动力的"弱势"导致利益分配格局高度不平等，使众多的低收入阶层产生了"被剥夺感"，对全球化的置疑声也就不绝于耳。

但客观地说，中国是第三次全球化的最大赢家。❶ 国家通过改革开放，实现

---

❶ 从世界历史看，有三次影响人类历史进行的全球化：第一次是17世纪以地中海国家为主的海上贸易的兴起，国际贸易的开展优化了参与国家的生产要素配置，世界财富得以大幅度增长；第二次是完成工业化革命以后的欧洲发达国家将资本、技术、制度和劳动力向北美国家大规模转移，大西洋两岸的生产要素得以优化配置，世界财富总量急剧膨胀；第三次是20世纪末以来中国的七亿多劳动力参与全球分工体系但以劳动力不出国门为前提，其结果是全球的资本、技术、制度和管理等要素向中国东部沿海流动，国内的劳动力要素从中西部向东部流动，从而达到全球生产要素的优化配置，中国劳动力要素得到充分利用，中国经济得以快速增长，世界财富得以快速增加（袁志刚，2006年）。

了大量外来资本与本地的劳动力和资源的结合，以出口产品而非移民的方式，参与到全球化进程中，实现了人类历史上最大规模的减贫，国家发生了翻天覆地的变化。以世界银行划定的人均每天1美元贫困线（1993年购买力平价）为标准，标准以下的中国人口比例由1981年的63.8%下降到2004年的9.9%。在如此短的时间，数以亿计的民众脱离贫困，是人类历史上前所未有的事情（普拉纳布·巴丹，2009年）。

不可否认，在改革开放以来"以经济为中心"、"效率优先"的指导思想背景下，我国的城镇化战略被作为国家发展战略的重要组成部分，突出了经济增长和效率优先，而忽视了城镇化作为一个社会的综合发展过程，忽视了社会公平，从而在取得促进经济增长的巨大绩效的同时，也导致城镇化进程中城乡和区域差异扩大、贫富严重分化、资源环境问题恶化、社会摩擦和利益冲突加剧等一系列问题的产生，影响了城镇化进程的稳定和谐发展。

全球化导致的区域和社会阶层差距加大也是世界各国普遍存在的现象。正如美国经济学家理查德·弗罗里达指出的，"从全球来看，人类面临着当代最大的两难困境：经济增长需要山峰变得更高更强大，但这种增长只会加剧经济和社会的不平等，孕育进一步威胁到创新和经济增长的政治反应。如果坚持认为世界是平的，竞争场是平的，每个人都有自己的一份，我们就无法面对全球化导致的种种困扰全世界的问题。只有理解了世界经济的不平衡本质，理解了世界经济受到日益加剧的不平等和紧张状态的困扰，我们才能着手解决问题，解决全世界山峰和山谷的不平等问题……毫无疑问，这是我们当今时代面临的最重大的政治挑战"。❶ 因此，在今后中国城镇化进程中，高度关注"社会保护"问题将是公共政策必然的选择。

（二）我国城镇化与经济增长的关系

我国城镇化对经济增长的带动，主要体现在三个方面：一是城乡一体化劳动力市场的逐步形成，带来劳动力资源配置效率的提高；二是生产投入资料共享和产业内竞争形成了地方化经济；三是产业多元化促进创新推动了城市化经济。前者是国家政策致力于消除计划经济时期形成的城乡、部门等劳动力市场分割所带来的正面作用，后两者则体现为城市规模的扩大、聚集效应的提高对经济增长带来的正面影响。

城镇化与经济增长间的定量关系，虽然结论不一，但其对经济增长的正面作用得到公认。世界银行在1997年时曾估计，我国GDP年平均增长率（9.4%）中，农村劳动力转移到生产率较高的工业、服务业的贡献约1个百分点，劳动力

---

❶ （美）理查德·弗罗里达著. 你属哪座城？[M]. 北京：北京大学出版社，2009：28.

从国有企业转向生产率较高的非国有部门的贡献率为 0.5 个百分点，两者合计为 1.5 个百分点，而蔡昉等（2000 年）估计，1982～1997 年劳动力转移对中国经济增长的贡献率为 20.2%，今后中国经济增长的重要来源仍然是城镇化。王小鲁等在 2000 年时预测，在城镇化加速条件下，城镇化对经济增长的贡献率为 5.0%，其中劳动力转移进入生产率较高的工业和服务业为经济增长贡献约 2 个百分点，城镇规模扩大和优化为经济增长贡献 2.4 个百分点。白南生（2003 年）认为，"十五"期间城镇化率每提高 1 个百分点，对经济增长的直接和间接贡献达到 3 个百分点。最近 10 年，我国 TFP（全要素生产率）年均增长在 3.6% 左右，其中市场化和城镇化贡献率超过 1 个百分点，基础设施的完善贡献率超过 2 个百分点（王小鲁等，2009 年）。

（三）我国城镇化与扩大内需的关系

经济学家王建近期的一篇文章，因将城镇化和扩大内需、应对金融危机紧密结合而引人瞩目。他的核心观点是：应对金融危机，核心调整的战略应是启动城镇化。工业化创造供给，城镇化创造需求。城镇化引发的大量生产性投资，为转入城市的劳动力提供大量的就业机会；城镇化引发建设城市所需要的基础设施投资，不仅可以满足城市人口生活的基本需要，也为现代消费品进入居民消费领域创造条件；城镇化引发的房地产投资，在满足城市人口的居住需求和工商企业发展需求的同时，还将带动钢铁、石化、建材、装修装饰、家电等一系列上下游产业的发展，加快经济的复苏步伐。他认为，城镇化是纲，纲举目才能张，中国经济的所有问题都在这个扣里面。打破城乡二元结构的城镇化，将释放巨大的需求空间，为中国创造出一个可以长期增长的内需。另外，中国已经有 17 万亿元人民币银行存款和 2 万亿美元外汇储备，大量剩余资本和大量剩余劳动力只要在城市经济中结合，就可以形成现实的生产力，所欠的只是政府是否有推动这种结合的意愿（王建，2009 年）。

应该指出的是，城镇化是一个复杂的经济发展和社会转型过程，其与工业化、经济增长和拉动内需的辩证关系，远非以城镇化为抓手，拉动经济发展、刺激经济复苏这么简单，也绝不等同于城镇建设。内需本身可分为投资性需求和消费性需求（含政府消费需求和居民消费需求）两大类。我们通常所说的内需不足，更确切的是指居民的消费不足。城镇化与居民消费的关系，绝非基础设施引发需求增长这么简单，它往往涉及的是利益分配和社会保障大的结构调整，有必要进行深入分析。

城镇化引发的城市基础设施及房地产建设过程，对内需的拉动更多的是体现为投资性需求，它与其他社会固定资产投资没有本质性的差别，均体现为投资规模大、建设周期长，能够直接扩大资本、材料、生产设备和劳动力等方面的市场需求，有利于经济复苏。城市基础设施和公共产品在投入运营后，会加速人流、物流、信息流的集聚，改变生产、生活和消费环境，降低生产成本，促进投资增长，扩大就业规模，拓展市场范围，引致投资需求和消费需求的增长。在该阶段，城市基础设施发挥作用的内在机理是全程参与物质生产过程和人民生活消费过程，外在表现是刺激了经济增长。由此可见，城镇化对扩大居民消费需求，更多的是体现为间接性和参与性，而不是直接的拉动。导致居民消费需求不足的根源，归根结底也不是城镇化水平不高，而是经济社会发展中面临的深层次矛盾，如：

一是分配格局的高度不合理，导致居民收入在国民收入分配中的比重过低，不同劳动者之间收入差距过大。在初次分配中，劳动者报酬已从2001年的51.5%降至2006年的40.6%。此外，居民收入差距不断扩大，消费倾向较高的中低收入者的收入增长缓慢，消费能力弱。从1988年到2007年，中国收入最高的10%的人群和收入最低的10%的人群的收入差距，从7.3倍上升到23倍（秦晖，2009年）。2008年全国城镇私营企业职工月人均工资只有1422元，只相当于全国城镇单位在岗职工平均工资的58.38%。

二是社会保障制度不健全。长期以来政府公共财政在医疗、保险、教育、住房等社会保障性公共产品和服务方面的支出不足，使大量本应由公共产品承担的支出压在城乡居民身上，增加了居民对未来支出的不确定性预期，防范性储蓄动机增高，抑制了当期消费的增长。

三是消费缺乏信心保障。城乡社会二元结构没有根除，社会各阶层之间缺乏有效的流通和上升通道，公民对自身的未来缺乏信心；金融危机带来的经济大波动和财产性收入锐减，降低了安全感，企业家和居民的信心恢复需要时间；消费环境不佳，商业信用缺失，食品、药品缺乏安全保障等。这些问题的存在，严重影响了居民的消费信心，制约了消费规模的扩大。

四是农民缺乏在城市定居和生活的基本条件，导致农民工大量的消费集中在农村自建住房上。这些农村住宅，由于农民工常年外出打工，利用程度很低，但其沉淀了大量的资本，使农民工已经没有更多余力进行新型工业和服务产品的消费。

因此，解决居民消费需求不足的矛盾，治本之策在于打破体制障碍，推动分配政策的合理化，提高低收入阶层收入，仅仅依靠城镇化"难以承受之重"。

（四）我国城镇化与结构调整的关系

城镇化的实质是中国社会结构的大调整、大变化，不仅带来上亿农村劳动力的持续转移，而且也对产业结构、就业结构、社会结构产生了深远的影响。

城镇化是一个城市文明不断发展并向广大农村渗透和传播的过程。城市人口来源和构成的多元化，中产阶层人群的不断扩大，各种正式和非正式社会团体的不断涌现，以及利益主体的不断多元化，推动了国家的民主与法治建设，完善了城市和乡村的治理结构，促进了文化的发展和文明进步。

城镇化促进了城乡要素流动和功能互补，减少了乡村人口，为农业产业化、现代化奠定了基础，提供了技术支撑、服务网络和营销市场；城镇化促进了人才、技术、资本和信息等生产要素在城镇聚集，能有效促进第三产业发展，创造新的就业机会，推动产业结构的调整和资源的优化配置。

以城市基础设施和公共服务投资为重点而不是以产业项目投资为重点，是改革国家投资体制、拓展投资领域、推动公共财政转型的主要切入点，是整个国家完成由"建设型"向"服务型"战略转型的必由之路。

中国史无前例的旧城更新、新城培育、基础设施投资和开发建设规模，为扩大内需、激发自主创新、推动技术改造和节能减排，创建中国自主的标准体系和规范，提供了历史性机遇。中国大规模进城务工人口所带来的巨大潜在市场，为能够体现中国特色和发展阶段，开发适应低收入人群消费特点、承受能力的消费品和公共服务产品的本土生产和服务企业，提供了广阔的市场空间。

四、城镇化进入转型时期应该关注的几个问题

（一）要加速构建"东中西部"城镇化梯度发展格局

我国是个大国，东、中、西部巨大的经济社会发展差异，决定了具备产业在国内展开雁阵转移的优势，这些是小型、外向型国家经济体所不具备的独特优势。如果政策调控得当，克服市场机制失灵，则可以形成东、中、西部结构互补、关联紧密、运行高效的经济运行网络，无须担心沿海发达地区转移造成国家产业空心化。

从现实看，在国内构建雁阵转移梯度发展格局已经初具条件。随着改革开放的深入进行，国内外的贸易壁垒不断降低，地方政府分割市场所需要付出的代价不断提高；市场化改革的深入进行，使政府掌握的资源将受到更多的约束，其对市场分割的能力将会受到不断削弱，这都会促进国内商品和劳动力市场的一体化进程。国家综合交通网络进一步完善，将有效地减少地理分割，推动中、西部及东部欠发达地区融入全球及国内经济一体化网络中，为产业和城镇空间的调整创造条件。随着铁路运力紧张的矛盾得到缓解，中西部城市将从物流成本的降低中得到更多受益，使中西部地区的产业空间吸引力大大增强。

高铁网络使中东部区域中心城市两小时商务圈连绵一体，加速区域服务职能向核心城市集聚，推动中心城市服务职能扩散，新的区域中心城市和新的城镇发

展空间的出现成为必然。从已经运营的京津城际和武广高铁来看,其对区域一体化的带动能力已经初步显现。以京津城际为例,其"大运量、高密度、公交化"的运输组织模式大大缩短了京津间的通行时间,改变了人们的传统生活观念和习惯。天津 2008 年入市人数约为 7000 万人次,旅游者消费超过 750 亿元,其中城际高铁对 2008 年旅游增长的贡献率达到 35%。2009 年 12 月 26 日,武(汉)广(州)高铁正式开通,2010 年春节,广东来武汉旅客突破 3 万人次,同比增长 160%,高铁开通是刺激武汉旅游实现爆发性增长的第一推动力。春节 7 天,武汉共接待旅游团队 351 个,其中乘坐广东高铁的旅游团有 200 多个,5000 多人次。

从劳动力素质来看,高达 2.3 亿的农村剩余劳动力已经不同程度地接受了职业培训,在城市中接受了现代文明的洗礼,积累了一定的创业资本,即使部分回流,也将成为中、西部推进城镇化进程的重要力量。

(二) 要高度关注城乡统筹和社会公平问题

中国早已进入移民时代。一方面,国家鼓励农民进入中小城市和小城镇;另一方面,人口向超大型城市集聚的趋势不可逆转。"向发达地区移民是接近经济密集区、实现生活水平趋同的重要手段。不要试图阻止移民和集中,阻止集中就是阻止发展;政府应该致力消除居民离开家乡的因素,如安全、教育、医疗和卫生等基本社会服务缺失导致的移民"(世界银行,2009)。移民时代,对于建立统一的劳动力市场和社会保障网络、享用基本均等化的公共服务、加大中央财政转移支付力度来平衡各地财政能力等提出了更高的要求。

从现实看,经过改革开放 30 年的发展,中国累积了巨额财富,已经具备了强力推行基本公共服务均等化的能力。在基本公共服务均等化实现之后,农民的宅基地、农民的责任田所承担的社会保障功能都将得到极大的削弱,制约宅基地和农地流转的根本性障碍将不复存在,会极大地提高资源配置水平,推动农民实现财产性收入,为城镇化的健康推进奠定良好的制度基础。因此,下阶段促进城乡协调发展的重点应是推动城乡基本公共服务的均等化。虽然政策的实施会面临极大的困难,但它们都不应成为维持现状或拖延改革的理由。为迁移人口建立基本的社会保障、居住与子女教育安排,推进农地产权的稳定、保护和流转等问题本身就是我国实现现代化的必由之路。当然,在整体性推进改革的同时,仍然要充分利用已有政治、经济、社会条件和既有制度安排中合理的成分,避免过激的利益调整并实现平稳转型(陶然等,2005 年)。

经济在地理上分布的不均衡是个普遍现象。但是,不平衡的经济增长与和谐性的发展可以并行不悖,经济活动的集中和生活水平的趋同可以并行不悖,相辅相成。日本三大都市圈集中了全国 73.6% 的 GDP 总量,但与此同时,也集中了全国 68.7%的人口，因此它的人均 GDP 仅为全国的 1.08 倍，除东京外，日本各地区的人均 GDP 最高与最低比值仅 1.8 倍，这种趋同并不是市场机制的"自然结果"，而是市场机制和政府共同作用的结果，特别是政府在地区间进行大规模的财政转移支付，日本是一个比较成功的例子。在财政转移支付前，1989 年日本最富地区与最穷地区财政能力之比为 6.8∶1，财政转移支付之后，这一比例降为 1.56∶1。这也是日本在全国范围内实现公共服务均等化的重要原因。在韩国的快速工业和城镇化时期，也有一些地区不可避免地被落在后面，但是，没有那个地区深陷贫困之中。以忠清北道阴城郡这个较大的农村地区为例，其人口从 1968 年的 12 万人持续减少到 1990 年的 7.5 万人以下，但其教育、健康服务、街道和卫生状况持续改善，水供给率也从 30% 提高到 60%。尽管人口迁离该地，但政府并没有抛弃这个地区，恰恰相反，韩国政府继续强调基本社会服务的普遍供给。❶

（三）要正确处理好城镇化和新农村建设的关系

开展新农村建设，实现城镇化与新农村建设的双轮并举，可以看做是国家对城乡关系的认识达到了新的高度。但应明确的是，新农村建设只是国家城镇化战略的一个重要补充。新农村建设要解决的问题是，现在及将来不可能或者不愿意在城镇中就业和居住的农民在农村的发展和改革问题。无论中国的城镇化程度达到多高，总有相当部分的人口要留在农村（预期到 2020 年，我国仍将有 43% 左右的总人口居住在农村地区）。为了不让这些人的生活水平与城市人口拉得太大，让这些农村人口也能逐步提高生活水平，享受经济增长的好处，真正的现代农业也有现实基础和条件。因此，新农村建设要在这样的背景下进行。可以说，这部分农民的发展与城镇化进程是息息相关的，现代化进程已经决定中国不可能还存在世外桃源般的原始农村了（谢扬，2008 年）。

从新农村建设的重点来看，应该放在中部和东北地区。尽管东部地区在新农村建设方面有很多好经验，其新农村具有很大的过渡性，很快会被东部的城乡一体化所代替，其实质不是新农村建设，而是新城市的建设问题；西部地区的主要矛盾也不是新农村建设问题，而是解决脱贫和生态建设问题。因此，新农村建设的重点应在东北和中部粮食主产区，这些地区是农业主产区，在将来很长的时期，农业的比重还比较大。在这些地区，以强化小城镇的功能培育为核心，将小城镇与新农村建设相结合，推进城乡公共服务均等化，解决新农村建设中存在的点多面广、投资分散、代价过高、资产沉淀等问题，使其成为提高农村教育、医疗、交通、信息和农业生产服务等的带动力量。

---

❶ 世界银行 2009 年度报告［M］．重塑世界经济地理：217.

(四）要走"宜城则城，宜镇则镇，宜村则村"的城镇化道路

近年来，随着国家惠农政策的不断完善，虽然农村地区人口老龄化、妇女化和儿童化的趋势不断加剧，但农村生产和生活社会化的服务网络不断健全，农村的生产和生活方式有了巨大的变化，农村地区内生的增长动力不断增强，有些地区已吸引了部分流出人口返乡创业和生活，具备了城乡资源双向流动的萌芽，也具备了走新型"农村社区"的基本条件。从世界各国的普遍发展经验来看，农业的繁荣是有利无害的，它会促进城镇的繁荣，推进农业经济向工业经济转变。在农业发展令人满意的情况下，移居行为不仅使移民更加富裕，而且他们离开的农村和定居的城市也会更加繁荣。

近年来，广大中西部地区普遍出现了优质教育、医疗等资源向县城集中的趋势，带动了县城人口规模的扩大和县域经济的繁荣。与此同时，有相当多的非城关镇因资源的流失出现凋敝。在市场经济下，城市（镇）的繁荣与衰落有其内在规律，不应刻意追求城镇体系结构的完整性。我们需要消除的是影响城镇发展动力的非市场因素，使资源配置更加高效，带动移民合理有序地流动。

中国是个历史悠久、文化传统根基深厚的大国，内生性的、文化性的和基于各地差异性的要素必定是带动城镇化的长久动力，未来城市和乡村的发展，最终取决于当地独特的文化优势。从比较优势来看，随着改革开放30年的持续快速发展，中国继高素质廉价的劳动力后，巨大的国内需求市场、各地独特的资源、契约意识的强化、民间力量和意识的觉醒、强有力的政府执行力、自主创新和创立标准意识的增强等，亦不断成为国家新兴的竞争优势。当然，这些新的发展方式的实施，需要有能够保障各类创新活动获得足够空间的体制的支持。这些新兴的比较优势与各地城乡内生性的要素有机结合，必定会创新各地的发展模式，走出适合当地特色的现代化和城镇化道路。

参考文献

[1] 陈锋. 对我国区域规划的若干思考（内部讨论稿）[R] //中国城市规划学会区域与城市经济学术委员会2009年会上的学术报告.

[2] 王凯. 2008，中国城镇化的转折点（内部讨论稿）[R] //中国城市规划设计研究院成立55周年院庆的学术报告.

[3] 陈锋，王凯，陈明. 改革开放30年我国城镇化和城市规划的回顾与前瞻[M] //中国城市规划发展报告2008—2009. 北京：中国建筑工业出版社，2009.

[4] 住房和城乡建设部起草组. "十二五"城镇化发展战略研究报告（内部讨论稿）[R]. 起草人有张勤、王凯、李枫、徐泽、陈明、李浩、徐辉、陈景胆等人.

[5] 许赋. 全球化是药方而非病因[J]. 财经，2009（22）.

[6] 吴敬琏. 金融海啸与中国经济. 载新华文摘[J]，2009年第8期，P23—26.

［7］中国经济增长与宏观稳定课题组．全球失衡、金融危机与中国经济的复苏［J］．经济研究，2009（5）．

［8］中国经济增长与宏观稳定课题组．劳动力供给效应与中国经济增长路径转换［J］．经济研究，2007（10）．

［9］国务院发展研究中心课题组．中国：在应对金融危机中寻求新突破［J］．管理世界，2009（6）．

［10］袁志刚．劳动力资源的优化配置及其在中国的特别意义——评蔡昉等著《中国劳动力市场转型与发育》［J］．经济研究，2006（1）．

［11］蔡昉．中国经济面临的转折及其对发展和改革的挑战［J］．中国社会科学，2007（3）．

［12］（美）理查德·弗罗里达著．你属哪座城？［M］．北京：北京大学出版社，2009．

（撰稿人：王凯，中国城市规划设计研究院，总规划师，教授级高级城市规划师；陈明，中国城市规划设计研究院，高级城市规划师）

低碳生态城市的新理念和新进展

自党的十七大提出建设生态文明的目标以来,生态城市的理论与实践得到了全面发展,转变增长方式,实现可持续发展已成为时代的主题。在2009年12月哥本哈根气候变化峰会上,中国承诺到2020年,温室气体排放量在2005年的基础上减少40%~45%。如此大的减排承诺,体现了中国应对气候变化的决心,也表明中央政府推进增长方式转变的坚强意志,既有压力,更是动力。生态城市必须朝着低碳的方向发展,低碳生态城市成为践行生态文明的重要载体和基本内容。本年度,低碳生态城市的理论和实践取得了新的进展。

一、理念的确立和广泛传播

低碳理念应融入生态城市规划建设已日益成为共识,低碳生态城市的理念逐步确立并得到广泛传播。

2009年,住房和城乡建设部副部长仇保兴在杂志上多次撰文呼吁树立低碳生态理念,实现城市发展模式向低碳生态城市转型,深入探讨了低碳生态城市的理论与实践。2009年7月12~13日,"2009城市发展与规划国际论坛"在哈尔滨召开。论坛的主题是"和谐、生态:可持续的城市"。本次论坛共有国内外政府官员、专家、学者和企业界代表600多人出席,80多位嘉宾作了会议讲演。论坛设开幕式暨综合论坛和生态城规划理论与实践、生态城案例与发展前景、绿色交通规划与建设、低碳生态城市专项技术与工程规划等9个分论坛。论坛是在全球抗击金融危机、关注温室气体排放以及中国的快速城镇化和城市生态化的背景下召开的,意义重大。论坛从理论、技术、实践和政策四方面入手对生态城市进行了剖析与总结,并对低碳生态城市的理念进行了探讨。大家一致认为,在当前全球气候变化和资源环境的巨大压力下,低碳生态城市已成为我国城市发展的战略选择。2009年10月19日,"中国低碳生态城市发展战略"项目成果新闻发布会举行。该项目研究历时近2年,是由中国城市科学研究会联合国务院发展研究中心、中科院、清华大学、同济大学等单位共同攻关形成的科研成果。该成果发布具有十分重要的意义,确立了低碳生态城市的理念,明确了其内涵、目标和发展战略,在国内外产生了积极的影响。

关于低碳生态城市的国际国内论坛和会议研讨异常活跃,如"2009低碳与城市国际学术会议"、"第8届生态城市国际会议"（西班牙）、"2009香港低碳城市国际会议"、"低碳城市规划国际会议"（葡萄牙）等，这些会议的举办交流了低碳生态城市理论与实践，使低碳生态城市的理念得到广泛传播。2010年5月1日开幕的世纪盛事上海世博会以"低碳、和谐和可持续发展城市"为三大主题，提出"低碳世博"口号。世博园区选址于一片污染严重的工业用地，园区建设巧妙地与旧城改造结合，使工厂搬迁、碳排放降低，生态大为改善。各场馆利用先进的节能、低碳技术，甚至出现所谓"零碳馆"——上海世博伦敦零碳馆，汇聚全国各行业最新节能减排技术，由可再生能源完全支撑运营。上海世博会还大力推广绿色出行，使低碳成为群众性运动。2009年12月在哥本哈根举行的气候变化全球峰会使人们进一步意识到低碳生态城市建设的必要性和紧迫性。在这次峰会上，中国作为负责任的大国，承诺2020年温室气体排放量在2005年的基础上减少40%～45%，远远大于美国在会前作出的减排17%的承诺。在2010年3月的全国两会上，温家宝总理对低碳经济作出了重要阐述，引起社会各界热议。两会代表提交的与"低碳"有关的议案提案占总量的10%左右，其中，九三学社提交的"关于推动我国低碳经济发展的提案"被列为政协一号提案，足见各界对此的重视。我国从中央到地方，从政府官员到普通百姓已普遍意识到建设低碳生态城市是应天时（积极减排温室气体和应对气候变化）、顺地利（在中国推行低碳生态城恰逢城市化机遇和传承中华文明的生态观）、促人和（促进"生态文明"，解决城市发展与能源、资源消耗、生态失衡、交通拥堵、住房分配不公等诸多社会矛盾）的明智之举。

二、技术的进一步发展

低碳生态城市的核心技术有了更全面的发展，涉及规划设计、建设、生产、评估监测和管理的全过程。近年来技术的主要发展领域包括城市微环境、低冲击开发模式、低碳能源规划与清洁生产技术、低碳交通规划、绿色建筑技术、资源综合利用技术、低碳社区规划、碳审计、指标体系构建等方面。

城市微环境是指城市噪声、光污染、热岛、大气质量等影响城市发展的微观环境。城市微环境研究对低碳生态城市建设具有十分重要的意义。根据城市噪声分布特点，通过模拟计算技术分析不同城市规划布局对城市噪声的影响，探索降低城市噪声的低碳生态城市空间规划技术；根据城市光污染的产生途径和评价标准，研究通过城市空间规划和城市设计降低光污染的技术措施；分析导致城市热岛问题的原因，研究城市绿地、水景、商业建筑、居住建筑、厂房等的布局方式对热岛的影响，探讨城市热岛的模拟计算方法，研究降低城市热岛的低碳生态城市空间规划技术；分析城市大气污染源的特点以及与城市空间规划布局的关系，研究城市大气污染物扩散能力计算评价方法，探讨通过城市空间规划布局提升污染物扩散能力、改善大气质量的技术措施。

低冲击开发模式（Low-Impact-Development）是 20 世纪 90 年代末兴起于美国的概念，指一种以生态系统为基础，从径流源头开始的城市雨洪管理方法。随着其概念外延的不断拓展，已上升为城市与自然和谐相处的一种城市发展模式。低冲击开发模式的主要含义是让城市与大自然适应性共生，其主要策略是城市建设之后不影响原有自然环境的地表径流量。其具体要求包括：城市建成区至少要有 50% 的面积为可渗水面积；建筑、小区、街道直至整个城市都有雨水收集储存系统；它们之间连接为反传统的"不连通状态"；所有河渠不实行"三面光"，以沟通地表水与地下水之通道等。此概念还可延伸到不影响基本的地形构造，不影响碳汇林容积量，不影响城市的文脉及其周边的环境等。如果能做到以上这些，城市可以实现人工系统与自然生态的互惠共生，这不仅能节约城市基础设施投资，而且能大量减少能源消耗和碳排放。

低碳能源规划与清洁生产技术，涉及城市能源开源节流和生态分布。即研究开发新能源，优化能源结构，节约现存能源，提高能源利用率，建设与绿色建筑相结合的生态式能源分布系统。发展绿色能源，挖掘太阳能、生物质能、风电、地热、氢能等"绿色能源"的巨大潜力，形成多样化的能源结构，保障能源安全。在提高能源利用率方面，加强发展节能和提高能效的适用技术。建筑和交通用能是能源需求增长的主要因素，优先在这些关键领域研究和推广节能、提高能效、减少排放和浪费的生产技术，通过实施发展战略、规划和责任制度，大力发展生态工业园区，通过合理的财税制度调节企业行为，建立有利于节能减排、清洁生产和循环经济发展的成本与价格机制。

低碳交通规划技术一方面是对传统交通模式的渐进式的生态化改造，控制引导交通出行的数量，降低城市交通的碳排放，大力发展步行、自行车和公交等高效绿色交通工具，满足城市居民、团体和社会机动性要求，建立高效优质的慢行交通和公共交通出行系统，降低城市交通系统燃油消耗，降低城市交通系统尾气排放；另一方面规划开发新型低碳交通模式，构建符合城市规模、空间布局的一体化公共交通体系，推行城市规划、土地开发中 TOD 的强制应用，在城市规划中体现可持续发展交通理念，合理布局功能元素，充分考虑人的需求，保障交通设施用地，加强交通需求管理，调控交通总量，降低对小汽车出行的依赖。

"绿色建筑"指建筑对环境无害，能充分利用环境自然资源，并且在不破坏环境基本生态平衡条件下建造的一种建筑，又可称为可持续发展建筑、生态建筑、节能环保建筑等。在设计与建造过程中，充分考虑建筑物与周围环境的协调，利用光能、风能等自然界中的能源，最大限度地减少能源的消耗以及对环境的污染。绿色建筑的室内布局十分合理，尽量减少使用合成材料，充分利用阳光，节省能源，为居住者创造一种接近自然的感觉。以人、建筑和自然环境的协调发展为目标，在利用天然条件和人工手段创造良好、健康的居住环境的同时，尽可能地控制和减少对自然环境的使用和破坏，充分体现向大自然的索取和回报之间的平衡。走中国特色的低碳城市发展模式必须从两个层次——绿色建筑和低碳生态城建设——同时入手，而绿色建筑又是低碳生态城建设的核心内容之一。从2005年到2008年，我国建筑节能和绿色建筑在施工阶段的执行率从21%提高到82%，表明我国绿色建筑事业的巨大飞跃。

资源综合利用是指对生产和消费过程中产生的各种废物进行回收和综合利用，变废为宝，提高资源利用效率。近年来，我国资源综合利用技术取得了进一步发展，涉及煤矿瓦斯利用、矿井水资源化利用、垃圾发电、沼气发电等诸多领域。在煤矿瓦斯治理和利用技术上，中国处于世界领先水平，在瓦斯发电、余热利用、民用燃气等瓦斯综合利用项目上取得了卓越成就。垃圾发电技术在国内进一步推广。我国有丰富的垃圾资源，据测算，如果我国能将垃圾充分有效地用于发电，每年可节省煤炭5000~6000万t，其"资源效益"极为可观。随着技术的进步，沼气发电工程陆续进入中国各地城乡。一些生物质沼气发电项目在农村地区进一步普及，规模较大的畜禽沼气发电工程诠释着循环经济的巨大效益：位于北京延庆的某生态园建有沼气发电厂，利用鸡粪产生沼气并网发电，年产1400万kW·h电；山东蓬莱某牧业公司鸡粪沼气发电工程更是年产2000万kW·h电，成为我国最大的禽畜沼气发电工程。

低碳社区规划是通过能源、资源、交通、用地、建筑等综合手段，来减少社区规划建设和使用管理过程中的温室气体排放，达到低碳、生态、节能、减排的目的，低碳社区是低碳生态城市的构成单元和细胞。低碳社区规划目前在全世界还处在探索过程之中。2009年年末，北京市完成首个低碳社区规划——《北京长辛店低碳社区概念规划》，对我国低碳社区的规划设计方法、实施机制进行了创新性的探索和尝试。长辛店低碳社区规划总面积约$5km^2$，其中$1km^2$是经过生态化治理形成的人工湿地公园。用太阳能、地能满足部分生活热水、供暖、制冷、发电等需求，使可再生能源占能源需求的比例达到20%。低碳社区空间布局、道路系统与当地季节风向结合，主干道以南北向为主，各地块建筑安排都有相应要求，不仅营造了地区内舒适的微气候环境，也减少了建筑季节性的能源消耗。社区提供便捷、舒适的公共交通和慢行交通出行条件，减少私人机动车的使用，倡导节约用水，提高对再生水和雨水的收集利用水平。

碳审计（Carbon Audit）是近年来在世界各国为减少碳排放而努力的背景下，作为评估和指导温室气体排放的工具而诞生的。由于二氧化碳是人类活动产生温室效应的主要气体，二氧化碳当量（CO_2-eq）被规定为度量温室效应的基本单位。它是指对于给定的温室气体，当用一定时间（通常是100年）来衡量，这些气体会产生同样的全球变暖潜能值（GWP），即在同样程度上导致全球变暖。通过这种量化方法，温室气体排放量能够更直观地与能源消耗挂钩，同时也更具体地反映出日常生活与温室气体排放的联系。用碳来反映各行业与人们生活方式的耗能效率，能够让公众更容易了解各种人类活动对环境的影响。西方国家用以二氧化碳当量作表示的碳足迹来衡量温室气体的排放，近年来普遍开展了碳审计工作。中国香港特别行政区从2009年开始全面实施碳审计并进行相关专业人员培训。在中国大陆地区，碳审计仍未开始全面推广，其审计标准与指引也不完善，但一些示范地区已开始对建筑单元的二氧化碳排放进行动态监测与评价，如深圳目前已有60多栋绿色建筑实现了动态的监测，为量化分析和节能减排打下了基础。

近年来，国内许多城市相继提出发展低碳生态城市的目标，如何对其进行引导、规范、监测和管理成为摆在各级政府面前亟待解决的重大课题。指标体系作为若干相互联系的统计指标组成的有机体系，对于量化评价低碳生态城市，引导、规范、监控和考核低碳生态城市规划建设实践具有十分重要的意义。中新天津生态城❶、曹妃甸国际生态城❷分别建立了自己的指标体系，近期又对各自的指标体系进行了细化，用于指导具体地块的建设实践，对国内其他城市具有很大的借鉴意义。2009年7月，中国城市科学研究会与联合技术公司合作，准备用五年时间构建生态城市指标体系。该指标体系采用定量分析和定性分析相结合的方法，相关指标既反映技术因素，也反映社会和经济因素，体现五个统筹、科学发展观、生态文明、节能减排、资源节约、环境友好、城市公共安全等中央政策与理念，突出低碳、职住平衡、以人为本、公众参与、生态意识等关键指标。中国地域辽阔，地区差异很大，可能很难用一套统一的指标对所有城市进行评价，但作为低碳生态城市的核心技术之一，指标体系研究迈出了尝试性的第一步，为今后的进一步完善积累了经验，打下了基础。

三、实践探索的加强

近年来，国内构建低碳生态城市的热情高涨，实践探索不断加强。从北到南，从东到西，在中国的大地上，低碳、生态已成为时代发展的主旋律。全国各省级行政区所属城市许多都提出了建设低碳生态城的目标，在此过程中，国家政

---

❶ 中新天津生态城指标体系由22项控制性指标（定量）和4项引导性指标（定性）构成。

❷ 曹妃甸国际生态城指标体系由141项指标构成，指标体系分为两部分：一是管理监控为目的的管理指标体系，二是规划指标体系。

策起了很好的推动作用。

2010年1月,深圳市与住房和城乡建设部签署协议,共建国家低碳生态示范市。❶ 深圳有良好的生态城市创建基础,在绿色建筑、基本生态控制线、绿道构建、经济、社会发展等方面具有明显的优势。国家支持将低碳生态城市建设的最新政策和技术标准优先在深圳实验,引导相关项目优先落户深圳,优先将深圳市的相关项目纳入科技计划,并给予政策、技术扶持等。具体而言,即以光明、坪山新区等地区为试点,大力推进绿色交通、绿色市政、绿色建筑、低冲击开发模式、可再生能源、节水和水循环利用等各类示范项目,建立从规划编制到规划实施全过程的低碳生态城市规划管理和实施机制,并逐渐推广应用到全市,促进深圳的城市发展转型和可持续发展,也为全国的低碳生态城市建设发挥示范作用。

低碳生态城市的理念在四川省北川新县城的灾后重建中得到了很好的体现。规划建设单位始终牢记中央领导的指示,将节能减排作为规划设计工作的指导方针,将节能减排理念贯穿于规划设计全过程。在规划布局、工业园区规划、城市交通、市政基础设施规划、能源利用、建筑节能等环节充分考虑与自然环境的协调,因地制宜地以低冲击开发模式进行建设;尽量减轻环境负荷,增强人和自然的亲和,提供良好的生活空间和环境,减少排放和能源依赖,提高使用效率,降低维护成本,加强新技术应用等,将节能减排与城市的规划设计系统全面地结合。其主要做法是:①优化布局,提高绿化水平,增加城市碳汇,降低热岛效应;②工业区规划严格准入制度;③绿色交通,慢行优先;④倡导绿色建筑,引领建筑节能减排;⑤清洁能源利用;⑥倡导全过程节能管理;⑦基础设施规划建设的节能减排模式;⑧建立绿色低碳实施保障机制。

低碳生态城市不但要有优美的生态环境,强大的技术支撑,更要有和谐的经济社会基石。浙江省安吉县的实践在这方面作出了很好的表率。2009年,安吉县获中国人居环境奖。2009年9月,由农业部主办的"安吉模式"战略推广研讨会在北京举办,"安吉模式"将在全国推广。作为传统旅游城市,安吉在发展城市的同时,在广大农村,通过改善基础设施、完善社会保障、整治农村风貌等一系列举措,整体推进,缩小城乡差别,促进城乡统筹。在保持生态良好、经济繁荣的同时,促进社会和谐。"安吉模式"包含着环境建设、节能减排、低碳、生态、发展休闲农业等丰富内容,体现了低碳生态城市的真正内涵。作为一种类型的城市,安吉县的实践在全国具有一定的借鉴意义,但也并非放之四海而皆准。低碳生态城市在全世界都没有一个统一的模式,各地在实践中应该发挥比较优势,因地制宜地进行建设。

---

❶ 深圳市是住房和城乡建设部批准的第一个低碳生态示范市。

2009年,《吐鲁番新区总体规划》通过专家评审,同年,国家批准吐鲁番新区为可再生能源建筑应用示范城市。2010年年初,新区动工建设。新城区主要利用可再生能源,降低碳排放量,以环保宜居为规划目标。利用太阳能光热为居民提供生活热水;用太阳能光伏发电为新区居民提供生活用电、市政设施照明用电,为电动公交车和出租车等绿色交通工具充电;用地源热泵为新区居民夏季供冷冬季供热。新区一期工程是占地 $1.5 km^2$ 的示范区,这个示范区建成后将成为国内最大、技术整合最全面的太阳能综合利用与建筑一体化工程。吐鲁番新区总面积不大,仅 $8.9 km^2$,其目标是打造低碳宜居新城,这对广大西部干旱地区建设同类新区具有一定的借鉴意义。

类似的实践还有很多,全国各省级行政区都有涉及,由于篇幅所限不一一列举。实践探索的加强当然是好事,但有少数地方打着低碳、生态的幌子变相圈地,这与低碳、生态理念是背道而驰的,是不可持续的,应该着力防止这种倾向。

四、组织与交流平台的搭建

组织和管理平台、信息交流平台的搭建在低碳生态城市创建过程中不可或缺。

2008年,建设部更名为住房和城乡建设部,其所属机构科技司更名为建筑节能与科技司,国家环保总局更名为环境保护部,国家发展和改革委员会成立国家节能中心,低碳生态城市的组织和管理平台开始搭建。一些中央和地方国家机关、部委近年相继设立了旨在促进低碳生态城市建设的职能部门,[1] 国家对低碳生态城市的科研投入不断增加。中国城市科学研究会、中国城市规划学会、中国国际经济交流中心等学术机构和团体分别成立与低碳生态城市相关的专业委员会或研究中心,其成员包括政府官员、专家学者和企业管理人员。这些官方和民间机构对低碳生态城市理念的传播、技术的进步、实践的深入起了很好的推动作用。

关于低碳生态城市的信息交流异常活跃,形式多样,论坛、国际会议、研讨、媒体发布、网络运营等频频举行,起到了很好的交流平台作用。2009年12月,"绿色城市中国行"巡回论坛在唐山举行首站活动,论坛以"从绿色建筑到绿色城市"为主题,推广了绿色建筑与绿色城市相关的政策、经济机制和技术信息,探讨了绿色城市的发展模式。该巡回论坛还将在我国其他重点城市

---

[1] 如绿色建筑组织,目前,上海、深圳、厦门、广西、浙江、江苏、四川、新疆等三市五省(自治区)已成立绿色建筑委员会,广东、重庆、山东、福建、湖南等一批省市正在积极筹备中。

举办。2010年3月28日,"中英可持续发展及绿色建筑研讨会"在北京召开,与会中英两国专家学者及企业界代表探讨了低碳空间规划和设计、绿色建筑理论与实践、建成环境的碳交易、太阳能建筑应用等议题。2010年3月29~31日,"第六届国际绿色建筑与建筑节能大会暨新技术与产品博览会"在北京举行,大会主题是"加快可再生能源应用,推动绿色建筑发展"。大会交流了国内外绿色建筑与建筑节能的最新成果、发展趋势和成功案例,研讨了绿色建筑与建筑节能技术标准、政策措施、评价体系、检测标识等,分享了国际国内发展绿色建筑与建筑节能的工作新经验。2010年6月,"2010城市发展与规划国际论坛"即将在秦皇岛市召开,会议以"绿色、生态、低碳:中国城市的发展模式转型"为主题,交流内容涵盖绿色交通、气候变化与低碳城市、可再生能源、分布式能源与生态城市、碳减排技术与生态城市建设实践、低碳生态城市的规划与设计、低碳经济、绿色建筑与生态住区等。届时,又将是一次低碳生态城市的交流盛会。

关于低碳生态城市的学术性刊物、著作、论文明显增多。2009年11月,《低碳生态城市》杂志创刊,这是国内第一本专业研究和探讨低碳生态城市规划建设的学术刊物,开辟了我国低碳生态城市研究的一块前沿阵地。2009年,《中国低碳生态城市发展战略》、《应对气候变化报告(2009):通向哥本哈根》等学术著作相继问世,一些政府高级官员和著名学者纷纷撰文呼吁建设低碳生态城市,为低碳生态城市建设指明了方向。2010年5月,由外交部发起,住房和城乡建设部牵头联合各部委共建的"亚欧生态网"试运行,中国的低碳生态城市建设搭上了国际化的信息交流平台。

五、人文因素的凸显

近年来,低碳生态城市规划建设更多地体现了与人文因素的进一步融合。以人为本、和谐、宜居正成为时代的主题。人的舒适、便利和宜居是任何城市建设的最终目标,也是中国建设以人为本和谐社会的必然要求。低碳生态城市必须注重人的尺度和人的需要,关注人的生活和发展的需要,必须有舒适的人居环境。

住房和城乡建设部组织开展的"中国人居环境评价指标体系研究",建立了一套更加完善、更加科学,符合我国城乡建设实际的指标体系和评选办法,为改善我国城乡人居环境质量打下了基础。保障性住房建设在许多地方创建低碳生态城市的规划中占有重要地位,体现了政府对社会公平的关注。一些城市投入大量资金对棚户区进行改造,对生态脆弱地区进行修复,惠及了千千万万百姓,是实实在在的"民心工程"。在低碳生态城市的创建过程中,公众参与不断得到加强。

低碳的生活方式直接影响着每个市民的日常生活，没有群众的低碳意识培养和具体低碳行动支持，低碳生态城市将成无本之木、无源之水。许多城市在向低碳、生态的目标奋斗过程中越来越注重公众参与，"低碳生活"、"人文低碳"等正成为社会的关键词。以人为本的规划设计必须结合自然环境与人文环境，必须充分依靠"自下而上"的创新与参与和"自上而下"的激励与引导相结合。

六、总结

2009～2010 年度，中国的低碳生态城市建设在理念确立与传播、技术发展、实践加强、平台搭建及人文融合方面又迈出了坚实的一步。低碳生态城市的目标更为清晰，理论渐趋丰富，技术更为全面，实践更为深入，平台更为夯实，人文更趋关怀。但总的来说，中国的低碳生态城市之路才刚刚起步，还有许多困难需要我们去努力克服。如低碳生态城市的理论还远未形成体系，很不成熟；核心技术很不完善甚至欠缺❶；传统城市规划对于低碳生态城市的应对还不到位，仍处于不断探索之中……在中国这样一个处于转型期的大国发展低碳生态城市，形势复杂，任务艰巨，甚至有可能在短期内对我国的经济和社会发展带来某些负面影响。但就长远而言，低碳生态城市符合中国的根本利益，我们有决心、有能力建设适合我国国情的低碳生态城市，为世界可持续发展事业作出贡献，这也是中国加快发展，融入国际舞台的一次机遇。在"十一五"建设成就的基础上，我们将迎来"十二五"低碳生态城市发展更为关键的机遇期。总结过去，展望未来，我们信心满怀。

参考文献

[1] 仇保兴. 从绿色建筑到低碳生态城 [J]. 城市发展研究，2009（7）：1—11.

[2] 仇保兴. 我国城市发展模式转型趋势——低碳生态城市 [J]. 城市发展研究，2009（8）：1—6.

[3] 仇保兴. 我国低碳生态城市发展的总体思路 [J]. 建设科技，2009（15）：12—17.

[4] 谢鹏飞，刘琰等. 和谐、生态：可持续的城市——"2009 城市发展与规划国际论坛"综述 [J]. 城市发展研究，2009（11）：9—14.

[5] 李迅，曹广忠等. 中国低碳生态城市发展战略 [J]. 城市发展研究，2010（1）：32—39.

[6] 中国生态城市研究专业委员会. 创刊词 [J]. 低碳生态城市，2010（1）：1.

[7] http://www.zhjszz.cn/html/2009-9/20099916567rdjj9864.html.

[8] 仇保兴. 从绿色建筑到低碳生态城 [J]. 城市发展研究，2009（7）.

---

❶ 如我国垃圾发电、沼气发电、瓦斯综合利用等关键技术设备多依赖国外进口。

[9] http://www.chinanews.com.cn/cj/cj-cfgs/news/2009/11-30/1990333.shtml.

[10] 中国生态城市研究专业委员会.北京完成首个低碳社区规划进入成果编制阶段[J].低碳生态城市,2010（2）：15-16.

[11] 刘少瑜,邹阳生,安德雷斯·依班尼斯.香港碳审计：向温室气体减排迈进[J].城市发展研究,2010（增刊）：438-443.

（撰稿人：谢鹏飞，北京大学博士，中国城市科学研究会城市规划师）

四川汶川地震灾后城乡恢复重建规划和建设的新进展

导言

面对"5·12"汶川特大地震给灾区造成的空前灾难，在党中央、国务院的坚强领导下，全国各援建省市、社会各界与灾区群众一道大力弘扬伟大的抗震救灾精神，坚定信心、共克时艰，围绕实现灾区城乡建设达到或超过灾前水平的重建目标，坚持以人为本、尊重自然，统筹规划、科学重建，按照"政府组织、专家领衔、部门合作、公众参与"的要求开展了城乡规划编制"大会战"，遵循"因地制宜、民生优先、分步实施、科学重建"的原则组织城乡住房重建"攻坚战"，推进了城乡灾后恢复重建有序、有力、有效地开展，在建设灾后群众安居乐业美好新家园的征程中取得了重大阶段性胜利。

一、统筹规划，加强城乡规划对灾后重建的科学指导

为了加快城乡灾后恢复重建，灾区各级政府和规划建设行政主管部门，按照省委、省政府的统一部署和安排，把做好地震灾后恢复重建城乡规划作为重建工作的优先任务，切实加强领导、精心组织，加快灾后重建城乡规划编制工作步伐，确保城乡恢复重建在科学规划的指导下顺利开展。

（一）城乡灾后重建规划编制取得重要成果

城乡科学重建，规划必须先行。在《汶川地震灾后恢复重建总体规划》及其10个专项规划编制完成并颁布实施后，省政府立即召开了全省地震灾区城乡规划专题会议并制发工作文件，对编制灾后恢复重建城乡规划进行部署，迅速组织协调省内外上百家规划设计单位、数千名规划技术人员，在地震灾区集中开展了一次城乡规划编制"大会战"。针对灾后恢复重建的特殊性和紧迫性，我们积极创新规划工作机制，按照"政府组织、专家领衔、部门合作、公众参与"的要求，加强政府组织领导，落实工作目标责任，整合各方规划力量，强化行政效能督导，全力加快规划编制工作进度，于2009年上半年全面、按期完成了39个重

灾县（市、区）、631个镇乡、2043个村庄重建的规划编制或修编工作。

在全面完成重灾县（市）、镇（乡）和村庄重建规划编制或修编的基础上，省住房和城乡建设厅（原省建设厅）组织对汶川、北川、青川、都江堰和映秀、汉旺等极重灾县（市、镇）重建总体规划的审查报批，灾区地方政府及时公布了经审查批准的城镇和乡村重建规划，为推进城乡灾后恢复重建提供了规划指导和建设依据。各地在制定重建城乡规划时都将规划编制成果公开，充分征求受灾群众和社会各界意见，成都、阿坝等市州政府还将本地区编制的恢复重建城乡规划成果，向社会公众集中展示和宣传，积极营造全社会关心和支持灾后重建的良好氛围。

（二）城乡灾后重建规划工作措施和做法

1. 加强领导，精心组织

领导高度重视、思想认识统一、责任明确落实、部门各司其职、各方通力合作、上下工作联动，为做好灾后恢复重建规划编制工作提供了重要的组织保障。省政府下发了《关于加快地震重灾区灾后恢复重建城乡规划编制工作的通知》，明确在各级政府组织领导下建立由城乡规划主管部门牵头，发改、国土、财政、地震、测绘、水利、环保等相关部门参与的工作联动机制。地震重灾区有关市（州）政府作为本地区灾后恢复重建城乡规划工作的责任主体，纷纷建立了以分管市州长为组长、规划建设部门为主体、各相关部门配合参与的规划编制工作领导小组，结合地方实际，制订本地区灾后恢复重建城乡规划工作的具体方案，明确编制任务、进度安排和部门职责，将灾后恢复重建规划编制工作作为重建优先工作抓紧、抓实、抓好。同时，为了更好地为灾区一线的规划工作提供及时有效的工作指导和技术服务，省政府建立了规划编制督导机制，成立了由省住房和城乡建设厅牵头负责，国土、水利、地震等省直有关部门和相关专家共同参与的成都和阿坝、绵阳和德阳、广元和雅安3个督查组，分片对各地进行督查和指导，直至各地按期完成规划编制任务。市、州也成立了相应的督导工作机构，定期对县（市、区）灾后重建规划编制工作进行检查、督促和帮助。

2. 因地制宜，突出重点

灾后恢复重建规划必须以《汶川地震灾后恢复重建条例》等有关法律法规为依据，满足住房和城乡建设部等部委的相关文件要求。同时，灾后恢复重建规划具有很强的针对性和实用性，在编制规划中认真贯彻落实温家宝总理在视察北川新县城规划建设时作出的关于"安全、宜居、繁荣、特色、文明、和谐"的重要指示精神，切实把握恢复重建这一工作主题，坚持因地制宜，各地根据不同地方的灾后恢复重建实际需要，突出规划编制工作的重点，重灾区应优先编制指导近三年城乡恢复重建的城镇近期建设规划、恢复重建项目所在地块的详细规划以及乡政府驻地和村庄建设规划先期实施，再纳入随后修编的城镇总体规划和乡规划；遭受地震极重破坏需原地或异地新建的城镇，应同步编制城镇的总体规划和恢复重建近期建设规划；地震破坏较轻的地方，在充分考虑原有城镇规划和乡村规划的基础上，可通过采取对有关城乡规划进行局部调整的方式指导城乡灾后恢复重建。此外，还针对灾后重建项目的实际需求，对近期建设规划提出了具体规定，要求必须落实"近期建设项目库"，明确项目、投资来源、建设时序等相关内容，以切实提高规划的可操作性。

3. 社会公开，公众参与

地震灾区灾后恢复重建规划编制工作社会关注、群众关心，为确保规划制定过程中反映和尊重民意，省政府为此还专门下发了《关于进一步加强地震灾后重建城镇规划公众参与工作的通知》，要求各地制定的灾后恢复重建城乡规划依法向社会公开，充分发挥当地各种媒体的宣传作用，在灾区努力营造群众参与规划制定和支持规划实施的良好社会氛围，调动灾区群众重建美好家园的积极性。成都市在编制农村重建规划过程中，从最初的定居点选址到最终的方案审批，均要通过三分之二以上村民代表同意、规划现场公布公告等形式来保障受灾群众的知情权和决策权，并举办了成都市灾后重建规划展，通过图板、模型、动画等直观形式，向社会广泛宣传灾后重建规划的成果，社会反响积极；阿坝州政府也通过举办规划展览的方式，将本地区编制的恢复重建城乡规划成果集中向社会公开展示；北川县在规划编制过程中，积极引导公众参与，发放调查表就社区管理、公共服务等多个方面向群众广泛征求意见，得到了很好的社会评价。

4. 专家把关，科学决策

规划编制在加快速度的同时，更加注重规划质量，积极发挥专家决策咨询作用，在灾后恢复重建规划编制工作中竭力做到科学民主决策。在规划编制单位的选择上，除对口支援的50多家国内甲级规划设计院外，四川省还组织了40多家省内规划单位和高等院校参与规划会战，数千名专业技术人员和一大批国内外知名规划大师云集灾区一线，为规划编制工作提供了强有力的技术支撑。在规划编制模式上，我们注重运用多方案比选择优的方法，如：都江堰通过全球征集概念，广泛征求国内外优秀设计机构、专家学者等社会各界人士的意见和建议；映秀镇组织了华南理工院、同济大学院、清华大学院、广东省院、广州市院等全国著名的5家甲级规划院，进行了多方案规划设计比选。在规划方案技术审查中，我们本着科学严谨的态度，充分尊重专家意见，并积极发挥有关职能部门作用，广泛邀请各类专业领域的专家和相关部门的负责人参与技术评审，以切实保证规划质量。对社会广泛关注的北川新县城规划方案，邀请了国家两院院士周干峙等国内权威专家参加技术审查把关；对震中映秀镇重建规划，省建设厅与阿坝州政府共同合作主办了映秀镇灾后重建国际研讨会，组织国际、国内知名专家院士进行专题论证，出谋划策，从而进一步明确了映秀镇灾后重建的指导思想和规划定位，抗震技术的最新成果同时被应用到规划成果。

二、科学重建，加快建设地震灾后城乡美好新家园

在城乡灾后重建中，全面贯彻落实科学发展观和扩大内需的方针政策，将城乡灾后恢复重建与推进新型城镇化和新农村建设结合起来，科学重建。各地根据当地恢复重建的实际情况和发展需要，按照因地制宜、民生优先、分步实施、科学重建的要求，有计划、分步骤地组织实施灾后恢复重建城乡规划，优先安排关系民生的城乡居民住房、基础设施和公共服务设施建设。

（一）城乡灾后恢复重建取得重大阶段性胜利

按照确保质量与注重效率相结合的原则，灾区各级政府坚持把三年重建任务两年基本完成的目标任务作为政治要求来落实、作为民生工程来推进、作为使命来履行，推进了城乡灾后恢复重建工作有序、有力、有效开展。一是农房恢复重建成绩卓著。原核定需恢复重建的126.3万户农房，已于2009年年底全部完工。因余震和地质次生灾害等因素影响，四川省又陆续新增重建农房19.61万户，2009年年底累计已开工19.59万户，开工率99.9%，其中已完工15.1万户，完工率77%。四川省灾后农房重建的整体规划、抗震设防、质量安全和风貌特色都发生了翻天覆地的巨变。二是城镇住房重建攻坚成效明显。经中期规划调整核定，四川省需重建城镇住房25.91万套，需维修加固受损住房134.86万套。由于城镇住房重建面临的情况十分复杂，各种矛盾突出，受规划选址、受灾群众意愿和利益诉求、基础设施建设等因素影响，城镇住房重建前期进度受到很大影响。但通过各级政府和广大群众的共同努力，自2009年9月以来，前期困扰影响重建的各项突出问题基本得到解决，城镇住房恢复重建不断提速，取得重大进展，已转入全面建设、逐步安置阶段。截至2009年年底，全省城镇住房重建累计已开工25.4万套，开工率97.5%，其中已完工19.35万套，完工率74.7%。受损住房维修加固累计已完工134.78万套，完工率99.94%。三是市政基础设施恢复重建有序推进。38个重点重建城镇共需重建市政基础设施项目419个，截至2009年年底已开工287个，占总数的68.5%，完工65个，现已完成投资43.5亿元，占总投资的60.8%。城乡灾后恢复重建稳步推进。

（二）城乡灾后恢复重建实施工作的主要做法

1. 加强组织领导，充分发挥集中力量办大事的优势作用

灾后重建是一项极其浩大的系统工程，任何时候、各个环节都需要完善各种

机制、统筹各种资源、发动各方力量共同推进,这就必须依靠坚强有力的组织领导,发挥社会主义制度集中力量办大事的独特优势。为加快推进灾后恢复重建,四川省着眼全局,结合实际,层层部署、层层组织、层层发动、层层落实,迅速建立健全了省、市(州)、县(市、区)、镇(乡)四级重建领导机构和执行机构,具体明确了各项、各阶段目标任务,分解落实了各级政府、各部门、各人员的职能责任,组织和动员各方力量、调配各种资源,全力投入灾后重建工作。正是充分发挥了社会主义制度下集中力量办大事的最大优势,整合形成了各级党委政府强大的领导力、组织力、号召力和执行力,才使得各项重建工作有序展开、有效推进。

2. 突出科学重建,充分发挥城乡重建规划的引导作用

在灾后重建工作中,我们始终坚持以规划为龙头,注重发挥规划对城乡灾后重建的引导提升作用。为加强对灾区重建城乡规划实施的指导,除了上述省政府下发的《关于进一步加强地震灾后重建城镇规划公众参与工作的通知》外,省建设厅也发出了《关于进一步做好重建城乡规划实施的通知》等指导文件。住房和城乡建设部还会同四川省政府共同组织召开了北川新县城灾后重建推进协调会。与此同时,省政府加强了对汶川、青川等其他极重灾区城镇规划和城市设计的指导与协调工作,多次深入重点城镇检查规划实施,并协调相关专家和技术人员深入灾区各地为城镇规划设计工作把脉,确保科学规划与科学重建。随着各地重建规划的实施和完成,地震灾区许多地方城乡建设发展比灾前向前推进了10~20年。另外,按照国家重建委和省政府的工作部署,四川省适时组织开展了灾后重建中城镇体系、住房、农村建设专项规划和城乡重建规划实施的中期评估工作,为深入推进城乡科学重建做好基础性工作。

3. 贯彻落实政策,充分发挥党和国家政策的激励作用

从灾后重建的实践看,重建的要素主要是政策、资金、物资、技术、施工力量、组织管理等,其中最重要的是政策因素。解决了政策的问题,也就相应解决了其他要素问题。更重要的是,科学合理的政策能有效激发广大受灾群众和基层单位的内动力和创造性,有效破解许多尖锐矛盾。在城乡住房重建中,资金补助政策的落实极大地加快了重建进度。农村建房历来是农民自力更生,通常享受不到政府的优惠和扶持。灾后农房重建中,四川省及时明确并迅速落实了户均2万元的补助政策,这极大地调动了受灾农民的重建积极性,农房重建进度一直排在各项重建工作之首。在城镇住房重建中,各地结合实施,积极完善和落实房改等相关政策。部分城镇受灾居民灾前居住的是公房,灾后不能享受资金补助及土地权益,导致许多危房不能拆除,规划的重建用地不能落实,这给重建推进造成极大障碍。如给这些受灾群众发放补助,需调整全省基本补助政策,还将引发新的矛盾,无法实施。为解决此问题,部分灾区通过落实房改政策,解决产权及土地

权益等问题，有效化解了主要矛盾。

4. 注重依靠群众，充分发挥广大人民群众的主体作用

群众是灾后重建的主体，依靠群众和发动群众，充分发挥广大群众的主观能动性，这是四川省住房重建的基本原则。灾后重建的大量事实表明，群众的主体作用发挥好了，积极性调动起来了，主要矛盾也就随之解决了。农房重建中，如果受灾农户不主动建房，一味等靠要，政府根本无力在一年半的时间里建设分散的上百万户农房；城镇住房情况更复杂，一个受灾居民的个人意愿影响的不仅是自己，而是几十户甚至几百户居民的重建。因此，在住房重建中，四川省始终把群众的意愿放在重要位置，将群众的主体作用作为重建的重要支撑和保证。为了发挥群众的主体作用，调动他们的积极性，各级政府和部门深入基层、深入实际、深入群众，逐户了解情况、宣传和落实政策，帮助解决实际困难。通过逐家逐户深入细致地做工作，灾后重建得到了绝大多数群众的理解、支持，他们的积极性、能动性也相应地被调动发挥起来，促进了住房重建工作的快速推进。

5. 加强指导帮扶，充分发挥政府机关的服务保障作用

在发挥受灾群众主体作用的同时，政府的支持和帮助必须及时到位，这是推进重建的必然要求。受灾群众的专业技能、经济条件和组织能力决定了他们仅依靠自身能力难以在短期内完成住房重建，实现安居梦想，这就需要政府及时提供足够的支持和帮助。农房重建，安全第一。为了保证质量并满足抗震设防的需要，受灾群众最需要的是建房技术上的支持，同时还需要资金和建材等方面的支持，着眼群众的迫切需要，四川省全力帮助受灾农户解决以上三方面的问题。为解决农房建设技术指导问题，省住房和城乡建设厅组织制定了指导农房建设的14项指导性文件和技术规范，编制了《农房重建设计方案图集》和《农村居住建筑抗震构造图集》，提供了300多种农房设计方案供灾区农户选择。四川省农房建设第一次有了规范系统的抗震设防要求和标准，改变了千百年来农村住房不设防的历史。为了提高农房建设水平，各级建设部门组织各方专业技术人员进村入户，指导农房重建，并培训农村建筑工匠近9万余人次。为解决资金问题，在及时核发补助的同时，积极落实金融支持政策，省政府专门安排了40亿专项资金帮助灾区建立担保基金，解决困难农户的贷款问题。为解决建材问题，建立建材特供机制，严格控制建材价格，保障充足供应。另外，在推进城镇住房重建方面，我们感到受灾居民更需要的则是联络沟通、组织和协调等方面的支持。对此，我们一是帮助受灾居民之间加强联络沟通，消除矛盾，促使各方统一重建意愿；二是搭建受灾居民和开发企业、设计单位、施工单位的联络平台，为受灾居民选择具备资质、符合条件的重建单位提供服务；三是为受灾居民争取优惠贷款创造条件，提供方便。从住房重建的实际来看，虽然重建个体千差万别，各有各的实际困难，但只要是根据受灾群众实际有针对性地进行帮扶，重建的困难是能

得到有效解决的。

6. 积极争取援建，充分发挥各方力量的支持作用

灾后重建投资巨大、任务艰巨、时间紧迫，仅仅依靠灾区政府和受灾群众的自身能力，很难圆满完成各项重建任务。在重建最困难时期，中央和各省市及时给予了我们最大的支持，使各项重建工作顺利启动，有效实施。在住房和城乡建设部的积极协调、关心支持下，四川省灾区各级建设部门加强与各对口援建省市建设部门的联系，建立了定期联络机制，落实专人做好对口支援的有关工作，积极争取把建设和修复城乡居民住房作为对口支援的重点，优先安排帮助受援灾区开展房屋安全鉴定及加固工作，将援助资金优先投入住房及相关的公共服务设施和基础配套设施建设，取得了明显成效。

7. 坚持信息公开，充分发挥群众和社会的监督作用

在重建工作中，我们除了加强行政监督监管和监察外，始终坚持公开、公平、公正原则，做好信息公开工作，主动接受群众和全社会的监督。坚持信息公开内容的全面性，对政策的制定和执行、重建的计划和进展、资金的安排与使用，能公开的内容尽量公开，让群众充分了解、信任，取得群众的理解、支持。坚持信息公开范围的广泛性，不仅仅局限于受灾群众家庭，而且对重建涉及的其他群体进行公开，对全社会进行公开，既接受全社会的监督，又争取形成有利的舆论环境。坚持信息公开方式的多样性，既有张贴的公示，也有通过媒体发布的公告，还有通过张贴画、宣传手册等方式，通过各类群众可能接触和接受的各种渠道进行公开。通过有效做好信息公开工作，保证群众的知情权和监督权，有力引导受灾群众真正参与和融入重建。

综上所述，一年多来，在党中央、国务院和省委、省政府的坚强领导下，在全国人民全力支援和国内外社会各界的关心支持下，建设战线的广大干部职工充分发挥生力军作用，大力弘扬伟大的抗震救灾精神，与灾区群众同甘苦、共患难，在城乡灾后恢复重建战线上奋力拼搏，为早日实现灾区群众安居乐业、城乡建设达到或超过灾前水平的重建目标作出了巨大贡献，取得了重大阶段性胜利。

（撰稿人：邱建，四川省住房和城乡建设厅总规划师；李根芽，四川省住房和城乡建设厅）

盘点篇

Review

2009年我国区域（空间）规划

　　进入"十一五"规划时期以来，我国区域（空间）规划越来越受到中央政府和地方政府的重视，在社会经济发展和资源环境保护中开始发挥越来越重要的作用。在"十一五"规划纲要中，有关区域发展和空间管制的内容，就其表述之全面、内容之丰富、内涵之深刻而言，是历次五年规（计）划所无法相比的。重视区域协调发展、重视人口和产业合理布局、重视空间结构有序化，成为"十一五"规划和实施的特点之一。同时，这也标志着我国在宏观调控中开始步入重视空间规划的作用、把搞好空间管制作为贯彻落实科学发展观有效途径的新阶段。

　　在我国，区域规划一直有狭义和广义之分。狭义上的区域规划通常是指空间尺度大于城市规划区❶范围，但小于国家领土范围的局部地域的空间规划；广义上的区域规划是指地域空间大于城市规划区范围的任何地域空间规划，包括全国范围乃至跨国范围的地域空间规划。本报告所指的区域规划是广义理解上的区域规划。

一、近年我国区域规划呈现的共同特征

　　区域规划在我国越来越受到重视，突出表现在中央、部门、地方都积极创新、拓展、开展不同类型的区域规划。过去几年中，国务院批复的区域规划和区域发展指导意见纷纷出台，有关部委不断扩大有关区域规划的范畴，各地方政府往往把编制空间发展战略和区域规划作为领导班子换届后首先提到日程的重要工作，包括区域规划、主体功能区规划、城乡统筹规划等在内的空间规划呈现出一片欣欣向荣的景象。汶川地震灾后恢复重建规划的编制和实施，向世人展示了我国政府依规划行政、规划指导重建家园工作有序开展的实效。

　　我国区域规划就其目标和内容而言，有以下的共同点：一是开始重视社会经济发展与资源环境的协调，以资源环境承载能力为依据，合理确定各区域国土开发方向和开发强度，规范国土开发秩序。科学发展观成为指导区域规划的核心思想，区域规划也成为践行科学发展观的重要载体。二是突出区域的功能定位。开

---

❶ 规划区是指城市、镇和村庄的建成区以及因城乡建设和发展需要，必须实行规划控制的区域。

始强调一个区域在更大的区域系统中的作用和分工,把这种定位作为区域发展扬长优势、凸现核心竞争力的目标追求,同时也成为争取上级层次发展地位和政策偏好等的科学依据。三是开始选择具有地方特色的城市化和工业化推进模式。在通用的转变经济发展方式的口号下,选择产业发展重点、特别是热衷发展先进制造业和现代服务业、建立特色资源节约型和环境友好型产业体系,依然是规划的核心内容;而加快城市化进程、提高城市化质量往往成为发展指标体系构筑的重要方面。四是注重区域内部发展差异性的体现。此外,不同程度上展示的全球化响应及应对策略、科技创新体系的构筑、生态安全屏障、基础设施支撑、公共服务均等化等的空间落实,也是近年区域规划目标和内容层面上的共同点。简而言之,可持续发展、民生与公平、效率与竞争力三个维度的空间安排,是近年区域规划的目标和内容取向的基本范畴。

我国区域规划就其理论和方法而言,有以下的创新点:一是区域规划理念越来越完善,开始强调三维目标下的区域规划。区域发展状态的评价和目标的确立,应在经济效益、社会效益和生态效益构成的三维空间中进行。也就是说,区域规划越来越追求研制三维目标空间中实现综合效益最优解的空间实施方案。二是把资源环境承载能力评价作为区域规划的逻辑起点。将资源环境承载能力评价作为区域规划在确定区域功能定位和开发强度、城镇总体布局和产业空间引导时的重要依据。三是重视地域空间组织理论的创新与应用。把空间结构的概念作为支撑地域空间组织的理论体系,其中点轴系统理论是不同空间尺度地域空间规划中得到最为普遍应用的基础理论。点轴系统理论通过阐释在地域空间开发中点和轴的形态变化、点轴互动机理和演变的基本规律,为空间结构的合理组织提供了很好的模式。四是把地域功能作为空间管制的核心内容与依据。地域功能的生成机制和演变规律主要是基于自然生态系统赋予的自然功能和社会经济系统赋予的利用功能所叠加的综合功能取向作为特定地域的功能,区域规划越来越重视在识别地域功能的基础上进行因地制宜的编制和实施。此外,还有空间相互作用的理论方法、现代计算机和网络条件下的综合集成方法,等等。

政府职能的转换和市场机制的建立产生的拉力,社会经济发展阶段和发展需求产生的支撑力,快速工业化和城镇化造成的区域发展失衡问题产生的压力,使加强空间管制成为建设美好家园的重要抓手,也成为政府完善宏观调控职能的重要抓手。但由于管理体制和规划体系没有完全理顺,也带来一系列问题,如对规划空间的争夺、规划之间缺乏衔接、区域(空间)规划层级不明确等。规划体系不健全和机制体制的矛盾,已开始成为影响区域规划价值得到合理发挥的主要症结所在。

二、近年来我国区域规划的主要类型

（一）继承创新：主体功能区规划的编制及作用

主体功能区规划是新中国成立以来第一次由国务院作为重要政府工作部署、在全国范围开展的综合性的空间规划工作。《中共中央关于制定国民经济和社会发展第十一个五年规划的建议》明确提出了划分主体功能区的要求。国务院出台了《国务院关于编制全国主体功能区规划的意见》，对主体功能区规划的编制工作进行了全面部署。胡锦涛总书记在党的十七大政治报告中三次提到主体功能区，明确了基本形成主体功能区格局是2020年全面建设小康社会目标的新要求，体现了中华民族在应对经济全球化和全球气候变化过程中高度的民族责任感，标志着我国发展观与国民素质以及生活品质追求跨入了一个新高度。全国性和主体功能区规划和各省主体功能区规划方案在2009年基本成形。

主体功能区规划是继承与创新的结果。继承一则是与地理学倡导的因地制宜、地域分异规律在本质上是一致的。如我国早期开展的气候区域论、植被区划、中国地理区域之划分等，以及新中国成立后制定的6大经济区的战略部署、"三线"建设、沿海和内陆、东中西三大地带的战略指向，等等。主体功能区规划与以往开展的自然区划和经济区划是一脉相承的，都始终贯彻了因地制宜的基本理念，即在对自然和社会经济发展的条件进行评价之后，找出一个因地制宜的国土开发方向、开发目标和开发方式。二则也与一般城市规划、土地利用规划等分区管制以及采用功能区形态进行总体布局、空间指引的理念与做法是相通的。创新主要是指主体功能区规划一是赋予了不同地域的主体功能。主体功能区以自然生态属性和功能、资源环境承载能力等为重要依据，明确哪些区域必须以保护自然生态为主体功能，哪些区域以集聚经济为主体功能。同时，要强调"公平"与"效率"的统一。一方面，通过优化开发和重点开发城市群地区，增强城市群地区的发展能力，提高我国整体发展效率和国际竞争力，另一方面，通过财政转移支付等手段，使禁止和限制开发区人民的生活质量得以改善，有助于缩小基本公共服务水平的区域差距，实现公平发展。三是突出了生态产品的重要理念，使生态建设成为区域发展的一项重要内容。进行生态建设也是创造价值、实现国土均衡开发的一个重要的战略取向。

应当看到的是，主体功能区规划的工作较国务院工作要求滞后了许多。难以出台的原因，一是理解科学发展观和自觉地接受、贯彻科学发展观，需要一定的时间。主体功能区规划是践行科学发展观的一次重大实践，在观念和指导思想上仍处于学习、提高、形成阶段，重大实践推进缓慢是可以理解的。二是一项重大的规划实践，是对利益和责任格局的重新配置的过程，已有的体制和机制势必形成很大的障碍，追求短期利益和局部利益的指向，对全局利益和综合利益、长远利益为上的主体功能区规划的价值的充分认可也需要时间。三是任何一个规划的实施，必须配置有效的政策措施，主体功能区规划需要调动各种政策资源，对政策着力点乃至体系进行重构。这无疑是一个艰巨的工程，需要一定的时间。当然，我国社会经济发展阶段的局限性、市场机制改革进程的阶段性，以及国家重大规划编制对时间长度需求的客观性，都是导致我国主体功能区规划滞后出台的主要原因。

（二）异军突起：区域规划成果纷纷出台

2009年国务院批复了12个区域规划和区域性政策文件，这在我国区域规划发展历史上是绝无仅有的，体现出党中央和国务院对促进区域协调发展，缩小两极差距过大问题的高度关注。从已经出台的12个区域规划和区域性政策文件中可以解读出以下特点：

一是区域规划给出了区域功能定位。区域功能定位体现了区域在全国劳动地域分工中的地位和扮演的角色，是从国家全局出发，充分考虑地方发展条件的综合平衡的结果，是决定区域发展方向、目标和空间布局的核心内容。如《促进中部地区崛起规划》把建设粮食生产基地、能源原材料基地、现代装备制造及高技术产业基地和综合交通运输枢纽的"三基地一枢纽"作为区域功能定位，充分体现了中部六省的资源禀赋、区位优势和产业基础，为中部地区指明了发展方向。又如《鄱阳湖生态经济区规划》把区域定位为"全国大湖流域综合开发示范区、长江中下游水生态安全保障区、加快东部地区崛起的重要带动区、国际生态经济合作重要平台"，主要是基于鄱阳湖对江西省及长江中下游地区提供水资源、调节气候、涵养水源、蓄洪防旱、降解污染物、均化洪水、保护全球濒危迁移候鸟和珍稀水生动物等特殊功能和突出作用后提出的。

二是区域规划重视空间部署。区域规划的突出特征是对空间资源的合理安排和统筹配置，通过对产业和城镇的空间发展指引、基础设施和公共服务设施的区域空间配置，实现空间资源的高效利用和空间结构的有序化。如《辽宁沿海经济带发展规划》着重提出了"五点一线"的产业布局方案，通过"以点连线、以线促带、以带兴面"的空间发展格局，辐射和带动距离海岸线100km范围内的沿海经济带发展。又如《黄河三角洲高效生态经济区规划》将依托"四点"，建设"四区"，打造"一带"，形成环渤海南岸的经济集聚带。

三是区域规划成为中央和地方利益平衡的载体。一方面，由于这些区域规划和政策性文件密切联系地方实际，有针对性地解决地方发展中最关键、最重要、最紧迫的问题，从而成为地方的关注所在、动力所在和着眼点所在，地方能够积极行动、开拓创新，采取有力措施把规划和政策性文件提出的要求逐条落实到实处；另一方面，区域规划和政策性文件又是按照国家整体要求和重大发展改革战略编制的，体现了国家的战略意志。也就是说，立足于某一区域编制的规划和政策性文件自然而然地把国家意志延伸到促进某一区域发展的思路和举措中。

四是保持总体思路和重大政策措施的连续性和稳定性。规划和政策体现的是国家战略，又有跟踪机制，有利于保障地方在发展思路和发展过程中始终保持连续性和稳定性。即使是行政首长变更，也能够保障一张蓝图贯彻到底。

相比之下，在"十一五"规划时期就确定为区域规划试点的京津冀都市圈区域规划和长江三角洲地区区域规划却迟迟没有出台，主要原因之一是上述两个规划是跨省级行政区的规划，协调起来难度更大。从国外经验和国内学者的普遍观点看，省内规划应该由省政府自己批准实施，国家应该主持制定和主要批复跨省级行政区的规划。"十二五"规划时期，应该对区域规划的审批权限和区域规划体系作出必要的调整。

（三）老调新弹：新一轮国土规划的试点与筹备

改革开放30年来，我国开展了不同类型、不同层级的国土规划工作，促进了国土开发整治和城乡建设，推动了区域协调发展。这一时期国土规划主要是根据国家经济社会发展战略方向和总体目标，以及规划区的自然、经济、社会、科技等条件，制定全国或一定区域范围内的国土开发整治方案。规划的主要任务是从区域整体出发，协调国土资源开发利用和治理保护的关系，协调人口、资源、环境的关系，促进区域经济综合发展。国土规划工作的广泛开展具有以下作用：一是彻底改观了我国发展区域经济家底不清的状况；二是提出长远发展的观点，丰富了我国计划的战略内容、强化了计划的战略目标；三是注重分区开发建设，进行合理的生产力布局，这在很大程度上弥补了过去计划经济体制中重视行业计划、实行产品经济模式、轻视区域经济布局的缺陷；四是改变了过去计划经济形态下只注重经济增长，忽视经济发展与生态建设、环境保护、资源合理开发利用关系协调的状况。

1998年以来，国土规划工作所处的宏观背景发生了较大变化，资源环境与经济社会发展之间的矛盾更加尖锐、粮食安全、区域发展不协调、城乡差距拉大等深层次问题更加突出，国土规划任务更加艰巨。面对地域空间规划存在的一系列问题，国土部门也积极参与到开展整合与空间资源规划、发挥国土空间管制作用的试点工作中。2001年，国土资源部决定在深圳市和天津市开展国土规划试点工作。此后又将试点范围扩大到辽宁、新疆、广东等省区。目前，深圳市、天津市、辽宁省和广东省的国土规划编制工作已经完成，福建、重庆、广西、山东等省市和湖北武汉城市圈、湖南长株潭城市群、河南中原城市群等区域正在积极筹备开展国土规划编制工作。与此同时，积极筹划开展全国性的国土规划研制工作。

从已开展国土规划试点工作的地方看，国土规划突出了时代特色和地域特征，取得了一定成效。如天津市国土规划试点提出"建设工业化与综合化的滨海新区"，对推动天津滨海新区纳入国家发展战略起到了重要作用。在开展国土规划试点的基础上，未来将加快组织编制全国国土规划，指导全国国土空间开发战略布局，并为开展地方各级国土规划和区域性国土规划编制、完善相关专项规划提供依据。全国国土规划是具有战略性、综合性、基础性和约束性的最高层次的空间规划。从基本实现现代化的战略要求和提高国家整体竞争力与可持续发展能力出发，其主要目标是构建安全、和谐、富有竞争力和可持续发展的国土空间，主要任务是调查分析国土资源现状，评价国土资源利用的适宜性和限制性；研究制定国土空间发展战略，促进国土开发格局的优化，等等。

（四）扬长补短：城市规划的外延与拓展

城市规划从编制城镇体系规划起，就已经将规划范畴外延到区域规划的界面了。城市规划界认为，区域是城市发展的基础，区域发展是确定城市性质与规模的重要依据。因此我国城市规划自20世纪70年代起就注重从区域角度寻求解决城市问题提升到人才培养、学科建设、队伍组织的高度。此后，不断在空间范围上尝试着突破城市规划区范围的途径与方式。这在我国缺失区域规划的发展时期，不仅对提升城市规划的质量，而且对空间结构的有序化进程发挥了不可替代的作用。

近年来，城镇规划的外延已经拓展到了区域规划的领域。如市域或县域规划究其内容范畴和目标，就是小尺度区域空间的规划。只是编制的理论基础和体现形式还受到城市规划传统格式的影响，保留着一定的城市规划特色。这些在原有城市总体规划基础上向外成几倍扩展空间的规划，应属于城市型的区域规划。有些省市由建设部门组织跨行政区的城市群规划（如珠三角城市群、山东半岛城市群等）或都市圈规划（如南京都市圈、徐州都市圈等）。这类规划不仅要协调城市之间的关系，还要协调城乡之间、地区之间、经济社会发展与人口、资源、环境之间的各种空间关系，具有较全面的区域规划性质。

在城建部门编制的各类具有区域规划性质的"城市规划"中，主要采取了两种做法。一种做法是在一定区域范围内编制空间总体规划，也就是过去经常提到的"三规合一"或者是"多规合一"，即把建设部门编制的城市总体规划、国土部门编制的土地利用总体规划、发改部门编制的国民经济和社会发展规划等统一到一个空间规划中，如浙江省上虞市开展的"三规合一"试点，成为该区域一切空间规划的集成；第二种做法是在一个区域范围内在各种区域规划类型的基础上编制一个上位规划，用来统领和指导各种专项规划的编制和实施，如浙江省富阳市发展战略规划。

三、未来展望：建立科学合理的区域（空间）规划体系

（一）殊途同归：从部门规划上升为政府规划

综上所述，上面所提到的各种规划形式尽管在称谓上有所差异，但是在规划目标、内容、科学理论和方法，甚至在规划编制的技术团队支撑方面都是基本一致的，各种规划并没有实质性的差别。因此，各种规划有统一在一起的基础和现实需求。

各种规划之所以各自为战，主要是因为有部门利益的存在。如果站在完善规划体系、避免规划资源浪费的角度考虑问题，各类规划相互掣肘的体制机制障碍就可以得到消除。同时，随着政府职能的转变，从原来经济活动的直接参与者和管理者，转变成规划的制定者和宏观经济的调控者，也为各类规划的融合提供了体制机制保障。

在这方面，《广西西江经济带发展总体规划》具有一定的启示意义。为更好地开展区域规划工作，广西自治区从发改、工信、住建、国土、水利、交通、财政、旅游、环保等部门抽调人员组成了具有田纳西河流域管理局性质的政府机构——广西西江黄金水道建设领导小组办公室，负责西江经济带发展总体规划的编制工作。通过各部门共同编制规划，对内消除部门利益冲突，对外用一个声音说话，避免了各种规划之间的相互"打架"现象，区域规划从部门规划上升为政府规划。

（二）建立健全地域空间规划体系

"十二五"规划时期应起步建立健全地域空间规划体系，至少应当实现的基本目标是："上位规划分工清晰、基层规划全面整合"，为打造适宜我国社会主义特色的空间规划体系迈出实质性的一步。按照我国国土面积和区域单元特征，我国地域空间规划按照纵向层次和类型可以按照形成"4层次＋X类"架构来考虑。其中4层次是持续固定编制的、内容系统综合的、按行政层级划分的空间规划，包括全国性、省域、市县域、城镇村。"X"是跨行政区单元的、相对灵活的、目标导向比较具体的地域空间规划，如跨省级行政区、省内跨地市、地市内跨市县域的区域规划。

（三）对新时期区域规划指导思想调整方向的思考

一要立足安全国土，提升地区竞争力：即面对我国不断增长的发展需求和国际经济波动的影响，进一步突出能矿—水土资源等国土资源安全、竞争力保障体系建设同经济安全体系、富有竞争力的城镇体系培育的协调与优化配置；

二要着眼国土可持续性，重塑优越的人居环境：即面对气候变化的全球责任和贯彻落实科学发展观的要求，进一步突出生态整治—环境治理的国土生态安全屏障体系建设同不同空间尺度的宜居环境营造的协调与优化配置；

三要以普惠健康和基本公共服务均等化促进社会和谐：即面对工业化、城市化快速推进对食物数量—质量的胁迫与影响，以及普惠健康和基本公共服务均衡的要求，进一步突出食物安全—国民健康的基本保障体系建设与基本公共服务体系建设的协调与优化配置；

四要软硬环境并重，优化国土品质：即面对不断增长和越来越丰富多样的消费需求以及社会文化的转型要求，进一步突出提升地域空间质量的现代基础设施体系建设同提升软实力的非物质规划比重的协调和优化配置。

参考文献

[1] A. J. Scott. Regional Motors of the Global Economy [J]. Futures, 1996, 28 (5): 391—411.

[2] A. Amin, N. Thrift. Globalization, Institution and Regional Development in European [M]. Oxford: Oxford University Press, 1994.

[3] 樊杰. 从科学发展观看全国主体功能区规划 [EB/OL]. 2007-08-21.
http://www.cas.cn/ft/zxft/200708/t20070821_1689641.shtml.

[4] 樊杰. 中国的主体功能区规划. [EB/OL]. 2007-10-24.
http://news.sciencenet.cn/html/shownews.aspx?id=192463.

[5] 樊杰. 对新时期国土（区域）规划及其理论基础建设的思考 [J]. 地理科学进展，1998，17 (4): 1—7.

[6] 杨伟民. 规划体制及其改革的基本方向 [J]. 发展规划研究，2008 (10): 13—21.

[7] 胡序威. 国土规划的性质及其新时期的特点 [J]. 经济地理，2000，22 (6): 641—643.

[8] 吴良镛，武廷海. 从战略规划到行动计划——中国城市规划体制初探 [J]. 城师规划，2003，27 (12): 13—17.

[9] 张兵. 敢问路在何方——战略规划的产生、发展与未来 [J]. 城师规划，2002，26 (6): 63—68.

[10] 张京祥. 论中国城市规划的制度环境及其创新 [J]. 城市规划，2001，25 (9): 21—25.

[11] P. Hall 著. 城市和区域规划 [M]. 邹德慈, 金经元译. 北京: 中国建筑工业出版社, 1985.

(撰稿人: 樊杰, 中国科学院区域可持续发展分析与模拟重点实验室; 孙威, 中国科学院地理科学与资源研究所)

2007 年度城市规划获奖项目的评价

2009 年上半年，中国城市规划协会组织专家，对 2007 年度全国优秀城市规划设计奖评选的 400 项申报项目进行了评审。评审活动分为专业评审和综合评审两个阶段。专业评审工作聘请专业评审专家 36 人，划分为总体规划与城镇体系规划、控制性详细规划与研究类规划、修建性详细规划与城市设计、专项规划等 4 个组进行评审。综合评审工作聘请 23 位专家，对经过专业评审入围的项目进行综合性评审，提出获奖项目名单，然后进行公示。共产生一等奖 13 项、二等奖 41 项、三等奖 80 项。另有 40 项表扬奖。在此基础上进行推荐，有一项获得国家优秀工程勘察设计奖金奖，一项获银奖，三项获铜奖。这次规划评优，对于提高我国城市规划编制的质量水平和促进规划行业发展起到了三个作用：一是成为贯彻党和国家政策方针、体现规划发展趋势的风向标；二是成为规划设计水平提高的标尺；三是成为规划设计单位和规划人才成长的助推器。

一、从获奖项目看规划设计发展趋势

（一）区域类规划获奖项目

规划的视野焦点由城镇体系规划转为城镇群、城镇带等城镇密集地区，如京津冀、山东半岛、江苏沿江、重庆都市圈等。规划的重点是城镇群的协调发展，特别是城镇功能的协调、区域交通等基础设施安排、区域生态环境保护等。

（二）城市总体规划获奖项目

城市总体规划因其综合性高、技术难度大，成为获奖的重要原因。由于受法规和审批程序的制约，城市总体规划陷入了内容庞杂、重点不突出的困境，在编制内容和编制组织上鲜有突破和创新。但重庆城乡总体规划、拉萨城市总体规划、西安城市总体规划等，体现出了自己的亮点，获得好评。

从城市总体规划获奖项目思考总体规划未来的发展趋势。

1. 如何重视总体规划对城市发展全局性、战略性问题的把握

我们现在的总体规划不是对全局性、战略性的把握，而是面面俱到，做出了一个大杂烩，不知道要解决什么样的问题。在总体规划之外又有战略规划之类的

东西。而总体规划就应该是战略、关注宏观的问题，总体规划的作用没有发挥，导致该起的作用没有起到。需要思考如何通过城市总体规划专注城市重要问题。

2. 如何突出总体规划编制的重点

从目前看，有些问题不能回避，既然是部门合作，肯定各部门要求都要体现，关键是如何把握重点，哪些需要作深入的研究，哪些一般性通过原则要求在专项规划中体现。

3. 如何真正落实"政府组织、专家领衔、部门合作、公众参与、科学决策"的规划编制组织原则

这个原则是温总理总结北京市城市总体规划时的文字。但是真正在做的时候如何体现部门合作，政府要发挥重要作用，部门合作要从头到尾，自始至终。

我们需要反思这些原则是不是真正地得到了体现。

(三) 城市控制性详细规划获奖项目

城市控制性详细规划是实施各个层面上位规划的重要平台，是土地出让和进行建设规划许可的基本前提。2009年开始的中央关于工程建设领域突出问题的专项治理工作，将规范控制性详细规划的编制与审批管理放在重要位置。今后控制性详细规划发展的趋势是将统一的原则要求与各地的实际相结合的探索。

关于控规的得奖不是太多，得一等奖的有广州市中心八区分区规划及控制性规划导则（图1），这是一个完全概念的控制性详细规划，它是分区规划包括控规单元的规划。得奖的原因有：

(1) 编制和管理作为一个整体，把各个层面的规划整合到一张纸上。首先整合246项各类审批规划，然后把各类规划管理信息整合。

(2) 以规划管理单元为技术载体，以单个地块控制指标为指导性内容，以较大规划管理单元控制为强制控制（图2）。

控制性详细规划是实施各层次上位规划的重要平台，也是土地出让和规划许可的基本前提。该平台是依法行政的基本平台，我们目前遇到的各类问题也与平台的搭建有关系。从2009年开始，中央要求

图1 广州市中心八区分区规划图

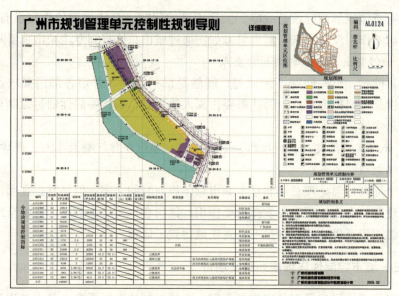

图2　广州市规划管理单元控制性规划导则图

规范控制性详细规划的审批。因此，哪些是需要强制执行的，需要思考，中央将对控制性详细规划单独形成编制办法。

未来控规的发展趋势是将统一的原则跟各地的实际相结合。目前，各地对控规的实践很多，以广州单元加地块式（单元为强制加引导，地块为弹性）的做法最为普遍，上海、武汉、北京等都属于这类情况，天津、河北等都朝这个方向发展。还有深圳为法定图则模式。若中央制定统一原则，各地如何与这一原则相融合，将是未来的发展趋势和新的探索。

（四）专业规划获奖项目

作为法定规划必须补充的专项规划获奖项目种类繁多，几乎涵盖规划建设的所有方面（市政基础设施、交通、市域、历史文化保护、近期建设、住房建设、地下空间、生态区、风景名胜区、园林绿地、水系整治、非建设区和限建区、公共安全、新城、产业园、大学园区、水利枢纽保护利用等）。

专业类项目量最大，几乎涵盖所有项目。反映了我们规划研究的趋势，可能是我们未来规划的一大亮点。专项研究规划是从单一的问题入手，综合研究各影响因素。由于专项规划没有编制办法的束缚，能够更好地显现创新性、研究性，更容易产生突破性成果。

（五）重大事件对规划设计的影响

从总体规划到建设实施是全过程。很多东西是对城市原有地区的改造，涉及城市路网改造、交通组织等。这些大事件，包括奥运会、世博会，应该说是先于其他的规划。在生态、环保理念上比其他规划项目领先若干年。另外，这些大事件项目都考虑到了后续使用的问题、城市如何介入发展（图3）。

图3　中国2010年上海世博会规划

二、总体规划获奖项目点评

（一）西安城市总体规划（2008—2020）（图4）

西安这个城市在中国有其特殊的地位：城市经济总量不引人注目，但国际知名度很高，和北京、桂林并称为外国游客必去的中国城市，是了解中国两千年历史文化的最佳选择。

1. 工作成效与评价

（1）从过程到结果完全"中规中矩"

规划编制的过程严格遵循"政府组织、专家领衔、部门合作、公众参与、科学决策"的20字方针，依法规划，并且成果规范，说明书、文本、图纸表达准确并完全对应。须知，恪守"中道"是中国传统文化的源头和内核，也是成功的基石。

（2）缩小了东西部之间规划水平上的差距

一直以来，规划水平与经济水平相关，从规划理念、方法到结果，东部都明显高于中西部，而西安总规已达到全国一等奖的水准，有助于促进东部和西部城

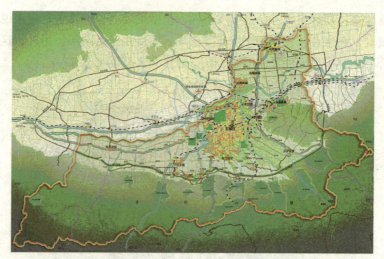

图 4　西安城市总体规划（2008—2020）

市规划的沟通交流，推动全国规划水平的整体提高。

(3) 在内容全面深入的基础上，抓住了重点，突出了特色

尽管在总规编制审批中有一些限定条件，但并不意味着做不出好的作品来，如果只是按部就班地依照编制办法完成各项工作，不可能获得大奖，必须要有特色。正如象棋的规则是死的，但运用规则的人是活的，因此不同的人能下出不同水平、不同境界的棋，我们也需要在既定的规则下，寻找到巧妙破解问题的方法。

(4) 成功推动西安发展

从总体规划来看，目前西安已经找到适合自己的定位与方向，使西安发展呈现出新气象，有望逐渐走出"废都"的阴影。

2. 技术特点

(1) 合理调整性质与规模

在延续上版规划确定的城市性质的基础上，一是充分考虑西安作为国家历史文化名城的价值和地位，这与很多地方把历史文化当做包袱而不加以充分利用，形成了鲜明对比；二是突出西安作为国家重要的科研、教育和工业基地以及西部中心城市的基本城市职能，这与国家发改委提出构建关中－天水城市群，并希望西安强化西部中心城市职能的设想不谋而合。

规划确定的城市性质为：西安是陕西省省会，国家重要的科研、教育和工业基地，我国西部地区重要的中心城市，国家历史文化名城，并将逐步建设成为具有历史文化特色的现代城市。这一性质定位体现了西安在现代化发展中，尊重历史传统，追求传统历史文化和现代文明的交相辉映。

人口规模预测按照严格控制人口规模的原则，综合考虑了西安的职能和经济

社会发展目标,分析了城市资源、环境的承载能力,城市的就业保障等多方面因素,提出了控制人口快速增长,积极引导人口合理布局,妥善处理人文指标、人口布局与城乡统筹布局的关系,不断提高人口综合素质,满足城市功能调整对高素质人才需求的原则;同时也注意了避免人口向主城区过度集聚。值得一提的是,人口预测不仅考虑了GDP增长和自然环境的约束,还兼顾了就业保障,我认为抓住了我国未来经济社会发展的关键问题,是富有前瞻性的。规划最终确定的人口规模是:到2020年,西安市控制在1070万人左右,主城区控制在528万人左右。正因为作了这些实事求是的研究,因此西安总规在多部委联合审查时顺利通过。

全市城镇人均建设用地指标为 $101.7m^2$ 左右,主城区人均建设用地指标为 $92.7m^2$ 左右。这既体现了节约集约用地的原则,也没有简单套用人均 $100m^2$ 的规划标准,同样体现了实事求是的精神。

(2) 按照城乡统筹原则调整城市布局结构

我们认为,人口布局和产业布局不应该全部集中在中心城区,要素的合理配置应该着眼于城乡统筹。西安总规确定构建"一城、一轴、一环、多中心"的市域空间布局,形成主城区、中心城镇、镇三级城镇体系结构,因地制宜地稳步推进城镇化,逐步改变城乡二元结构。

主城区重在进一步优化产业布局,结合西安的实际情况,重点突出了支撑西安经济发展的高新技术产业、现代装备制造业、旅游产业、文化产业、现代服务业等五大主导产业建设,在空间布局上则注重产业的集聚和集群发展。

(3) 加强区域生态环境建设

规划坚持生态优先的原则,妥善处理好城市建设与生态环境保护的关系,提高生态环境质量。结合西安的现状和历史生态格局与环境特色,突出了以南部秦岭山脉、浐、灞、渭河等水体为重点,恢复植被、治理水体。八水绕城和秦岭绿色屏障形成的山水城市格局将使生态环境更加优美。规划并提出加强空间管治,以协调城市建设与区域生态保护的关系,优化空间布局。

(4) 妥善处理发展与保护的关系

规划以历史名城整体保护为核心,以城市协调发展为目标,坚持保护优先、开发有序的原则,强调加强老城的整体保护,体现西安古都特色,妥善处理好城市建设与历史文化名城保护的关系。加强对历史文化资源及生态资源的保护,重点保护传统空间格局与风貌。结合文物古迹、大遗址、河湖水系,以交通轴、大遗址、生态林带、楔形绿地等为间隔,防止城市无序扩张,促进城市现代化建设与历史名城保护协调发展。

与大多数城市一味追求"创新"不同,西安还致力于"创古"。创古不是复古,而是将历史文化和现代化创造性地结合起来,这与一般只能通过"画线"来保护历史街区相比,变被动的"防守式"保护为主动的"弘扬式"保护,可能更加有效,值得探索。

(5) 着力塑造特色

在尊重历史文化、继承历史文脉、保护历史风貌的基础上,通过传统格局的凸显、特色空间的整合、文化环境的营造来延续城市特色,促进历史文化和现代文明的有机结合,鲜明的城市特色将使身在历史文化古都的西安市民更具自豪感和归宿感。

城市整体的空间特色为:九宫格局、棋盘路网、轴线突出、一城多心,使得古城韵味更加浓郁。这种以城市整体格局塑造城市特色的理念与方法,与有的城市仅仅依靠一两个标新立异的建筑或广场来突显城市特色的做法相比,无疑又是巨大的进步。

(二) 重庆市城乡总体规划(2007—2020)(图5)

1. 工作成效与评价

(1) 重庆市城乡总体规划(2007—2020)是《城乡规划法》颁布以来首个获批的城乡总体规划。与以往的城市总体规划相比,综合考虑了资源、生态、环境、经济、社会、文化等各个方面,更加注重城乡统筹发展。

(2) 针对"直辖体制,省域特征",因地制宜地破解大城市带大农村、大库

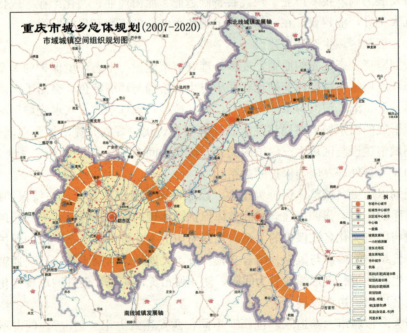

图5 重庆市城乡总体规划(2007—2020)

区的难题。重庆有别于其他直辖市最大的不同，就在于其八万多平方公里的土地面积和广大的农村地域，情况与一个省相当，如果仅仅关注"城市"的发展，很可能出现城市繁荣、农村衰退的"财富转移"现象，而非真正的整体增长。

（3）市域空间开发战略有创见，符合规律；中心城区采用组团布局，符合重庆城市规模大、空间被大山与大江分隔的实际。

（4）城乡统筹初见成效。近几年重庆的城乡差距已经在缩小，这在现阶段的中国是非常难得的。

2. 技术特点

（1）以资源环境条件为前提，构建"一圈两翼"的区域发展新格局

规划在深入分析各区域资源环境承载能力和发展条件的基础上，调整产业布局和城镇结构，构建"一圈两翼"的区域发展新格局。这是破解重庆所有重大难题的关键。

"一圈"是指以都市区为核心的"一小时经济圈"，定位为大城市带大农村、大库区的战略平台，发展模式是做加法，形成支撑市域经济发展和人口集聚的经济核心区和区域增长极。"两翼"是指以万州为中心的渝东北地区和以黔江为中心的渝东南地区，发展模式是做减法，通过生态移民和就业向市外及"一小时经济圈"有序转移就业，逐步减轻两翼生态压力，突出特色产业布局，通过一圈两翼结对帮扶，带动两翼发展，解决城乡统筹发展难题。

区域发展的规律不在于均衡布局生产力，而在于通过优势地区和后发地区的良性互动，来达致人均生活水平的相当。重庆由于面积大，内部各地区发展条件差距也大，由于每个地方投入产出不一样，从兼顾效率和平等的角度出发，项目和资金应该投在最经济的地方，同时鼓励和支持不经济地方的人口向外迁移。"一圈"和"两翼"就是遵循区域发展规律的空间战略选择。

（2）以生态优先为前提，以综合评价为手段，合理引导城市空间拓展

都市区总体规划运用"生态优先"的规划思路，通过土地适宜性分析划定需要严格保护的空间和资源，进而确定城市拓展空间。结合经济社会发展条件、区位条件、基础设施投入产出状况以及生态环境容量，对主城各区域的发展潜力进行了综合分析，确定出城市向北、东和西为主要空间拓展方向。

（3）运用有机疏散、集中紧凑与多中心组团式的发展策略，构筑可持续的城市发展形态

重庆从第一版总体规划开始就延续了组团式布局，以相对集中的混合用地，控制城市土地的无序蔓延，形成建成区与生态绿地间隔镶嵌的空间肌理。

（4）借助空间地理信息技术，建立了持续有效的总体规划反馈与维护机制

掌握规划实施的偏差情况，进而采取措施进行适时调控；能够获得不同年份的城市现状建设用地情况，掌握城市空间发展态势；能够分析重大建设项目对城

市发展产生的影响。

3. 规划亮点

温总理把城市总体规划改为城乡总体规划时强调：合理确定城镇人口和建设用地规模，保护耕地；坚持经济建设、城乡建设和环境建设同步规划，合理安排产业布局和结构调整，保护好三峡库区和长江、嘉陵江流域的水体和生态环境；完善城乡基础设施体系；创建宜居环境等。这是从实践出发批准总体规划的一次尝试。

重庆城乡总体规划统筹安排公共服务设施，实现公共服务均衡化，并统筹城乡社会保障与居住、生活环境，实现城乡居民生活环境同质化。构建"一圈两翼"的区域空间结构，即以都市区为中心的一小时经济圈，带动渝东南和渝东北两翼地区实施生态移民和加快剩余劳动力转移；逐步缩小市域的城乡差距和区域差距，形成大城市带大农村的整体推进格局。

（三）拉萨市城市总体规划（2007—2020）（图6）

总体规划的难度、重要性和城市规模并不完全挂钩，拉萨的城市规模不大，但基于它的国际影响力和国家战略地位，却非常独特而重要。

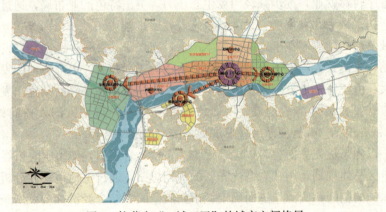

图6　拉萨市"一城三区"的城市空间格局

1. 工作成效与评价

（1）科学发展观与拉萨实际紧密结合。无论是确定城市的目标定位还是发展思路，与科学发展观的结合都非常到位。

（2）立足生态保育与特色传承。因为拉萨是生态非常脆弱的城市，也是最具民族文化特色和敏感性的地区之一。

（3）技术创新与组织创新并重。

（4）发挥总规带动作用，完善拉萨规划编制体系。

（5）报奖材料简要准确、特色突出、印象深刻。汇报材料在内容完整、结构清晰的基础上，甚至比规定时间还短一些，这表明规划单位非常清楚项目的特色和精华所在，也比较善于提炼和总结。

2. 技术特点

1）综合运用先进技术方法，重视生态约束条件分析

以"优先保护生态环境资源、科学强化生态环境建设、营造优美生态环境景观"为目标，在国内城市总体规划编制中开创性地综合运用遥感与GIS技术、生态足迹模型、环境容量分析等当前生态规划研究中较为先进的技术手段和方法，对资源、环境承载能力进行定量分析，通过市域生态功能分区和中心城区生态适宜性评价，确定与生态保护相适应的产业发展方向和城镇发展模式，引导城市科学布局。

由此可见，拉萨城市规模虽小，但研究和规划很有深度。并且针对拉萨生态极其脆弱的特点，将传统的"四区划定"与生态保护与维护充分结合，落实节能减排的相关要求，全面协调人口、资源和环境的关系，建设"生态拉萨"。在城镇化战略上，也避免简单套用内地模式，而是因地制宜地提出"旅游带动、强化中心、区域统筹、特色取胜"。

2）综合交通规划同步编制，相互反馈，充分发挥交通引导作用

交通方案与布局方案同步动态地反馈交流，并提出交通分区的概念，针对不同的分区制定差异化的交通发展策略和路网密度要求，并在规划中加以具体落实，构筑符合拉萨特色需求的节约型综合交通体系。

在交通分区基础上，落实公交优先布局，以公交走廊引导城市集约开发，发挥交通对城市空间布局的引导作用——旧城区构建以公交和慢行交通为主体；新区在优先发展公共交通的前提下，适度发展小汽车，满足不同社会群体的出行要求，发挥交通对和谐社会构建的引导作用。同时制定分区、分类、分时、分价的停车调控政策。

3）加强历史文化保护，强化城市设计手段

通过"建新疏旧、水绿融城"，物质与非物质遗产保护并重，建设"人文拉萨"。

采用GIS技术和三维图像分析技术模拟分析全城建筑高度控制要求，通过视廊和视野的叠加控制，划分不同的建筑高度分区，保证景观点和观景点均形成良好的观赏效果。

分析不同群体的行为特征，构筑特色空间体系。重点分析藏族居民、其他民族居民以及外来游客等不同群体在城市中开展的就业通勤、购物休闲、宗教节庆、旅游观光等不同活动的行为特征，与城市功能结构有机结合，构建类型丰富、特色鲜明、方便市民、促进旅游的广场与街道体系。

4) 以经济性分析提高规划的可实施性

通过对现状地籍、土地使用性质、开发强度等情况的深入调查分析，在保护文化、保护特色的前提下，区分不同地段，因地制宜地采用提升使用功能、提高开发强度、改善交通条件、完善设施配套、美化环境景观等措施改善经营性用地的经济性，校核建筑高度控制的可行性，增强规划的操作性，实现经济、社会、环境效益的统一。

5) 创新组织方法，相关层次规划及时协调反馈

总体规划与控制性详细规划、综合交通规划、城市设计等不同层次和类型的规划设计项目同期先后开展，通过不同项目之间的协调反馈和相互校核，从不同层面和不同深度全面落实保障生态、保护文化、保持特色、健康发展的创新理念，从而实现了规划编制组织方法的创新。

6) 广泛了解各族群众关注的问题，开展拉萨历史上首次规划公示

针对特定问题，先后组织了近20场不同主题的座谈会，发放了2000多份调查问卷，走访了区、市两级政府部门、学校、本地居民、外来人口，选择境内外游客进行了面谈，组织开展了拉萨历史上首次规划公示活动，全面了解社会各界对规划编制的建议，并分别在规划方案和成果中予以相应落实。

3. 规划亮点

规划重点体现对历史文化遗产和生态环境的关注。如关于人口规模的问题，用了一系统的如生态足迹模型、环境承载能力来进行测算，对规划期末市域总人口和中心城市人口规模进行控制。运用遥感和GIS系统对生态环境有重要影响的因子，如地形地貌、土地动植物敏感性、自然保护区、重要湿地进行分析研究后，划分禁止开发区、限制开发区、引导开发区。这个研究很多单位在做，但是做的时候分析的深度不一样。总的来说，拉萨城市总体规划对人口规划控制在70万以内，中心城控制在40万以内。

除了对生态环境的保护，还重视对历史文化遗产的保护。拉萨有著名的布达拉宫、大昭寺等世界文化遗产。城市发展由于要考虑历史文化遗产保护的问题，对城市的空间结构、总体布局进行了分析。针对现状矛盾较为突出的建筑高度控制问题，采用GIS和三维图像分析技术，通过视廊、视野控制的叠加模拟，科学确定建筑高度控制要求，强化自然与人文相交融、传统与现代相辉映的高原城市特点。

三、从获奖项目中得到的启示

(一) 把握政策性

在城市发展中，贯彻科学发展观，统筹协调资源、环境和人口问题，统筹协

调城市与农村、城市与区域的发展，城市规划发挥着非常重要的作用，它是对城镇化和城市发展进行调控引导的公共政策。

以城市总体规划为代表的法定规划要求对政策法规全面体现；非法定性规划要求不应与政策背道而驰。从 2005 年获奖的北京市城市总体规划到 2007 年获奖的重庆市城乡总体规划等，都非常明确地体现了政策的导向性。

一些申报项目中对国家政策把握得不够。

1. 以某县城的总体规划为例

它的制约因素——自然条件整体较差，经济发展极不平衡，二元结构明显；产业结构过于单一，对本地经济和城镇发展带动作用有限；水资源条件短缺与未来矿产资源枯竭。

问题：

（1）城市化水平估计过高，既指出该县动力不足，又预测近期城镇化水平年均提高 1.5 个百分点，远期年均提高 2 个百分点，由现状 47％提高到 75％。

（2）人均用地偏高，达到 119.8m^2。此外，布局过于分散，10 万人的县城，提出"为了疏解县城功能，防止城市蔓延发展"，照搬大城市的多组团布局方法。

2. 以某城市控制性详细规划为例

专家意见：缺乏对原总体规划的修正（主要体现在规模方面）的说明。城市总体规划与控制性详细规划都是法定规划，总体规划是控制性详细规划的上位规划，控制性详细规划应依据总体规划制定。在控制性详细规划制定中对于涉及总体规划规模等内容的修改，要十分慎重。

几届规划设计项目获奖反映出不同时期的主题和规划关注的重点。今后一段时间城市规划可能关注的问题是城乡规划法实施后对规划编制的影响、城乡统筹的规划实践、应对气候变化的生态城市或低碳城市规划研究、资源节约与集约发展等。

（二）强调创新性

创新是规划学科和行业发展的核心动力。评审专家对规划设计项目的创新性高度关注。可以说，创新性是规划设计项目获奖的关键。

规划设计的创新性体现在许多方面——规划设计内容的创新、规划编制组织方式方法的创新、规划实施的创新等。

1. 以《北京市限建区规划》为例

北京市限建区规划在规划理念、规划内容和新技术应用方面都有创新（评审专家给予高度评价的项目）。落实《北京城市总体规划（2004—2020）》，对北京市域内限建地区，包括限制较严格的禁止建设区和有条件建设的限制建设区，摸清各类限建要素的空间分布和限建要求，划分出市域内禁止建设的地区和有条件建设的地区，为快速城镇化时期北京的城市空间发展提供合理的规划和决策依据。其创新点主要有：

（1）首次提出了国内限建区规划的编制理论体系，并已体现在新版的城乡规划法中；

（2）提出并确定了较为系统的针对城镇建设的限建要素的分类框架；

（3）提出了适应北京城镇开发建设特点的限建分区模式及具体的分区方法；

（4）针对限建要素、限建分区和限建单元三个层次，制定了相应的限建导则；

（5）采用基于UAZ（均一分析单元）数据模型的规划支持系统，应用于规划编制的各个阶段。规划考虑的限建要素覆盖水务、园林、林业、地震、地质、环境、农业、文物、辐射、电力等多个专业，最终形成16类110个限建要素，能够系统地反映城市建设的限制性因素，是北京市乃至全国、国际历次相关规划中最为全面的一次，良好的空间数据库为今后北京市开展相关工作打下了坚实的基础。

限建要素综合结果为5组、16大类、56个、110图层。按照"限建要素分布最大相同范围"的原则，对所有限建要素进行叠加，生成25万个板块，即限建单元。

本次规划涉及110项限建要素，每一项限建要素又涉及十余项限建导则，基础数据系统极为复杂，往往一项限建要素中个别对象的空间位置，以及限建导则的确定都需要大量的调研工作。同时，行政部门之间的协调工作，都极大地增加了规划的复杂性（图7、图8）。

图7　限建要素综合图

图 8　限建单元分布图

本规划编制的思路和规划成果已经充分体现在北京市的诸多规划中，得到多方的拥护和认可，并将在后续的相关空间规划中有更为全面和深入的应用。

2. 以《新疆伊宁南市区保护与更新规划》为例

《新疆伊宁南市区保护与更新规划》是在规划理念与规划编制组织方式上的创新。它提出了公共参与、以点推面、建立模型库的方法。其中最为突出的是深入开展了广泛、开放、贯彻始终的公共参与活动，形成了政府与居民携手共建的组织、决策与建设模式。

伊宁市位于新疆西部、伊犁河谷中部，历史悠久。南市区是伊宁市的老城区，处于城乡结合部地区，面积 $1234km^2$，总人口 8.7 万人，是以维吾尔族为主的少数民族聚居区。现状设施水平落后，居住环境较差，大部分道路硬化，基本没有排水管道，渠道污染严重；缺少公共活动空间和文化设施，居民收入水平较低。

中规院在做规划前，进行了大量研究，提出了公众参与的模式。通过公众参与，把老百姓的积极性调动起来。应该说公共参与在少数民族地区有相当大的难度，语言不通，生活方式、交流方式等都不一样。因此公共参与首先考虑以老百姓能理解的语言、能理解的方式让他们知道，这一点很关键。其次，采取各种方式鼓励老百姓参与，如将初步方案在闹市区露天展出，举办以"情系闹市区、携手进家园"为主题的公示活动；通过举办篝火晚会的方式让老百姓提意见；以小学生作文、绘画比赛"我心中的南市区"等，让老百姓参与规划、体验规划、了解规划。通过这一过程，改变了南市区的现状。

本轮规划的重点是解决基础设施紧缺、人畜环境等问题。通过公共参与的方式，探索可以"有机成长"的老城区改造模式。在充分尊重民意的基础上汲取文化精华、延续地方特色、逐步就地更新。

由于老百姓的全过程参与，对规划看得很重，老百姓说"共产党又回来了"。在实施过程中，老百姓的积极性也很高，自发组织帮助看管建筑材料等（图9）。

图9　公众参与模式

本轮规划将道路排水边沟与灌溉水系相连通；污水结合街巷设计入户；雨水边沟应满足部分透水的要求；重点景观街巷可引水穿巷。规划考虑地方特点与经济实力，采取特色化手段解决市政设施问题，如结合现状水渠保护进行综合排水规划，排、蓄结合，并通过对渠道的生态修复，加强生态文明建设。

（三）关注实施性

规划设计项目的实施效果是申报获奖的必备条件。对于法定规划（城镇体系规划、城市总体规划、控制性详细规划）的实施效果主要体现在，经法定程序批复实施；各类专项规划——批准实施；修建性详细规划——要具备较完整的实施效果；研究类项目——对同层次或下层次规划有指导意义。

以《深圳2030年规划研究》为例：

《深圳2030年规划研究》与《香港2030年规划远景与策略》相协调，深圳与香港紧密联系，《深圳2030年规划研究》提出了很多概念，如内涵式发展、全球先锋城市理念、分区问题，这些概念都被城市总体规划采纳，因此专家认为它的实施性较好。

点评某城市设计的实施性：

该项目不但按城市设计的理念，更将城市设计的成果体现在导则上，如形态导则、公共空间导则、交通导则、环境导则，然后把导则做成细则，所谓的控制区、协调区、建设区，再跟法定规划结合，最终做成城市设计条件通知书，为法定图则阶段的城市设计或局部城市设计提供指导原则和建议。

（四）重视表现性

申报评奖的规划设计项目表现性体现在对评审专家在短时间理解项目的构思和创新性至关重要。在政策性、创新性、实践性都具备的前提下，申报文件的表现技巧要认真推敲。

对申报的规划文件要求规范齐全，对 PPT 要求在 10min 的时间内演示要简明、易读、生动、突出核心内容。

（中国城市规划协会根据孙安军副司长、杨保军副院长在"2009 年度全国规划院院长会议暨 2007 年度全国优秀城乡规划设计颁奖大会"上，对 2007 年度城市规划类获奖项目所作的点评材料进行的整理）

2009 年城市总体规划

一、工作特点

(一) 修编工作更加强调规范化

近期,国务院办公厅下发了《城市总体规划修改工作规则》(国办发〔2010〕20 号),这个文件虽然是在今年下发,但其主要制定工作都是于 2009 年完成的,反映了中央政府维护城市总体规划严肃性的决心,避免了过去城市总体规划随意盲目修改的现象。在这个文件中,依据《城乡规划法》,对报经国务院审批的城市总体规划修改工作程序和内容进行了规范。文件不仅对组织编制机关修改城市总体规划的权限和程序进行了规定,还要求拟修改城市总体规划的城市人民政府,应根据《城乡规划法》的要求,结合城市发展和建设的实际,对原规划的实施情况进行评估。评估报告要明确原规划实施中遇到的新情况、新问题,深入分析论证修改的必要性,提出拟修改的主要内容,以及是否涉及强制性内容。如修改城市总体规划涉及强制性内容的,城市人民政府除按规定实施评估外,还应就修改强制性内容的必要性和可行性进行专题论证,编制专题论证报告。文件还对修改城市总体规划需要的程序进行了规定。

(二) 对总体规划实施定期评估

2009 年 4 月 16 日,住房和城乡建设部制定下发了《城市总体规划实施评估办法(试行)》(建规(2009)59 号),强调对城市总体规划实施情况的评估,是城市人民政府的法定职责,也是城乡规划工作的重要组成部分。评估工作的目的是督促城市人民政府落实城市总体规划,保证总体规划确定的各项强制性内容和城市长期发展目标的有效落实,及时制止违反规划的建设行为,掌握城市发展变化的趋势和出现的新问题,适时修改规划或者优化规划实施的具体措施。《办法》根据《城乡规划法》第四十六条、第四十七条的规定,要求城市总体规划实施评估工作的组织单位为城市人民政府,原则上应为每两年进行一次。评估的重点内容应放在城市总体规划目标实现情况,规划实施和保障机制,强制性内容执行情况,依据总规制定的各项专业、近期建设规划及控制性详细规划的情况,以及公众对规划实施的意见等方面。

(三) 强化了中央政府的审批管理力度

虽然 2009 年，国务院批复的城市总体规划只有拉萨、无锡、辽阳 3 个城市的，审批工作依然缓慢，但却调整了国务院审批总体规划城市的数量，新增了 20 个城市（表1），从原来的 86 个城市成为 106 个城市。新增城市大多集中在珠三角、长三角等发展较快地区，体现了中央政府对这些地区管理力度的加强。

国务院审批总体规划的城市一览表　　　　表1

省份	个数	原国务院审批总体规划的城市	新增国务院审批总体规划的城市
北京	1	北京	
天津	1	天津	
河北	6	石家庄、唐山、邯郸、张家口、保定	秦皇岛
山西	2	太原、大同	
内蒙古	2	呼和浩特、包头	
辽宁	10	沈阳、大连、鞍山、抚顺、本溪、阜新、锦州、丹东、辽阳	盘锦
吉林	2	长春、吉林	
黑龙江	8	哈尔滨、齐齐哈尔、大庆、伊春、鸡西、牡丹江、鹤岗、佳木斯	
上海	1	上海	
江苏	9	南京、徐州、无锡、苏州、常州	南通、扬州、镇江、泰州
浙江	6	杭州、宁波	温州、台州、嘉兴、绍兴
安徽	4	合肥、淮南、淮北	马鞍山
福建	2	福州、厦门	
江西	1	南昌	
山东	11	济南、青岛、淄博、烟台、枣庄、潍坊、泰安、临沂	东营、威海、德州
河南	8	郑州、洛阳、平顶山、新乡、开封、焦作、安阳	南阳
湖北	4	武汉、襄樊、荆州、黄石	
陕西	1	西安	
甘肃	1	兰州	
湖南	4	长沙、衡阳、株洲、湘潭	
广东	10	广州、深圳、汕头、湛江、珠海	东莞、佛山、江门、惠州、中山
广西	3	南宁、柳州、桂林	

续表

省份	个数	原国务院审批总体规划的城市	新增国务院审批总体规划的城市
海南	1	海口	
重庆	1	重庆	
四川	1	成都	
贵州	1	贵阳	
云南	1	昆明	
西藏	1	拉萨	
宁夏	1	银川	
青海	1	西宁	
新疆	1	乌鲁木齐	
合计	106	86	20

二、技术特点

2009年，总体规划在技术层面的探索主要体现在如下几个方面。

(一) 总规修改模式——天津总规

总规修改工作一直是很多城市经常遇到的问题，2009年天津总规修改工作的开展使规划界更加全面地了解了总规修改工作的程序与内容，这将对全国其他类似城市起到示范作用。

2006年7月27日，国务院批复了《天津市城市总体规划（2005—2020）》，但这版总规实施以来，天津发展的外部环境和自身的经济社会发生了重大和深远的变化。这主要包括滨海新区作为国家战略的若干支持性政策的出台，极大地改变了天津发展的态势；滨海新区的行政区划调整，强化了滨海新区整合发展的效应；大型项目的纷纷涌入加速了天津的社会经济发展。在这些发展态势下，已批复的总规表现出一定的不适应，部分内容难以继续指导天津的发展。主要体现在，①规模方面，2009年年底，天津的工业用地现状已经突破总规确定的工业用地规模；而城镇人口也已经基本接近规划期末的人口预期的水平。②布局方面，若干重大项目的选址突破规划用地的范围，如中新生态城（中新国家合作项目）、海河教育园区（教育部的职教基地）、南港重化工（中俄国家能源合作项目）。③设施方面，大型基础设施的建设提前启动和加速发展，如京津城际铁路的建设和运营、京秦高铁和津保城际铁路的开工建设，天津港口吞吐量已经超过了总规确定的吞吐量规模。④技术体系方面，《城乡规划法》的出台，使得规划的部分技术内容不能满足指导城乡协调发展的要求。

为适应新形势和新要求下天津的城乡规划管理的要求，天津市人民政府于2009年5月，恳请国务院批准同意修改城市总体规划。这次总规的修改工作重点是研究新形势、新要求下空间和设施资源的优化配置问题；在工作思路上强调前瞻性、全局性和战略性。前瞻性是指在深刻认识滨海新区的超常规增长以及天津市跨越式发展对于区域和天津空间带来的影响的基础上，合理判定天津发展的历史使命和未来区域发展对于天津的要求，在关注当前重大项目的空间需求的基础上，更关注城市未来升级转型的空间支撑问题；全局性是指修改工作应突破传统规划以中心城市为重点的编制思路，研究全市域的发展机会和发展可能，制定全市域的规划引导策略；战略性是指突出关注城市发展的重大问题，如港口布局的问题、综合交通体系优化完善的问题、城市战略性地区的布局的问题，从而制定可实施的规划策略。

本次修改工作将严格按照国务院办公厅下发的《城市总体规划修改工作规则》（国办发［2010］20号）的要求，首先开展对已批复的天津市城市总体规划的实施评估工作，主要是从发展的新形势和新要求的角度评估总体规划的适应性的问题。按照《城市总体规划实施评估办法（试行）》的要求，对下述的六个方面进行了评估，分别是：①城市发展方向和空间布局；②规划阶段性目标的落实情况；③强制性内容的执行情况；④规划委员会制度、信息公开制度、公众参与制度等决策机制的建立和运行情况；⑤土地、交通、产业、环保、人口、财政、投资等相关政策对规划实施的影响；⑥各项专业规划、近期建设规划及控制性详细规划的制定情况。

根据实施评估，确定本次修改工作的主要内容，主要围绕三部分展开。分别是：强制性内容的修改、非强制内容的修改与深化完善的内容。强制性内容的修改主要包括城市用地规模、交通和市政基础设施用地布局、公共服务设施用地布局、城市绿地和空间管制等；非强制性内容的修改主要包括市域空间结构、市域城镇体系、中心城市总体布局、产业发展和空间布局；深化完善的内容主要包括总体空间战略、区县发展指引、生态服务体系等。针对上述修改部分，评估阶段形成了《2006年总规实施评估报告》、《修改综合论证报告》及10项《强制内容的修改论证报告》。

目前，天津市总体规划的修改工作正在进行中，按照《城市总体规划修改工作规则》的程序要求，将逐步展开天津市政府层面的研究工作、各部门和区县的征求意见工作、专家论证工作、公众征求意见的工作和人大常委会的审议工作等。最终形成的成果将包括《城市总体规划文本》、《图集》、《修改方案专题论证报告》、《专家评审意见及采纳情况》、《公众意见及采纳情况》、《城市人民代表大会常务委员会审议意见及采纳情况》等材料，提交国务院进行报批。

（二）"三规合一"、"两规合一"——广州、上海两市的工作

《城乡规划法》第五条规定，"城市总体规划、镇总体规划以及乡规划和村庄规划的编制，应当依据国民经济和社会发展规划，并与土地利用总体规划相衔接"，但如何依据、如何衔接依然是目前总体规划编制过程中非常棘手的问题，因此，很多城市针对国民经济与社会发展规划、土地利用总体规划和城市总体规划如何协调的问题展开了一系列的探索，其中广州、上海两市的工作值得关注。

《广州市城市总体规划（2010—2020）》启动初期，又一次开展了广州城市发展战略规划。作为总规的前期研究，该规划历时3年半，广州市委书记、市长高度重视，先后参与研讨30余次；组成跨40余个局委办的编制领导小组，在其领导下，由国内权威专家领衔，组织开展了40余项专题研究、50余次各类形式的公众参与、10余次与民主党派的专题研讨；使这次规划成为市委、市政府和各个部门统一认识的平台，成为指导城市发展的纲领性文件。这次战略规划的一个突出特点，是以战略规划为统领，探索城市总体规划、土地利用总体规划、主体功能区规划"三规合一"的新模式。通过本次战略规划形成的"目标定位、城市规模、发展战略、空间发展、实施保障"等方面的共识，来指导"三规"的编制；同时，战略规划还明确了"三规"在市域空间规划体系中的分工，从机制上协调"三规"，减少编制过程中的交叉和矛盾。这种以战略规划统筹"三规"，发挥战略规划在引导城市建设和发展中的纲领性作用，使战略规划成为以资源环境为核心的"统筹规划"，实现规划从"分部门协调"到"全市统筹"的转变，理顺空间规划管理体制，制定相关规划指引，形成综合性空间统筹规划，并转化为公共政策，促进城乡与区域协调发展等做法，对我国其他城市应有借鉴意义。

上海是国内几个将城市规划与国土规划从机构调整方面进行重组的城市之一，2008年10月，在上海市政府新一轮的机构改革中，原城市规划管理局与原房屋土地管理局中的土地管理部门进行整合，组建完成了新的上海市规划与国土资源管理局。该局组建后，首先在全国开展了城市规划与土地利用规划"两规合一"工作。根据国土资源部对土地利用规划编制报审的要求，《上海市土地利用总体规划》于2009年6月底前编制完成。为确保城市规划和土地利用规划在城市发展目标、发展方向、结构布局、规模指标和远近期实施等方面的衔接，根据上海的实际情况，结合土地利用规划编制工作，该局组织开展的"两规合一"工作主要与三方面的工作相结合：一是与土地利用空间发展和布局战略研究相结合；二是与近期重大项目研究和近期建设规划（2010～2015年）编制工作相结合；三是与各区县总体规划实施方案、土地利用规划相结合。

上海市土地利用空间发展与布局战略研究是土地利用总体规划的重要组成部分，目的是使上海市土地利用规划编制更具前瞻性、科学性。同时，学习国际国

内同类型城市土地利用规划和实践方面的经验，适应上海未来城市发展的要求。该研究工作于2009年3月委托中国城市规划设计研究院、同济大学、上海市城市规划设计研究院同步开展。相关成果经论证后纳入《上海市土地利用规划》总报告、专项报告和附件。

（三）强化实施管理——武汉总规

武汉市在新一轮《武汉城市总体规划（2009—2020）》编制完成后，又开始探索一个更为科学合理的规划编制——实施机制，强调未来武汉市城乡规划编制体系的改进方向主要是放在实施型规划的完善上，即将实施型规划中具有综合性的近期建设规划、年度实施计划，纳入到武汉市城乡规划编制体系。这种注重实施的规划编制体系强调重新理顺发改委和城乡规划部门之间的关系，以及它们与各专项部门之间的关系，明确各自的侧重并寻找最佳接合点，通过发改委和城乡规划部门同步编制五年和年度规划，并充分衔接沟通，保证城市总体规划的实施。

这里值得一提的是武汉近期建设规划的编制时机把握得很好，启动之时城市总体规划尚未批复，近期建设规划既坚持了对总体规划的继承性，又根据新形势、新情况对总体规划进行了适度调整、补充和完善。同时，近期建设的项目设置又在同期社会经济发展计划编制之前进行考虑，对后者具有一定的指导性，掌握了规划部门的话语权。协调工作前置，便于更好、更有效地处理与各部门、各专项规划的关系，尤其是增加了近期建设规划的操作可能。

武汉近期建设规划的编制组织也很有特点，中规院、武汉市规划院精诚合作，各自发挥所长。中规院负责制定近期建设战略目标、发展策略和空间政策等，包括国内外近期规划经验总结、近期发展建设的规模和方向、近期建设指标体系的构建、空间发展战略和策略的制定等，提出空间管制、土地、交通、人口、产业、环保等方面的政策要点和主要措施。武汉市规划院负责现状与规划的评估、用地空间的统筹与落实、年度行动计划等，包括现状与规划评估报告、用地空间安排、重大项目计划和项目库、建设用地计划与重点发展地区发展计划、年度计划和建设时序。此外，武汉市交通规划院和土地规划院也参与了专项规划的编制。

（四）城乡统筹——浙江省市县域总规

城乡统筹是《城乡规划法》颁布后，城市总体规划编制中需要重点关注的内容，浙江省率先在这方面开展了县市域总体规划的编制工作。

县市域总体规划是新时期浙江省人民政府在推进城乡统筹发展方面的重要管理抓手。其目的是促进县市域中心城区、镇、村之间的一体化发展，有利于进一步优化配置城乡资源和促进产业集约发展，有利于各类基础设施和公共服务功能在空间的统筹布局。自 2006 年浙江省人民政府提出《浙江省人民政府关于进一步加强城乡规划工作的意见》（浙政发〔2006〕40 号），要求进一步加强城乡规划工作，并转发省建设厅、省国土资源厅《关于加快推进县市域总体规划编制工作的若干意见》（浙政办发〔2006〕119 号）要求推进县市域总体规划以来，浙江省已经对所辖的 2 个副省级城市、9 个地市开展了市域总体规划工作，对 58 个县（市）单元开展了县（市）域总体规划工作，截至 2009 年年底共有 4 个县（市）行政单元的县市域规划获得省人民政府批准，其他绝大部分完成审查。

浙江省县（市）域总体规划主要内容包括：一是全面综合认识县市域情况。要在深入评价上一轮城市总体规划及城镇体系规划实施情况的基础上，运用遥感等新技术，综合分析县市域范围内土地、水、生态环境等资源条件，全面摸清城乡建设、基础设施、耕地、山林、水系等各类用地的现状规模以及人口、产业及各类设施的空间分布，以此合理确定县市域的发展目标、空间布局和建设重点。二是科学预测城乡发展规模。要坚持以人为本，充分考虑土地、水、能源、环境容量等因素，结合县市域经济社会发展目标，认真研究分析城镇人口集聚机制、县市域城乡人口分布和结构变化，以及流动人口的特点和发展趋势，科学预测规划期内的人口规模和用地规模。要合理确定城乡建设规模和建设标准，切实防止盲目扩大建设规模、圈占土地，搞不切实际的"形象工程"和"政绩工程"。通过优化城镇布局、村庄布局和土地整理、滩涂及低丘缓坡地利用等途径，做好建设用地的来源分析和近、中、远期的平衡，合理确定城乡各时期建设用地范围。三是合理确定县市域空间布局结构。要统筹布局县市域城乡居民点，构建以中心城区、中心镇、中心村为主体的城乡空间布局总体框架，统筹规划城乡建设用地布局，引导人口向城镇集聚，工业向园区集中。要综合协调和布局交通、能源、水利、防灾等设施建设，严格划定基本农田、生态绿地等非建设用地范围。要积极探索建立城镇建设用地增加与农村建设用地减少相挂钩的机制。四是统筹安排城乡基础设施和公共服务设施建设。要按照城乡覆盖、集约利用、有效整合的要求，进一步落实跨区域重大基础设施。特别是在规划确定的重点发展区域，合理布局和建设城乡综合交通、给水排水、电力电信、市容环卫等基础设施以及文化、教育、体育、卫生等公共服务设施，合理确定中心村基础设施和公共服务设施配置标准，引导城镇基础设施和公共服务设施向农村延伸。五是明确空间管治的目标和措施。要以省域城镇体系规划等上位规划为依据，充分体现主体功能区划和生态环境功能区划的要求，合理划定禁止建设区、限制建设区和适宜建设区，严格划定"蓝线"（水系保护范围）、"绿线"（绿地保护范围）、"紫线"（历史文化遗产保护范围）、"黄线"（基础设施用地保护范围），并制定明确的管治措施。

浙江省市县域总体规划的特点：一是作为城镇总体规划、专项规划的上位规划依据。市县域总体规划作为市、县级政府的基本规划，成为城市、镇总体规划和各类专项规划的依据。如市县域总体规划对市域村庄布局规划、市域历史文化保护专项规划、市域给水排水专项规划、燃气专项规划和电力专项规划、环卫专项规划和消防专项规划均提出了相关指导要求。二是规划为建设项目选址提供了直接依据。三是市县域总体规划明确了各类交通线网、交通设施的具体位置、控制范围和建设时序，为交通基础设施、公共服务建设项目选址管理提供了基础。依据县市域总体规划的布局要求，加强对全域范围内的建设项目选址管理，并对建设项目的选址进行公示。四是加强空间管制与设施统筹，明确了全市域村庄建设的要求。规划以全市域的禁建区、限建区和适建区分布为前提，制定了详细和明确的村庄发展与控制要求。同时规划认为，应按照都市区来整合乡村的公共服务设施和基础设施配套，将中心城区、中心镇的服务覆盖到绝大部分农村地区；规划首次提出在农村以中心村为基本社区，配套公共交通、环境卫生、基础教育等设施。五是与相关专业规划做到真正有效衔接，推动管理空间化。总体规划在编制过程中与土地、交通、教育、医疗等20多项专项规划，在空间上进行了协调；对交通、电力等区域性基础设施进行了整合；对已有的城镇建设和各层次园区进行了融合；对城乡重大基础设施和社会公共服务设施，提出了建设标准并进行了统筹布局。其中县（市）域总体规划与相应层级的土地利用总体规划进行了充分衔接。"两规"衔接坚持建设用地总量不突破上级下达的控制指标；坚持优化布局、整合资源、集约利用，两规具体在建设用地总规模、空间布局、建设时序、基础工作和实施措施等五方面做好协调工作，有效地保障了各类功能和基础设施的空间落地。

三、2010年展望

（一）加快推进城市总规审批进程

住房和城乡建设部城乡规划司唐凯司长在谈到2010年总体规划工作时提到，今年将加快推进由国务院审批的城市总体规划审查报批工作。对正在组织编制城市总体规划纲要的城市，以及已经完成纲要审查正在编制城市总体规划成果的城市，督促其于今年年底前完成编制工作，报经省级人民政府同意后上报国务院审批；对总体规划已经省级人民政府上报国务院的城市，将抓紧协调城市总体规划部际联席会议审议，争取尽快报请国务院批准实施；对城市总体规划已经国务院批复实施的城市，要督促其按照《城市总体规划实施评估办法（试行）》要求，开展城市总体规划实施评估工作；对已向国务院提出修改总体规划请示的城市，按照国务院《城市总体规划修改工作规则》，组织有关部门和专家对修改工作审查把关。

相信作为国务院城乡规划行政主管部门的住房和城乡建设部对城市总体规划审查报批工作的有力推进，将对全国其他城市开展这项工作提供很好的示范作用。

（二）进一步完善和规范总规编制工作

唐凯司长在谈到2010年城市总体规划工作时还强调了一点，即"积极推进城市规划标准规范的制定工作。启动《城市总体规划编制办法》的制定工作，对原《城市规划编制办法》中关于城市总体规划编制工作的相关规定进行修订；尽快完成城乡规划标准规范体系的修订工作，并会同部内相关司局督促《城市用地分类与规划建设用地标准》等标准规范的编制工作"。这些工作的开展将有力推进城市总体规划编制的科学性与规范性。

（三）继续鼓励和加强总规技术层面的探索实践

随着《城乡规划法》的颁布和城乡规划督察员制度的有效推进，总体规划强制性内容以及"三区"、"四线"控制等已成为规划编制中越来越重要的内容，也是城乡规划督察员督察城市总体规划执行情况的重要部分。因此，对总体规划强制性内容以及"三区"、"四线"控制的要求就非常的刚性，不得随意更改。但目前规划编制中，对总体规划强制性内容以及"三区"、"四线"控制的研究并不是很多，导致下位规划或专项规划编制时对其进行调整的现象屡有出现，也加大了督察员的工作难度。造成这些问题的原因很多，有由于受到调研深度、地形图比例的影响，很多用地边界难以确定得准确；也有由于专业部门专项规划编制不同步（如轨道交通规划、城市防洪规划等），从而导致"蓝线"、"黄线"划定存在一定的问题，因而无法实现强制性控制。因此，在总体规划编制中，应认真探讨总规的强制性内容以及"三区"、"四线"控制在不同城市规模情况下的控制深度、内容与表达形式，以保证城市总体规划编制内容的严谨与科学。

另外，"城乡统筹"、"低碳"、"公平"等将是今年总规编制中在技术层面应该继续关注的重大问题。

（四）加大协调各类新区建设与总规关系的力度

2008年年底，为抵御经济危机对我国的不利影响，我国确定了进一步扩大内需、促进经济增长的十项措施，并计划到2010年年底约投资4万亿元。2009年1月14日至2月25日，作为应对全球金融危机对中国实体经济影响对策的一部分，我国政府密集出台了汽车、钢铁、纺织、装备制造、船舶、电子信息、石化、轻工行业、有色金属和物流业十大产业振兴规划。当时据专家估算，4万亿投资项目需要120万亩建设用地。因此，全国涌现了大量新区与开发区的规划。

按照《城乡规划法》第三十条规定"城市总体规划、镇总体规划确定的建设用地范围以外，不得设立各类开发区和城市新区"。但目前编制的很多新区和开发区规划，出现了动辄上百平方公里用地，并不在城市总体规划确定的建设用地范围以内的现象，使得城市总体规划严肃性又一次面临了严重的挑战。因此，各级城乡规划行政主管部门应高度关注这一现象，避免新区和开发区的规划不纳入城市总体规划，其建设用地的粗放浪费，及闲置和低效利用的状况进一步发展。

住房和城乡建设部城乡规划司唐凯司长最近的讲话中也提到，"积极参与区域政策和区域性规划的制定、审查工作。继续配合有关部门，做好土地利用总体规划、港口总体规划、各类开发区升级、综合保税区设立等审核工作"。从中可以看出作为城乡规划的最高行政主管部门也关注到了这一问题，这将无疑起到推动对这一问题的解决。

（本文撰写过程中，得到住房和城乡建设部城乡规划司王晓东，中国城市规划设计研究院朱力、闵希莹、孙娟等的大力支持与帮助，在此一并致谢！）

（撰稿人：张菁，中国城市规划设计研究院总工室主任，教授级高级规划师；彭晓雷，中国城市规划设计研究院城市环境与景观规划设计研究所副所长，教授级高级规划师）

2009年风景名胜区规划

一、2009年风景名胜区规划政策与行业背景

(一) 国务院审定公布第七批国家级风景名胜区

2009年12月28日，国务院审定发布了第七批21处国家级风景名胜区名单，并于2010年1月26日，由住房和城乡建设部在北京召开新闻发布会正式授牌（表1）。第七批21处国家级风景名胜区涵盖了黑龙江省、浙江省、福建省等9个省（区），其中以贵州省和湖南省居多，分别有5处。至此，我国国家级风景名胜区已达208处，其中浙江省和贵州省分别拥有18处，数量并列第一。

第七批国家级风景名胜区大部分地处我国经济发展相对落后的地区，当地有较强的利用风景名胜区促进经济社会发展的愿望和要求，但对于如何保护好、利用好国家级风景名胜区尚缺乏管理经验，对国家级风景名胜区利用与保护的矛盾问题认识还不全面，急需风景名胜区总体规划和详细规划指导其今后保护、利用与发展建设等各项工作的开展。根据《风景名胜区条例》规定，风景名胜区应当自设立之日起2年内编制完成总体规划。因此，第七批国家级风景名胜区需加强规划编制工作。

第七批国家级风景名胜区　　　　　表1

省（区）	风景名胜区名称
黑龙江省	太阳岛风景名胜区
浙江省	天姥山风景名胜区
福建省	佛子山风景名胜区、宝山风景名胜区、福安白云山风景名胜区
江西省	灵山风景名胜区
河南省	桐柏山—淮源风景名胜区、郑州黄河风景名胜区
湖南省	苏仙岭—万华岩风景名胜区、南山风景名胜区、万佛山—侗寨风景名胜区、虎形山—花瑶风景名胜区、东江湖风景名胜区
广东省	梧桐山风景名胜区
贵州省	平塘风景名胜区、榕江苗山侗水风景名胜区、石阡温泉群风景名胜区、沿河乌江山峡风景名胜区、瓮安江界河风景名胜区
西藏自治区	纳木错—念青唐古拉山风景名胜区、唐古拉山—怒江源风景名胜区

(二) 推行年度报告制度，维护了规划的严肃性

2009年9月，为贯彻落实国务院《风景名胜区条例》规定，建立健全国家级风景名胜区规划实施和资源保护状况年度报告制度，住房和城乡建设部要求各国家级风景名胜区切实做好年度报告的上报工作。年度报告包括三部分内容：①国家级风景名胜区规划实施和资源保护状况年度报告；②××年度××风景名胜区规划实施情况统计表；③××风景名胜区重要景观资源统计表。2009年是实施此年度报告制度的第一年，住房和城乡建设部将根据各地上报情况加强监督核实，并会同国务院有关部门进行重点抽查。年度报告工作将作为考评国家级风景名胜区的重要依据。对存在漏报、拒报、虚报、瞒报问题的风景名胜区，将予以通报批评，并按有关规定进行处理。

实行国家级风景名胜区年度报告制度，将促进各国家级风景名胜区管理部门编制风景名胜区规划、制定年度工作计划，有助于政府领导、风景名胜区管理部门增强对风景名胜区规划严肃性、权威性的认识，提高政府依法行政的执行力，有效避免国家级风景名胜区的过度开发及城市化、商业化、人工化现象。

(三) 风景名胜区详细规划编制研究获重视

2010年1月23～24日，在海南省三亚市召开了风景名胜区详细规划专家研讨会，会议由住房和城乡建设部城建司和中国风景名胜区协会共同举办，并得到了三亚市人民政府、三亚市规划局、建设局的大力支持。会议通过对近年来越来越多的风景名胜区详细规划的编制、作用、内容等方面的讨论，达到以下三个主要目的：一是研究自国务院《风景名胜区条例》下发以来，各地风景名胜区的总体规划和详细规划的贯彻落实情况。二是为住房和城乡建设部出台《风景名胜区条例》相关配套的行政法规或者相关技术规范（包括风景名胜区详细规划规范）作准备。三是科研院所、规划设计单位从技术角度研讨如何贯彻实施条例。

(四) 其他相关工作，促进风景名胜区规划工作开展

1. 国务院三部门表彰第二批全国文明风景旅游区和全国创建文明风景旅游区工作先进单位

2009年3月中央文明办、住房和城乡建设部、国家旅游局开展了第二批全国文明风景旅游区评选表彰活动。三部门决定：授予江西井冈山风景名胜区等15个单位"全国文明风景旅游区"称号，北京八达岭长城景区等55个单位"全国创建文明风景旅游区工作先进单位"称号。同时，确认四川峨眉山风景名胜区等11个首批全国文明风景旅游区合格，决定继续保留其荣誉称号。以此激励各景区继续全面提高景区的文明程度，为促进旅游经济又好又快发展，推进社会主

义精神文明建设作出新贡献。

2. 受灾风景区灾后重建工作加紧实施

2009年是汶川地震受灾风景名胜区灾后重建的关键一年，四川、甘肃、陕西三省借助国家与地方政策、资金支持，加紧实施受灾风景名胜区灾后重建工作。

3. 申报世界遗产工作稳步前进

2009年6月26日，在西班牙塞维利亚召开的第33届世界遗产委员会会议上，审议通过了中国申报的五台山为世界文化遗产项目。大会经过激烈辩论，决定将申报世界文化遗产的嵩山历史建筑群的申报文本进行材料补充，留在2010年在巴西举行的第34届遗产大会上进行审议。"中国丹霞"是我国2009年唯一的世界自然遗产申报项目，由湖南崀山、贵州赤水、广东丹霞山、福建泰宁、江西龙虎山、浙江江郎山等6大著名丹霞地貌景区联合组成。2009年3月20日，"中国丹霞"申遗材料已通过审核，正式成为"申遗"提名项目。2010年7月，中国丹霞申遗将在世遗大会上进行表决。我国未来几年将要申报的世界遗产项目如丝绸之路、大运河等正在进行申报准备工作。

4. 加紧规划编制与申报

2009年各地完成编制并上报国务院审批的国家级风景名胜区总体规划包括岳阳楼—洞庭湖、普者黑等17处，2009年完成审查经国务院审批的风景名胜区总体规划包括五大连池等10处。

二、2009年风景名胜区规划工作特点

（一）风景名胜区灾后恢复重建规划基本完成

自2008年8月住房和城乡建设部下发《汶川地震灾区风景名胜区灾后重建指导意见》以来，四川、甘肃、陕西三省建设主管部门按照《指导意见》的要求，积极开展受灾风景名胜区灾后恢复重建规划工作，至2009年年底已基本完成。根据四川省建设厅统计，国家级风景名胜区灾后恢复重建规划已全部通过省建设厅审查，其他一些受灾较轻的省级风景名胜区也制定了灾后恢复重建计划。风景名胜区灾后恢复重建规划主要是遵照总体规划的风景保护与发展要求，针对风景区灾后恢复重建目标与工作需要来编制，不对风景区进行重大调整，不能代替风景名胜区总体规划，规划内容主要针对如何指导各项灾后恢复重建工作并使之顺利开展。受灾风景名胜区重要景区景点的灾后重建详细规划与设计也基本完成，规划实施进展顺利，计划于2010年完成实施。

(二）长江三峡风景名胜区启动总体规划编制

2009年11月，经过30多年的等待，我国著名的第一批国家重点风景名胜区之一的长江三峡风景名胜区总体规划编制工作终于启动。长江三峡风景名胜区分属重庆市和湖北省两省市管辖，没有成立统一的管理机构；三峡大坝修建后，长江三峡的风景价值受到一定影响；在长江三峡的两岸城镇发展与风景名胜区旅游发展过程中也出现了许多矛盾问题，迫切需要总体规划的统筹与指导。本次规划由两院院士周干峙领衔，住房和城乡建设部统一协调，重庆市园林局和湖北省建设厅共同委托，中国城市规划设计研究院承担编制。规划对长江三峡风景名胜区的资源进行全面普查与评价，统筹城镇发展建设、生态环境保护、风景资源保护、风景旅游等各方面的关系，协调重庆市和湖北省的利益关系，指引风景名胜区的发展方向，促进风景名胜区与地方经济社会可持续协调发展。

（三）风景名胜区开展文物保护规划

我国的国家级风景名胜区中包含了大量的文物保护单位，文物保护单位是风景名胜区历史人文价值的突出代表和重要载体，保护文物保护单位及其风景环境就是保护风景名胜资源。有的文物保护单位比较集中的风景名胜区开始编制专门的文物保护规划以适应风景名胜区的发展与管理需要。2009年的世界银行贷款项目《麦积山风景名胜区仙人崖、石门、麦积山文物保护规划》具有典型意义。

仙人崖、石门、麦积山是麦积山风景名胜区中文物最集中的三个景区，也是游客游览的核心区域。规划按照国际上保护文物的真实性、完整性的要求对文物本体提出了详细的规划要求与措施。同时结合文物所处的特殊自然环境，规划要求维护历史环境风貌：整治景观环境、保护生态环境、调控社会环境。以此，达到文物保护与风景环境保护的结合与协调。

（四）风景名胜区范围边界划定仍是规划修编焦点

目前风景名胜区总体规划已进入对第一轮总体规划的大规模修编时期。经过改革开放以来，风景名胜区内及其周边地区城乡经济社会的快速发展，风景名胜区用地被挤占、风景资源被用作开发建设的现象大量出现，这种现象与趋势必须得到遏制，因此规划修编中的边界之争仍是各方利益博弈的焦点。

（五）风景名胜区规划实施中重大工程建设矛盾仍然突出

从2009年风景名胜区总体规划来看，公路建设、铁路建设（包括高铁建设）以及其他基础工程设施建设等重大工程建设仍是风景名胜区总体规划遇到的主要矛盾之一，需要重点对待、着力解决。在连云港云台山风景名胜区中，因修建核电站需占用海岸与农田并对周边环境有较大限制，因修建铁路隧道有一定的噪声及生态环境影响；在太湖风景名胜区修建铁路编组站破坏生态环境与风景资源；在青城山—都江堰风景名胜区灾后重建中拟建天然气管道存在较大安全隐患；在合阳洽川风景名胜区拟建西安至大同的客运铁路专线穿过湿地保护区将破坏生态环境。对于这类重大工程建设与风景名胜区的矛盾问题，应按照《风景名胜区条例》的要求予以高度重视，更多地考虑风景名胜区风景与生态环境保护的要求，充分论证选址的必要性，在条件相仿的情况下尽可能避开风景名胜区。

（六）积极探索风景名胜区中村镇发展途径

如何促进风景名胜区内村镇发展、提高人民生活水平，同时又能够保护风景资源与生态环境，风景名胜区规划越来越重视这一问题。都江堰市结合灾后重建对于城乡统筹的探索对风景名胜区的村镇发展具有借鉴意义。都江堰市通过统规统建、统规自建、联建、自建等方式，政府引导居民进行搬迁安置或原地建设但缩小建设面积，通过货币补偿、就业推荐、商铺面积补偿等方式解决居民生活生产问题（表2）。崂山风景名胜区则在探索旅游发展与村镇发展结合的道路，在节约用地的原则下，鼓励风景名胜区中的村镇发展适当的旅游项目带动村镇发展，通过旅游吸纳部分就业，提高居民生活水平，并严禁外来人口挤占发展资源。

都江堰市城乡统筹方式　　　　　　　　　　表2

方式	出资方	农民住房	农民土地	农民收益	出资方收益	建设要求
统规统建	政府	人均35m²	无	8m²的商业店铺或现金补偿	原村庄建设用地及农业用地收归政府，建设部分用于建设，部分复垦	建设用地不扩大，建筑3层以下
统规自建	政府（规划），农民（建设）	在原住房占地上建房	原土地	—	—	建设用地不扩大，建筑3层以下
户对户联建	城市居民	原住房占地面积的一半	原土地	建成的房屋	建成房屋的一半	建设用地不扩大，建筑3层以下
大连建	公司（单位）	人均35m²	拥有农业用地使用权，其经营权出租	出资方经营农业用地，农民分红，并获得就业机会	原村庄建设用地及拥有农业用地的经营权	建设用地不扩大，建筑3层以下

注：本表根据实地走访调查总结而成。

(七) 风景名胜区控制性详细规划亟待引导

2009年风景名胜区控制性详细规划已普遍出现，有针对风景名胜区旅游服务设施的如长春八大部—净月潭风景名胜区休闲度假区控制性详细规划，有针对城镇建设的如崂山风景名胜区王哥庄街道办事处中心区控制性详细规划，也有针对旅游服务设施与城镇结合的如梅岭—滕王阁风景名胜区休闲度假区兼乡镇的控制性详细规划。针对风景游览的目前还比较少，包括风景资源、游览路线、旅游服务设施等在内的景区综合性的控制性详细规划也比较少。

目前风景名胜区控制性详细规划基本上是借鉴城市规划中控制性详细规划的做法，利用容积率、建筑密度、建筑高度、绿地率、建筑形式等指标对建设地块进行控制，但是指标数值的选取与城市规划有很大的不同，且对建筑形式、色彩、体量、风格等非指导性指标更为重视。另外，目前风景名胜区控制性详细规划对非建设用地的研究还比较欠缺。

三、2010年展望

(一) 风景名胜区法规建设受到关注

自2006年9月《风景名胜区条例》出台后，一直在酝酿出台与之配套的实施办法，此事已提上议事日程。另一方面，随着风景名胜区面临的问题增多，管理难度加大，保护要求迫切，各省级政府正针对风景名胜区逐渐出台地方法规，并逐渐出台针对每个国家级风景名胜区的管理法规，这些法规的出台将是对《风景名胜区条例》的补充和完善，逐渐形成风景名胜区的全国法规体系。

(二) 风景名胜区或将纳入国家"十二五"规划

风景名胜区在以往的国家规划中没有专门的规划说明，处于被忽视的地位。为使风景名胜区得到国家的更多重视，保护国家自然和文化遗产资源，住房和城乡建设部有意编制"风景名胜区十二五"规划，以期作为专门内容纳入国家"十二五"规划中，或是作为国家"十二五"规划体系中的一个专项规划。

(三) 风景名胜区总体规划修编与新编并举

风景名胜区总体规划是国务院、地方政府管理风景名胜区的法定依据。根据住房和城乡建设部的要求，1990年以前完成总体规划的国家级风景名胜区应完成规划修编，至2009年年底仍有不少风景名胜区尚未完成总体规划修编。此外，包括第七批国家级风景名胜区在内，仍有尚未编制总体规划的风景名胜区。因此，2010年风景名胜区总体规划的修编与新编工作仍是风景名胜区管理部门的重要工作。

（四）风景名胜区详细规划相关技术规范亟须出台

就风景名胜区规划本身来说，今后将需要更多的详细规划，只有风景名胜区总体规划是不够的，必须将两者结合起来，更好地指导风景名胜区的保护管理与建设，使之具有连续性。风景名胜区详细规划则具体指导风景名胜区的发展建设，具体落实保护管理要求与措施。但是，目前只有与风景名胜区总体规划相对应的《风景名胜区规划规范》，尚需尽快出台与风景名胜区详细规划相对应的技术规范，以便更好地规范和指导风景名胜区详细规划的编制，更好地指导风景名胜区的相关建设。

（撰稿人：贾建中，中国城市规划设计研究院风景园林规划研究所所长，教授级高级城市规划师；邓武功，中国城市规划设计研究院风景园林规划研究所，城市规划师）

2009年历史文化名城名镇名村保护规划

前言

2009年是《历史文化名城名镇名村保护条例》（以下简称《条例》）颁布实施的一周年。随着《条例》的出台及住房和城乡建设部城乡规划司名城处的成立，中央和地方两个层面围绕《条例》的深化落实做了大量的工作，取得了很多成绩，积累了不少有价值的经验。《条例》的颁布实施对处于城镇化快速发展背景下的名城名镇名村保护工作起到了期盼已久的统领作用，使保护工作向前跃进了一大步。保护规划实践的认识也在不断提高；配合《条例》及其后续的各项制度建设，保护规划的技术支撑和服务体系初步形成；各方面社会力量也逐步在保护工作中显示出不容忽视的作用和影响。

与此同时，在现实工作中我们所面临的形势依然严峻。周干峙院士在2009年9月中国城市规划学会年会上指出，当前时期规划工作的困惑和难题主要有两个，其中一个是行政干预过多，另一个就是土地开发机制混乱，城市用地开发实际上常常由开发市场主导，开发规划随着"市场"转。❶因此，旧城改造的压力一直很大，对历史文化名城的破坏性建设现象时有发生。这种问题已经困扰我们多年。❷

而在名镇名村的保护方面，第五批中国历史文化名镇名村评选顺利进行，但在保护工作方面，正如仇保兴副部长所指出的："由于我国历史文化名镇名村保护工作还存在认识不到位、保护规划延迟、历史文化资源研究不清、旅游开发过度等问题，造成一些极具价值的空间格局和历史环境遭到破坏，村镇的基础设施陈旧老化，许多传统建筑年久失修。这些问题的存在严重影响了文化遗产的保护

---

❶ 中国城市规划学会名誉理事长，两院院士周干峙在学会2009年天津年会上的讲话。

❷ 周干峙院士早在2003年《城市化与历史文化名城保护》一文中讲到这个问题："一些城市领导只看到了自然遗产和文化遗产的经济价值，而对其丰富、珍贵的历史、科学、文化、艺术价值知之甚少，片面追求经济利益，只重开发，不重保护，以致破坏自然遗产和文化遗产的事件屡屡发生。有些城市领导简单地把高层建筑理解为城市现代化，对保护自然风景和历史文化遗产不够重视，在旧城改造中大拆大建，致使许多具有历史文化价值的传统街区和建筑遭到破坏。还有些城市领导在城市建设中拆除真文物，兴建假古迹，大搞人造景观，花费很大，却搞得不伦不类。"

和城镇文化的可持续发展。"❶

当前我国正处于城镇化快速发展、经济结构调整、增长方式转变的关键时期，包括历史文化名城名镇名村在内的历史文化遗产的保护也正面临重大挑战，及时总结才能不断提高。值此年度回顾之际，我们重点围绕《条例》的深化落实，对名城名镇名村保护规划及相关工作内容进行简要的经验总结和进行审慎的反思。

一、名城名镇名村保护工作的制度化建设

2009年是名城名镇名村保护规划制度化建设的关键一年。依照相继出台的《城乡规划法》、《历史文化名城名镇名村保护条例》（下文简称《条例》），名城名镇名村的保护进入了一个有法可依的轨道。在《城乡规划法》和《条例》统领下，住房和城乡建设部着手对已有的法规和部门规章进行系统梳理，构建起比较完整的历史文化名城名镇名村保护基本法律法规体系，使历史文化名城名镇名村的保护与管理、规划编制得到更好的系统化和规范化，使《城乡规划法》、《条例》的严肃性得到了加强。❷ 住房和城乡建设部城乡规划司对于一系列重要的部门规章有机会展开了前期的课题研究，下面我们列举2009年完成的两项重要的政策研究课题。

（一）"历史文化名城申报标准及申报文本内容研究"

《条例》颁布施行后，城乡规划司为了使申报国家历史文化名城的工作做到有章可依、使审查的行政工作更加透明，委托中国城市规划设计研究院名城所开展了"历史文化名城申报标准及申报文本内容研究"（以下简称"研究"）。"研究"以建立国家历史文化名城申报的具体评估要求，规范名城申报工作，加强政策引导，推动地方政府积极展开历史文化名城的保护工作为目标，把坚持历史文化名城保护的正确导向性作为研究的核心，着重强调把对名城认识的全面性，对历史文化街区质量的重视，对保护管理措施的有效性作为评价名城的重要价值标准。

"研究"从真实性、完整性、历史文化价值的独特性、管理的有效性出发，依据《条例》第七条的四个方面"保存文物特别丰富、历史建筑集中成片、保存着传统格局和历史风貌、城市的历史文化特色价值"和保护管理措施要求分层次地进行深化、细化，对历史文化名城进行定性、定量的综合性评价。"研究"中

---

❶ 住房和城乡建设部仇保兴副部长在2008年12月第四批中国历史文化名镇名村授牌仪式上的讲话。
❷ 孙安军，《历史文化名城名镇名村保护条例》实施后的形势与我们的工作，2009学委会珠海年会。

提出的基础数据内容和要求为名城保护管理信息化和建立备案制度奠定了基础，向提高管理有效性的方向迈进了一大步。此外，"研究"还对申报文本内容与形式进行了研究，这样可以使名城申报、管理工作更加制度化，也有利于促进申报国家历史文化名城的城市在进行行政决策工作中确立正确的保护思想和工作方向，在保护和整治的行动中采取正确的保护方法和措施。

（二）《历史文化名镇名村保护管理办法》

保护规划的实施及监督管理是做好历史文化名镇名村保护的重要保障。《历史文化名镇名村保护管理办法》（本节简称《管理办法》）的研究遵循"以《条例》为基准，适当扩展和延伸"的基本原则。《管理办法》研究针对目前规划审查缺乏，难以保证规划质量和可操作性；跟踪监督及濒危确定缺乏，对命名后过度开发或破坏没有控制等主要实际问题，重点在审批及备案管理要求、实施及保护措施管理、保护监督管理及濒危评定等方面进行深化。《管理办法》还对监督管理中的一些关键问题进行了深入的思考。《管理办法》提出建立多管齐下的长效监管机制，以及完整的濒危管理要求，开发"中国历史文化名镇名村监管信息系统"，通过信息技术手段加强保护的监督管理。由清华大学承担的《管理办法》研究课题已经通过专家评审。

与此同时，还有多项直接针对政策制定的科研课题，包括《历史文化街区保护管理办法》、《历史文化名城名镇名村保护规划编制办法》、《历史文化名城保护规划标准规范》等均在同步开展，《条例》颁布后名城名镇名村保护工作的制度化已经成为一个显明的趋势。

二、地方层面落实《条例》开展的保护工作

《条例》的颁布实施从总体上极大地促进了地方的保护工作。地方结合落实《城乡规划法》和《条例》的要求，制定深化落实《条例》的各项实施细则、保护管理规定和办法，编制保护规划，成立保护管理机构，开展对历史文化名城名镇名村及历史街区的各项保护与整治工作，把历史文化名城名镇名村保护工作推上了一个新的台阶。

（一）积极申报历史文化名城名镇名村

在过去的2009年中，尽管经济危机的阴影尚未消散，但国内文化产业、旅游产业的发展却是逆势而上。2009年国务院还出台了《文化产业振兴规划》，进一步坚定了地方政府对文化产业和旅游产业发展的决心。在这样的背景之下，地方对历史文化名城名镇名村的申报工作表现出极大的热情，向国务院行政主管部

门提出申报要求的城市数量是空前的。

截至2009年年底,有16个城市进入到国家历史文化名城申报程序,申报数量之多、申报时间之集中是1982年公布首批国家历史文化名城以来从未有过的现象。这些城市包括:陕西省佳县、湖南省洪江市、四川省会理县、江西省瑞金市、新疆维吾尔自治区伊宁市、江苏省宜兴市、山西省太原市、安徽省桐城市、浙江省嘉兴市、江苏省泰州市、新疆维吾尔自治区库车县、山东省蓬莱市、广西壮族自治区北海市、广东省中山市、河北省蔚县、云南省会泽县等。

截至2009年年底,共有29个省、市、自治区的196个镇村(其中86个镇、110个村)申报第五批中国历史文化名镇名村。申报热情的提高体现了在《条例》指引下地方政府的重视和专业人员的广泛参与,也证明了前面四批中国历史文化名镇名村申报评审活动得到广泛的社会认同。

从申报城市的情况看,申报城市和村镇能够不同程度地反映出不同地域的历史文化特色和传统风貌,确实应当采取及时措施,积极地加以保护。但不无遗憾的是,不少地方在20世纪80和90年代,甚至于最近10年,将较高价值的历史地段以发展地方经济和改善居民生活为名拆毁掉了,或者为了发展文化旅游,采取了不当的改造和整治手段,破坏了文化遗存的真实性、完整性和生活延续性的原则,使历史文化价值大打折扣。因此,提高对文化遗产价值的认识,加强对正确保护方法的学习已经刻不容缓了。

(二)保护实践的一些进展

随着系统保护和依法保护理念的深入,地方越来越重视保护立法工作。越来越多的省市陆续出台或修订相关的保护管理规定、保护条例、实施办法、技术导则等地方性保护法规和技术规范,一些省市逐步成立了历史文化名城名镇名村保护的专门管理机构,特别是随着住房和城乡建设部在更大范围的城市派驻城乡规划督察员,地方的文化遗产保护的管理水平得到了大幅提高。

历史街区是城市历史文化遗产保护体系的重要环节,中国历史文化名城保护近30年的实践证明,历史街区是名城保护的重点,有无完整和一定数量的历史街区既是成为名城的基本条件,也是保护名城的基本要求;同时,历史街区始终是名城保护的难点,历史街区保护与整治工作牵一发而制千钧,存在着认识上、方法上、政策上的诸多难点需要破解;同样,历史街区还是名城保护的亮点,越来越多的名城意识到保护好历史街区是彰显城市特色和提高城市综合竞争力的重要方面。因此,历史街区保护是实施名城保护与衡量保护实效的核心问题。

1. 北京旧城保护

北京旧城保护规划的编制工作有了进一步的深化,虽然对旧城保护的方法依然存在着比较大的争论，但在什刹海地区、南锣鼓巷地区、前门鲜鱼口地区和大栅栏地区多种模式的实践探索取得了多种经验，由此，北京市政府在2007年开始的"修缮、改善、疏散"的政策，也开始发生微调，提出了"疏散、修缮、改善"的新思路，既是针对北京旧城保护核心矛盾的一种更加明确的政策指向，同时反映出政策对落实过程中可能产生的新的风险的考量。❶

在北京旧城保护诸多研究与实践当中，清华大学吴良镛院士领导的科研团队以"北京—2049"为题拓展北京旧城保护方面的研究，从更大的空间范围和更加长远的时间跨度上，对北京旧城的保护与发展进行分析研究，所提出的"积极保护、有机更新和整体创造"旧城保护思想值得关注。

2. 苏州平江历史街区❷

苏州平江历史街区是苏州古城内保存最为完整、规模最大的历史街区，是我国最早开始保护的历史街区之一。自2003年实施街区保护以来，坚持"政府主导、渐进改善、永续发展"的保护思路，贯彻了正确的保护理念与方法，建立了街区保护实施与管理的机制。由于街区的保护整治在历史风貌保护、社会结构维护、实施操作模式等方面采取了正确的方法，受到专家和社会的共同认可。2009年苏州平江路被评为首批中国历史文化名街。

平江街区保护实施的主要经验在于：一是探索新形势下街区保护规划的编制重点，以解决街区自身的问题；二是在历史环境整治中以正确的保护理念决定和指导保护工程技术；三是坚持"政府主导、专家领衔、社会参与"的实施合作模式，以此贯彻正确的政绩观和保护观，构建和谐的社会环境，促进遗产保护的广泛共识。

从总体上看，越来越多的地方政府逐步认识到，历史文化名城名镇名村的称号不仅仅意味着一种荣誉和文化资源，更重要的是一种责任。越来越多的地方政府的发展观念在逐渐转变，从以往单纯将历史文化遗存视为包袱，到现在将其视为不可再生的文化资源，是一种公共利益和公共资产，对其进行保护与合理利用是建设和谐社会和实现科学发展的重要工作内容。

历史街区保护是历史城镇可持续发展的重要方面和条件，应"强调对旧城和村镇的更新，不能大拆大建和大撤大并，要采取有机更新的办法"，❸避免各种利益驱动的改造活动及其所带来的建设性破坏，才能够实现历史传承、经济繁荣、环境适宜与社会和谐的目标。

---

❶ 边兰春，《北京旧城保护研究的进展与动向》，为本报告提供的专稿。
❷ 阮仪三、林林，《永续发展——苏州平江历史文化街区的保护实效》，为本报告提供的专稿。
❸ 仇保兴，在住房和城乡建设部与国家文物局联合召开的贯彻实施《历史文化名城名镇名村保护条例》座谈会上的讲话。

三、配合名城名镇名村申报的规划实践

(一) 历史文化名城保护规划

受城市总体规划修编或国家历史文化名城申报等力量的推动，新一轮历史文化名城保护规划修编和编制工作在全国推开，这些城市包括了宁波、保定、荆州、桐城、北海、太原、伊宁、佛山、中山等。我们观察到，新一轮历史文化名城保护规划修编和编制工作，依照《城乡规划法》、《文物保护法》、《条例》扩大保护范围和保护对象（城乡统筹、工业遗产、20世纪遗产、历史建筑等），对如何协调文物保护规划（尤其是大遗址、古城墙、文化线路等）和解决开发压力等方面，在理论方法和实施操作层面展开了具有一定深度的探讨。

1. 《北海历史文化名城保护规划》❶

该规划实践的特点在于重新审视北海保存较为完整的中西合璧特色的老城区，通过研究分析其城市起源、自身的发展演变、历史文化遗存状况，及与中国近代城市发展史、同期同类型城市在城市功能、形态、风貌等方面的比较，认识到北海老城的历史文化价值不仅在于保存有历史建筑集中连片的"历史文化街区"，更重要的在于它是近代通商口岸城市的珍贵实例。其城区范围区别于传统中国城市明确的城墙围护，是开放生长的滨海地区近现代商埠格局的范例。在这个认识基础上，进而对其城市历史格局的整体保护、展示和风貌延续作出保护规划，重在表现出这座历史城市发展脉络清晰、演变时段完整、要素保存完好的宝贵特点。

2. 《太原历史文化名城保护规划》❷

太原这座历史城市从20世纪80年代开始，在申报国家历史文化名城的道路上一波三折。早期城市决策者担心获得国家历史文化名城的桂冠会成为城市发展障碍的认识，终于被当今的发展现实证明是短视的。这座具有2500年建城历史、在中国历史上具有独特地位的城市，在申报国家级历史文化名城的时刻，面临的是太原府城历史城区文化遗存的严重碎片化。

这项规划积极适应新世纪文化遗产保护观念的发展，以新的时空观念重新认识和全面整理2500年建城史中城市发展各阶段留下的历史文化遗存，揭示出这座城市复杂多重的历史文化层累的过程，梳理、保护、利用与展示反映城市不同

---

❶ 《北海历史文化名城保护规划》由中国城市规划设计研究院名城所、北海市规划院共同承担。

❷ 《太原历史文化名城保护规划》由中国城市规划设计研究院名城所、太原市规划院、太原市规划局编研中心共同承担，专题由同济大学、华中科技大学承担。

历史阶段沿革的"物质载体"与城市格局变迁的关系，尤其注重晋阳古城、平晋城、太原府城三个城址阶段各个历史时期城池演变的载体（如历史水系、城墙遗址、传统街巷）的保护与展示利用。

针对太原历史文化遗存碎片化的状况，项目尝试挖掘出文物古迹与同时期城市社会政治经济的关联，来弥补在古城历史文化价值评估中常规证据不足的问题。

规划关注了20世纪遗产的保护，将民国时期的文物古迹、历史建筑，以及新中国重工业基地建设过程中形成的历史文化街区都作为体现城市历史文化价值和特色的内容。

规划对市域内分布的大量文物古迹和遗存的相互关系进行了研究，运用文化线路保护与研究的思路，梳理了市域北部保留较好的古村镇与明清时期商路、驿道、明长城九边重镇防御体系之间的联系，勾画出太原在军事、商业、驿道等方面的区域地位和价值。

针对太原府城内遗存空间分散的特点，项目以专题报告的形式对历史城区内传统建筑相对集中并具有较高历史文化内涵的地段，在发展演变、功能定位、历史建筑保护、风貌延续方面作了深入研究，为历史城区风貌控制提供了理论依据，也为这些地段详细规划的编制奠定了坚实基础。

3.《天津蓟县历史文化名城保护规划》❶

针对历史文化名城外围的遗产体系在城市扩张过程中面临的碎片化问题，规划提出系统性的保护方法，通过梳理和织补文化网络，串联遗产片段，保护文化环境，增进公众认知，以达到保护名城历史文化遗产完整性的目的。

在蓟县的名城保护规划研究中，规划从区域层面梳理了蓟县古城及周边地区遗产体系的历史文化脉络，重点辨清清代谒陵文化路线、明代戍边文化路线和古城与山水构图关系的构成与科学、艺术、文化价值，提出了系统性保护古城及周边地区文化网络的方法，制定了保护遗产区域与遗产廊道等文化景观的措施，完善了蓟县的名城保护体系。

（二）名镇名村保护规划

近年来编制的名镇名村保护规划，既有配合申报工作开展的，也有《条例》出台后结合保护政策研究开展的规划试点，还有伴随镇、村庄规划同时开展的。总体上有三个特点：一是历史村镇的保护规划和镇总体规划、村庄的规划相结合同时编制，统筹保护与发展的关系趋势比以前更加明显；二是在目前已有的大量保护规划实践中，非常成熟、具有典型普遍意义的保护模式和例证还不算太多；

---

❶ 《天津蓟县历史文化名城保护规划》由清华大学建筑学院承担。

三是名镇名村保护规划实践中把保护和旅游放在同等地位或者把保护从属于旅游，规划目的和措施不是基于保护，而是把旅游和经济发展同保护对立起来，急功近利，用规划设计的手段拆旧建新或者大造假古董，给文化遗产带来了无可挽回的损失。

从我们所收集的信息来看，2009年名镇名村保护规划实践非常丰富。名镇方面，有探索历史村镇多元保护模式的四川广元昭化古镇保护规划；有突出建立标准化、规范化的技术指标体系，对物质和非物质历史文化遗产实施评估和管理，以实现动态性、开放性的保护的广东省陆丰碣石镇规划；有探讨独特自然环境、社会人文等制约条件下，西南山地历史文化城镇保护的规划设计理论与技术方法的重庆丰盛镇规划等，不胜枚举。

名村方面，有结合《历史文化名城名镇名村保护规划编制办法》和《历史文化名镇名村保护管理办法》开展的山东省章丘朱家峪村保护规划试点；有突出学术背景下的历史研究和分析、深入的现场工作和遗产、环境及其实践的多元评估、可操作性的保护规划控制体系等工作理念的广东系列名村规划，如：顺德碧江、番禺大岭、三水大旗头、中山翠亨、连南南岗、东莞南社等；也有探索省域古村落保护体系背景下的历史文化名城保护规划实践，如山西晋东南地区高平县苏庄历史文化名村保护规划等。

1.《四川广元昭化古镇保护规划》❶

早在20世纪80年代，周庄、西递等历史村镇已经开始注重保护村镇的历史环境，并加以合理利用发展旅游产业，走出了一条以遗产保护促地方经济的可持续发展之路。这对全国历史村镇的保护起到了很好的推动和示范作用，但也使很多地方政府简单地认为保护历史村镇就是为了发展旅游，从而使历史村镇保护的问题从"重视不够"矫枉过正地转向"急于求利"。同时，有些地方政府不尊重民众意愿，在开发中"与民夺利"，出现了历史环境保护得很好，旅游发展也很兴旺，但是民众并不拥护的情况。

四川广元昭化古镇的保护案例则从一个侧面说明历史村镇的保护不仅可以与发展旅游相结合，更要同政府关注民生、改善人居环境结合起来，使广大民众真心拥护古镇保护工作，全心投入到古镇保护中来。历史村镇的保护模式应该是多元的，昭化古镇的保护实践构建了"政府全心主导、民众真心参与"的和谐模式，由于古镇传统民居都得到了全面修缮以及传统木构建筑的良好抗震性能，在经历了"5·12"汶川大地震之后，昭化古镇为居民提供了最大庇护，广元作为四川受灾较为严重的地区之一，昭化古镇内无一人受灾死亡，百姓称颂是政府的古镇保护工作庇佑苍生。

---

❶ 阮仪三，林林，灾后重光——四川昭化历史文化名镇的保护实效，为本报告提供的专稿。

2.《山东省章丘市朱家峪历史文化名村保护规划（试点）》❶

针对当前历史名城名镇名村保护管理工作和规划编制工作中的实际问题，如：名镇村保护规划内容深度参差不齐，有待统一；历史建筑建档延迟、建筑分类管理工作不足，导致保护和修复历史建筑的无序。在《条例》的指导下，规划试点着重在规划编制的程序及基本内容；调查评估与建筑分类；深度与成果要求方面进行了深化。

这项保护规划的试点，在名村保护规划与村庄建设规划共同编制的规划属性、强调历史建筑与一般传统风貌建筑的建筑分类保护策略，以及利用GIS技术对历史文化名村保护实现动态监管方面进行了积极探索。研究过程中还结合河北英谈、海南崖城等历史镇村的保护规划实践，对保护措施的合理性和可操作性进行了论证。具体体现在如下几点：

首先，明确了历史文化名城、历史文化街区、名镇名村保护规划的性质，阐明了保护规划与城市总体规划、控制性详细规划、修建性详细规划的关系；第二，为了科学评估名城、名镇、名村的历史文化价值与特色，全面认识保护工作存在的问题，从而正确把握规划编制的指导思想，《编制办法》对保护规划前期调研的内容、重点以及调研的方式作了规定；第三，考虑到名城、街区、名镇、名村在保护的内容、重点、深度方面的差异，《编制办法》就名城、街区、名镇、名村保护规划分别提出编制要求；第四，针对名镇名村历史建筑建档延迟、建筑分类管理工作不足，导致保护和修复历史建筑无序的情况，在名镇名村保护规划内容中强调了历史建筑档案建设的内容；第五，保护规划还以附件形式，对规划编制中使用的名词术语、规划文本与图纸的内容和体例等作了详细规定。此外还对保护区划划定、传统建筑的甄别与保护等关键问题进行了深入的思考。例如与名镇不同，名村保护规划与村庄规划的相关度非常高，一同编制可以简化编制工作、与规划协调、节省编制费用。因此试点经验表明，名村保护规划与村庄规划一同编制较为适宜。

3.《山西省高平县苏庄历史文化名村保护规划》❷

近年来，山西省住房和城乡建设厅立足省情，围绕古村落的保护开展了从规划试点、技术体系、管理制度、省人大立法至国际合作等全方位的工作，初步取得了一批有价值的成果。《山西省高平县苏庄历史文化名村保护规划》正是在此背景下众多保护规划中的一个典型。

该规划通过调查，确定苏庄村价值特色的核心在于完整的历史环境和村落格局及连续的主街，24座民居宅院准确、真实地反映了清代村落繁荣昌盛时的状况。

---

❶ 张杰，山东省章丘市朱家峪历史文化名村保护规划简介，为本报告提供的专稿。
❷ 何依，山西省高平县苏庄历史文化名村保护规划简介，为本报告提供的专稿。

规划认真研究了古村落的社会结构，将家族社会体系连同空间格局、街巷系统作为保护对象，探索了基于主姓家族的古村落保护和空间整合的规划设计方法。

（三）综合性文化遗产保护规划

在保护的专项规划以外，从事保护规划的技术力量还根据城市整体发展、旧城更新、城市景观设计以及大型文化线路保护等领域出现的技术需求，积极开展综合性文化遗产保护规划实践。

1. 历史性城市景观保护

在中国城市规划学会负责，中规院、同济大学参与的《澳门总体城市设计》研究课题中，对历史性城市景观保护规划问题进行了一定的探索。历史性城市景观保护问题，是近年来国际保护组织和机构，尤其是世界遗产城市组织（OWHC）关注的热点问题之一。我国的历史文化名城在持续性开发和旧城改造的影响下，历史性城市景观保护也面临巨大压力，澳门历史城区既为世界文化遗产地，又处于高密度城市地区，其保护规划与城市设计管理研究将具有一定的普遍意义。

2. 滨水地区更新复兴中的遗产保护❶

上海、天津、武汉等城市在城市主要河道正开展大规模的滨水地区再开发，由于滨水地区存在不少历史建筑，包括工业遗产和近现代建筑，如何在更新改造过程中适当再利用，并作为滨水地区文化复兴和地区景观多样性的重要元素，需要开展积极的探索。目前虽然有些好的案例出现，但全面和综合的规划策略还需在未来的开发建设中进一步寻找和推进。

3. 大运河遗产保护规划❷

配合申遗的中国大运河文化遗产保护规划于2008年底正式启动，并于2009年中基本完成了第一阶段——地市级规划的编制。大运河作为目前尚在使用的线性文化遗产，尺度宏大，内容庞杂，其中的聚落遗产包括了沿线大量的历史文化名城名镇名村。运河遗产的认定、保护、利用和管理是文化遗产保护领域前所未有的重大课题。规划的编制为大运河这类由多类型遗产构成、多利益主体使用、多部门管理的，保护与发展关系相对复杂的活态遗产、大型文化线路遗产的保护作出了具有开拓意义的探索。

四、推动保护的广泛社会力量

在近年来的历史文化名城名镇名村的保护工作中，各类社会团体、媒体、民

---

❶ 张松，2009年历史文化名城名镇名村历史发展综述报告素材。
❷ 大运河浙江段的申遗保护规划由中国城市规划设计研究院名城所承担，江苏段由东南大学承担。

间人士所代表的社会力量不断发挥出越来越广泛的作用和影响力。此外，还有大量的高等院校、社会文化科研机构、专业报纸杂志及网络媒体、著名社会人士积极参与到历史文化保护工作中。

（一）中国城市规划学会名城学术委员会[1]

2009年，中国城市规划学会历史文化名城保护规划学术委员会按照《条例》所指明的方向，积极配合有关部门，从学术研究角度开展工作。他们在传统的名城保护专业领域之外，明确将历史文化名镇名村的保护工作纳入到学委会的工作范围，提倡和推动这一领域的研究，取得了一定的成绩。

2009年4月25～26日，学委会与周庄镇人民政府再次联合举办"第二届古镇保护与发展（周庄）论坛"，并发表了《中国古镇的保护与发展倡议书》，倡导因地制宜，加强对《历史文化名城名镇名村保护条例》的贯彻落实工作，促进古城、镇、村的依法保护和管理，而针对我国历史文化名镇保护和经营管理的状况，强调建立健全古镇内外资源的有机互动机制，合理利用，使古镇人民共享遗产保护的成果。

同时，针对社会的一些热点问题，学委会同地方政府积极合作，宣传正确的保护理念和方法。例如，2009年7月18～21日，历史文化名城保护规划学术委员会与福州市人民政府联合举办"老城保护与整治——'三坊七巷'国际学术研讨会"，并发表《福州宣言》。强调在历史文化街区的保护实践中应坚持保护"真实性"、"完整性"和"生活延续性"等原则，在实践过程中强调规划师与民众的深度合作交流，处理好社会深层的问题，积极促进社会各个方面的力量共同参与到历史文化街区的保护中。

（二）中国城市科学研究会名城委员会

2009年历史文化名城委员会完成了"历史文化名城名镇名村保护监管体系研究"，并成功举办了国家历史文化名城华东地区第五次年会。会议要求华东地区各名城要进一步增强名城意识，加大名城保护宣传力度；要进一步以科学发展观为指导，正确处理名城保护和管理过程中的新问题、新情况；要进一步加强名城保护的法律法规建设，切实做到依法办事；要进一步加强历史文化名城之间的交流和合作，共同促进历史文化名城保护工作向更高层次发展；要积极做好历史文化名城保护资金的筹措工作，形成多元化的融资体制；要以人为本，提高居民的生活质量，改善环境面貌。

---

[1] 参阅中国城市规划学会历史文化名城保护规划学术委员会2009年工作总结。

(三）媒体和民间人士在历史文化保护中的作用

随着近年来中央和地方对文化遗产保护工作的重视，各类媒体对历史文化保护的报道、关注也在逐渐加强，同时也对各类威胁保护的不当开发建设活动形成了强大的社会舆论监督。2009 年"南京老城南"和"天津五大道"便成为社会的焦点。

2006 年 16 位学术界和文化界的著名人士曾吁请停止对南京老城南的最后拆除。2009 年 4 月底，29 位南京当地学人再次联名签署题为《南京历史文化名城保护告急》的信函，对在金陵古城内仅存的几片历史街区启动的大规模改造工程提出批评，认为："再这样拆下去，南京历史文化名城就要名存实亡了！"新华社主办的《瞭望》杂志两次报道了南京老城南的事件，引起社会和专业界的关注和议论。

而天津五大道拥有 20 世纪 20~30 年代建成的英、法、意、德、西等不同国家建筑风格的花园式房屋 2000 多处，其中风貌建筑和名人故居有 300 余处，被公认为天津市最具特色的建筑文化景观。2008 年开始的"聚客锚地"开发工程使五大道核心保护区的大量珍贵历史建筑、传统建筑相继面临灭顶之灾。2009 年 5 月，10 位文化遗产保护界著名人士，联名签署《关于整体保护天津五大道历史文化街区的紧急呼吁书》，对"聚客锚地"工程提出质疑，呼吁"立刻停止对天津五大道历史文化街区的破坏"。

两个事件都惊动了中央政府，相关部门立即展开调查，及时制止了拆迁活动。这是文化遗产幸运的一面。但从另一面我们也看到，在文化遗产保护领域地方政府依法决策、依法行政还有很长的道路要走。

此外，2009 年由中国文化报社、中国文物报社联合主办了中国历史文化名街评选。评选活动不仅有专家评审，还有网上的公众投票环节。媒体积极参与到历史文化保护活动的组织中，充分唤起了公众认知历史文化价值、积极参与保护的热情。2009 年 6 月 11 日选出了第一批"中国历史文化名街"，包括北京国子监街、平遥南大街、哈尔滨中央大街、苏州平江路、黄山市屯溪老街、福州三坊七巷、青岛八大关、青州昭德古街、海口骑楼老街、拉萨八廓街等。

结语

2009 年是历史文化名城名镇名村保护制度走向完善的重要一年。《历史文化名城名镇名村保护条例》颁布一年来，全社会保护意识大为提高，保护规划实践大为拓展。尽管在实际中保护工作的压力没有减轻，破坏性建设和建设性破坏都还时有发生，但全社会特别是主管部门和专业部门的保护意识与责任都在不断加强。只要我们坚持贯彻有关法律和《条例》的精神，加紧深化落实《条例》的要求，就一定能使这项事业更快地走向制度化、规范化，使各种保护的力量凝聚起来，把中华民族宝贵的文化遗产和精神继承和延续下去！

（在收集整理基础信息的过程中，我们得到同济大学教授阮仪三、张松和副教授邵勇，清华大学教授边兰春、张杰，华中科技大学教授何依，华南理工大学教授吴庆洲、冯江，重庆大学教授赵万民的帮助，中国城市规划设计研究院城市规划与历史名城规划研究所的赵中枢、张广汉、王川、付冬楠、龙慧、汤芳菲、杜莹、万小明等同志在资料整理和起草方面作出了很多贡献，在此一并谨致谢忱！）

（撰稿人：张兵，城市规划博士，教授级高级规划师，中国城市规划设计研究院名城所所长，中国城市规划学会历史名城保护规划学术委员会秘书长；康新宇，城市规划硕士，中国城市规划设计研究院名城所城市规划师）

2009年城市交通规划

一、2009年城市交通规划背景情况

(一) 城际轨道和高速铁路建设带来区域同城化时代

继武广客运专线开通之后不到半年的时间,2010年年初,我国西部第一条高速铁路郑州到西安的客运专线正式开通,郑州到西安之间的时间由以前的6h缩短到2h以内。至此,我国已经开通的高速铁路线路已经达到了10条(表1)。

现状中国高速铁路线路通车情况一览表 表1

线路名称	长度(km)	设计速度(km/h)	最高平均运营速度(km/h)(行车区间/本线上运行时间)	动工日期/计划动工日期(年/月/日)	通车日期(年/月/日)	所属"四纵四横"客运专线
秦沈客运专线	405	250	200 (哈尔滨—北京/2h2min)	1999/8/16	2003/10/12	京哈铁路的一部分
合宁铁路	166	250	185 (合肥—南京/54min)	2005/6/11	2008/4/18	沪汉蓉客运专线
胶济客运专线	364	250	162 (济南—青岛/2h15min)	2007/1/28	2008/12/20	青太客运专线
石太客运专线	190	250	173 (北京西—太原/1h6min)	2005/6/11	2009/4/1	青太客运专线
合武铁路	351	250	171 (汉口—合肥/2h3min)	2005/8/1	2009/4/1	沪汉蓉客运专线
达成铁路扩能改造(遂宁至成都段)	386(遂成段148)	200	156 (成都—重庆北/57min)	2005/5	2009/6/30	沪汉蓉客运专线
温福铁路	298	250	210 (福州—上海南/1h25min)	2005/10/1	2009/9/28	东南沿海客运专线
甬台温铁路	268	250	217 (上海南—福州/1h14min)	2004/12/1	2009/9/28	东南沿海客运专线
武广客运专线	989	350	313 (武汉—广州北/2h57min)	2005/6/23	2009/12/26	京港客运专线
郑西客运专线	455	350	N/A	2005/9/25	2010/1	徐兰客运专线

京津、武广、郑西等一系列客运专线的高速运行启动了一个高速化发展的铁路新时代,一个国家的出行圈的划分开始使用小时来进行衡量,4h、8h的时空

概念得到了广泛的关注。到 2012 年，以北京为中心的高速铁路 4h 出行圈将要覆盖上海、南京、武汉、西宁、银川、包头、哈尔滨等城市（图1）。

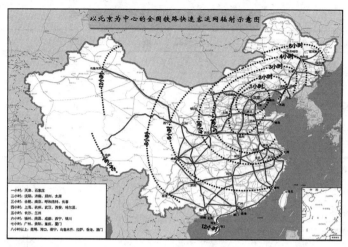

图1　以北京为中心的全国铁路快速客运网小时出行圈❶

高速铁路建成后，由于旅行时间大大缩短，将带动旅游业的发展，而旅游业的产业带动性很强，将促进产业结构的优化，加快商业、餐饮、交通等的发展，加强沿线城市及区域间的经济联系，促进沿线及区域间经济协调发展。总之，铁路高速化的过程正在大大改变中国大地的时空概念，城镇之间的联系进入了一个崭新的"区域同城化"的阶段。

当然，铁路快速客运网发展在扩大城际综合交通系统整体服务水平的同时，也不可避免地面临着相互之间竞争和合作的契机，关于支线航空和高铁发展之间的关系在争论之中，关于高速铁路和机场的衔接问题在引起关注，关于高速铁路枢纽的选址和衔接问题在城市中成为重点问题。2009 年 11 月份，住房和城乡建设部和铁道部联合签署了部际协调机制，推进铁路系统和城市交通系统之间的有机衔接。

（二）城市轨道交通加速发展态势明显

轨道交通在 2009 年呈现加速发展的态势。至 2009 年年底，国家陆续批准了上海、北京、天津、重庆、广州、深圳、南京、杭州、武汉、成都、哈尔滨、长春、沈阳、西安、苏州、宁波、无锡、长沙、郑州、东莞、大连、青岛、昆明、南昌、福州 25 个城市的城市轨道交通建设规划，规划建设城市轨道交通总里程

---

❶ 中国铁路规划与建设，铁道部，郑健。

2610km。其中，2009年国家批准了10个城市的轨道交通建设规划或者规划调整，新增轨道交通建设长度544km左右（表2）。

2009年城市轨道交通近期建设规划统计表　　　表2

序号	城市	规划年度（年）	线路数（条）	建设长度（km）	总投资（亿元）
1	成都（新增）	2005～2015	4	49.9	293.5
2	重庆（新增）	2006～2014	3	83.85	280
3	郑州	2008～2015	2	45.4	268.45
4	福州	2009～2016	2	55.3	300.2
5	昆明	2008～2016	3	62.6	260.61
6	南昌	2009～2016	2	50.6	274.4
7	长沙	2008～2015	2	45.9	189
8	东莞	2009～2015	1	37.37	164.74
9	大连	2009～2016	3	58.1	—
10	青岛	2009～2016	2	54.7	292
总计			24	543.72	2322.9

至2009年年底，在建城市轨道交通约1400km。我国内地已有10个城市的33条共933km的城市轨道交通线路投入运营，其中1999～2009年新增运营线路约832km。目前各大城市运行轨道交通线路最长的是上海，将近332km，北京的轨道线路长度228km，广州轨道交通线路长度也达到了148km，北京、上海及广州已经进入轨道交通网络化时代。

（三）以低碳生态为目标的交通发展模式得到深入探索

温室气体减排已经成为国际社会上的关注问题，哥本哈根会议更加推进了这一进程。"低碳、生态"成为时代的任务和目标，作为碳排放组成部分之一的交通也引起大家的关注，国际社会上关于低碳交通在许多国家被列入计划，如英国提出低碳排放的交通发展战略。在中国天津生态城、曹妃甸生态城等之后，在2009年启动的广州知识城对于"绿色交通模式"进行了进一步探索。

2009年住房和城乡建设部倡导组织的公共交通周和无车日活动进入了第三个年头，活动于2009年9月22日在全国的114个城市开展，活动的主题为"健康环保的自行车和步行交通"。如果说2007年的意义在于倡导的成功，2008年的意义在于宣传的范围扩展和共识的扩大，2009年则进入了新的阶段，不仅仅在宣传和倡导方面，而且在行动方面，尤其在政府管理层面取得了重大的突破，在城市规划和建设方面，提出了步行和自行车系统规划试点工作，这意味着绿色交通出行的理念在地方政府的日常规划建设层面得到了很好的响应。

2009年科技部和财政部共同启动了"十城千辆"电动汽车示范应用工程。决定在3年内，每年发展10个城市，每个城市在公交、出租等领域推出1000辆新能源汽车开展示范运行，力争使全国新能源汽车的运营规模到2012年占到汽车市场份额的10%。2009年首批"十城千辆"选择了6个城市开展试点，后扩展为13个城市，分别是：北京、上海、重庆、长春、大连、杭州、济南、武汉、深圳、合肥、长沙、昆明、南昌等。"十城千辆"节能与新能源汽车推广计划对于推动我国城市公共交通系统的发展和技术更新也有着重要意义。

（四）交通拥堵常态化趋势下的交通拥堵缓解问题成为焦点

2009年北京机动车达到总量超过400万辆，私人小汽车拥有量超过300万辆的水平，交通拥堵的状况不断加剧，在北京的核心地区交通拥堵的常态化特征在呈现，新的形势呼唤着交通拥堵缓解新方案的出台。

奥运会期间北京实施机动车单双号停驶措施，启动了交通需求管理措施，用于缓解交通拥堵，该项措施只是用于奥运这一特殊的交通状态时期。进入2009年，则是每周少开一天车的措施，将单双号停驶改为工作日高峰时段尾号限行的措施。随后，将北京站、北京西站、东直门东中街、燕莎地区、翠微商业区、东单—王府井商业区、前门商业区、中关村西区、西单商业区、朝外商务区、中央商务区、金融街商务区、崇外商业区13个重点地区一类区域内非居住区占道停车场、路外露天停车场、非露天停车场白天小型车临时停放收费标准从原来的2.5元/半小时，分别调整为5元/半小时、4元/半小时和3元/半小时。2010年年初北京又集中出台了错时上下班等十余项交通管理措施，应该说交通需求管理的措施在2009年开始进入了全面实施、逐步推进的阶段。

2009年7月，《广州市城市交通改善实施方案》历时三年终于获得通过。交通改善实施方案中提出要加强交通需求控制，将来或开征交通拥堵费，即在繁忙时段或繁忙路段，对进入中心区的社会机动车辆收取费用。研究建议道路拥挤收费将在广州先进行小范围试点，再逐步扩大；在内环线范围内采取拥挤收费措施，收费试点区域先考虑老城区或者天河地区。道路拥堵费在伦敦、新加坡等国际大都市都有先例。与广州一样，有征收拥堵费意愿的上海、北京、杭州、南京等城市政府都曾经释放出收取拥堵费的信息，试探公众的反应。但是，交通拥堵收费的方案显然引起了各方面的争议，争议的关键在于交通拥堵收费能否真正解决交通拥堵问题。

二、城市交通规划发展特点和案例

(一)综合交通规划中区域交通规划设施布局的创新

在去年的盘点中提出"伴随着轨道交通和城际轨道以及铁路系统在国家基础设施建设投资拉动的背景下,以高速铁路、城际轨道、高速公路为代表的城际之间交通基础设施的突飞猛进将不仅仅改善城市之间的交通联系,更为重要的是区域经济发展的空间布局模式、城镇群层次的功能分工、城市内部的居住就业布局模式都将发生重大的变化",在2009年的很多省会城市的综合交通规划编制过程中可以看出关于区域交通设施和城市职能空间布局之间的关系研究在深入,同时在这种形势下,区域交通设施本身的布局研究也引起了关注。

在《兰州市城市综合交通规划》编制中,在战略层面提出区域交通战略的三个转变,第一是实现由运输通道上重要节点向综合交通枢纽的转变,由东西向南北沟通并重的转变思路,第二是由区域单通道向多通道、复合通道的转变,第三是提出区域交通设施布局实现从在城市核心区域内为主向更大范围内的空间内进行布局的转变,实现在设施空间布局上的客货分离。

(二)轨道交通规划中网络规划模式的转变

轨道交通建设规划在2009年突出表现为整体推进的态势,一方面对于特大城市,轨道交通建设规划的编制和调整中重要的在于关注网络密度的加大和系统的分层化,另一方面在一些大城市,面向区域层面的轨道发展进入规划阶段,如:台州、济宁等地。

上海到2009年年底轨道交通运营线路长度已经达到330km,2009年日均客运量达到360万人次,在运营中对于网络中的长大线路采取了组合线路运营、外围线路快速化、车辆设计舒适化等措施,提升着长大线路的服务水平。在新一轮建设规划编制中,提出五个近期发展的重点,包括服务两个中心建设,支持城市总体规划实施;支持郊区新城建设,促进城乡一体化协调发展;提升保障住房交通配套水平,持续改善民生;加密浦东新区轨道交通网络,服务新区发展;强化对外枢纽配套,服务长三角区域一体化。

台州市是浙江省沿海中部城市,规划市域人口697万人,中心城区城市人口规模150万人,市域城镇体系为"一核、两心、三带"的空间布局。在《台州市轨道线网规划》中,针对城镇密集区大约410km^{2}进行了重点研究,提出由三条轨道线组成的长度为135km的线网,车站总数61个,其中换乘车站4个。1号线贯穿城镇密集区中心地带,强化沿线城镇组团之间的联系;2号线连接中心城区和工业新区，支持新区的发展；3号线城镇密集带中部地区，支撑城市空间结构的转变。

（三）步行和自行车系统规划设计的重视

北京市编制完成了《北京市步行和自行车系统规划设计导则》，在导则中通过系统总结目前道路规划设计中存在的种种问题，提出了在道路设计中自行车道和人行道的设计要素的控制要求，同时为改善步行环境，对道路设施的布置等也提出了详细的要求。

杭州市编制完成了《杭州市非机动车交通发展战略规划》和《杭州市慢行交通系统规划》。规划的主导理念是以人为本，提倡绿色交通；按照慢行优先、慢行为导向、快慢分离的发展模式；构建"公交＋慢行"一体化交通出行；发展多元化慢行交通模式；实现交通宁静化。规划中杭州将建成八种类型的步行区，包括中心区步行单元、居住区步行单元、混合功能区步行单元、交通枢纽区步行单元、历史街区步行单元、旅游风景区步行单元、文教区步行单元、工业仓储区步行单元。非机动车道网络划分为廊道、集散道、连通道、休闲道等四个等级，初步设计到2020年，杭州将形成"五十九横，六十六纵"共125条廊道网络。同期将建设四个等级的对外换乘枢纽，其中一级枢纽主要是非机动车通道、轨道、大容量公交的换乘；二级枢纽用作一般非机动车道、轨道中途站或大容量公交的换乘；三、四级用于常规公交交通枢纽和一般公共汽车站的换乘。

在《北川新县城道路交通工程设计》中，为保证落实新县城建设"安全、繁荣、宜居、风貌、文明、和谐"的总体方针，为确保施工图设计准确落实关于确保自行车和行人优先通行的规划方案，进行了自行车和行人的详细要素交通工程设计，主要内容包括路段与交叉口的渠化设计、交通管理设施的规划设计、宁静交通区的交通工程措施设计、无障碍设计等相关内容。

（四）公共交通规划中城乡一体化发展的协调

大部委制的调整在管理体制方面解决了城乡公共交通服务一体化的问题，但是在公共交通规划运营管理等层面尚有一定的距离，但问题不可回避地成为地方政府进行规划建设管理方面的任务。

北京在2009年提出建设"公交城市"的目标，提出全方位深化优先发展公共交通的政策措施，以方便广大市民出行、最大限度减少路网交通负荷，推进以轨道交通为骨干、地面公交为主体、步行和自行车等多种交通方式协调运转的绿色出行系统建设，实现交通与城市和谐发展。同时提出推进轨道交通网络化服务工程、地面公交网络化服务工程、交通出行便捷换乘服务工程、步行和自行车交通服务工程、交通出行无障碍工程、城市货运物流配送服务工程六大工程。

上海市在 2009 年进行了第三轮公交改革，提出上海公交行业将逐步实现骨干企业国有控股，形成浦西、浦东、郊区等三大相对区域规模经营、适度有序竞争的公交市场格局，以充分体现和发挥国有资本在公交发展中的主导和支撑作用，突出公交行业的公益性。

在《温州市城市公共交通发展规划》中，面向都市区一体化发展、城乡统筹发展，制订了统一、开放、规范、有序竞争的温州"大公交"的优质客运体系框架，提出了"分区经营、集约化经营、站运分离"的公交市场发展模式，规划了"分区分层分级公交服务网络"布局模式，提出了"骨干客运系统建设推动服务升级、主动性场站建设与枢纽培育、客运系统逐步升级"等公交系统近期行动策略。

三、思考与展望

2010 年的重要话题之一将是对于"十一五"的回顾总结和对于"十二五"的展望，在这其中，机动化和可持续交通的关系、土地使用和交通模式等一些传统本源话题的讨论将不可避免，同时在展望未来过程中，国内特大城市中交通拥堵常态化的一些新趋势也将会把如何通过管理的创新进行缓解的讨论引入更深和更广的关注之中。

（一）公共交通引导城市空间结构的模式将成为焦点

轨道交通在特大城市的快速发展引发了关于土地使用和交通模式转变趋势的关注，尤其在北京、上海等特大城市，快速轨道周边地区的住宅销售吸引力的增强在某种程度上也反映着居民出行方式选择向轨道交通转移的趋势，一方面特大城市交通拥堵状况的加剧导致人们对特大城市蔓延发展担忧的增强，另一方面人们对轨道交通引导城市空间布局调整的期待也在同时增强，这种担忧和期待无疑将引发城市交通规划设计人员更多更深的思考，公共交通引导城市空间布局结构的模式将成为很多城市研究的课题。

（二）绿色交通将从理念逐步进入实践

2009 年中国国内机动化水平的提升在很多大城市成为热点话题，背后的原因不仅仅在于国家汽车消费政策的出台，而主要在于经济发展水平的提升。一方面是机动化来势凶猛引发的现实压力，也就是交通拥堵状况在从特大城市向大城市扩散；另一方面是关于可持续交通的探讨和追求在加强。如何对待机动化和交通可持续发展之间的关系不可避免地将成为持续讨论的话题，绿色交通的理念将逐步步入实践。

（三）交通需求管理将进入实践探索阶段

北京机动车尾号现行措施的实施引发了人们对于小汽车出行和公共交通出行两种方式的双重关注。交通拥堵缓解需要综合的交通管理措施，但这些措施将在某种程度上影响个人对于私人小汽车的使用自由度。替代交通方式的选择无疑压在公共交通方式上，而公共交通的服务水平同样受到交通拥堵的困扰，公共交通管理的改革呼声也日益高涨。交通需求管理的手段必将在特大城市首先进入实践探索的阶段。

（撰稿人：殷广涛，中国城市规划设计研究院城市交通研究所副所长，教授级高级工程师；盛志前，中国城市规划设计研究院城市交通研究所工程师）

2009 年中国城市住房：政策与市场

一、2009 年住房政策

2009 年我国住房政策发展变化的基调是强化住房保障和稳定住房市场。年初出台的土地、金融和房地产相关政策刺激了住房市场的回暖，表达了中央促进住房市场尽快恢复的信心。2009 年初，各商业银行和各地方政府纷纷制定细则，贯彻国办发［2008］131 号文件，七折优惠利率在住房贷款中迅速实施。同时，地方各级政府也出台了相关政策促进住房市场的恢复与重建。

就住房保障而言，2009 年 5 月 13 日，国土资源部发布《关于切实落实保障性安居工程用地的通知》，要求重点抓好城市廉租住房和林区、垦区、矿区棚户区改造，加快编制和修编 2010～2011 年和 2009 年保障性住房用地供应计划，扩大民生用地的比例，确保保障性住房用地的需求。12 月 14 日召开的国务院常务会议，提出加快保障性住房建设，增加普通商品住房的有效供给，继续大规模推进保障性安居工程建设。住房公积金则被赋予了更多元化的用途，如，北京住房公积金管理中心颁布了《关于提取住房公积金支付房租有关问题的通知》，规定职工支付房租可提取住房公积金，购买政府组织建设的政策性住房的职工及其配偶，还可以用住房公积金支付购房首付款。同时，住房公积金闲置资金还被用于支持保障性住房建设。

在稳定住房市场方面，国土资源部明确规定要落实最严格的耕地保护制度和节约用地制度，对土地利用违法问题进行重点督察。从 2009 年 4 月份开始，国内主要大城市住房市场陆续得到恢复，以大型央企为代表的一些主要房地产开发企业着手在全国范围内竞买土地，新"地王"不断诞生。各地政府在加大土地供应的同时加强了对土地市场的规范和监管。住房和城乡建设部、监察部要求加强对建设用地容积率管理情况的监督检查。12 月召开的国务院常务会议决定将个人住房转让营业税征免时限由 2 年恢复到 5 年，从而遏制投机性购房现象。

（一）加强土地市场监管

2009 年 2 月底，国土资源部发布《国务院第二次全国土地调查领导小组办公室关于建立第二次全国土地调查工作动态通报制度的通知》，明确规定要落实最严格的耕地保护制度和节约用地制度，对违反国家产业政策、供地政策或用地标准，搭车用地、借机圈地、侵害农民权益等问题和政策执行不到位的地区进行重点督察。

从4月开始，国内一线城市住房市场陆续得到恢复，以大型央企为代表的一些主要房地产开发企业着手在全国范围内竞买土地，"地王"的地价记录不断被刷新。中国指数研究院的统计数据显示，2009年成交总价排在前10位的地块中，国企独占8席，成交楼面地价前10的企业中，也同样有8席被国企占据。作为应对，各地政府加大了土地供应，同时加强对土地市场的规范和监管。4月24日，住房和城乡建设部、监察部治理房地产开发领域违规变更规划、调整容积率问题专项工作电视电话会议在京召开，要求加强对控制性详细规划修改，特别是建设用地容积率管理情况的监督检查，严肃查处违法违规违纪案件。

（二）住房公积金制度的发展

2009年2月，北京住房公积金管理中心颁布了《关于提取住房公积金支付房租有关问题的通知》，规定职工支付房租提取住房公积金，需提供房屋租赁合同、房租发票或房租完税凭证。支付房租的职工及配偶可以提取本人账户内的住房公积金，提取总额不得超过实际发生的房租支出。该政策的出台有利于住房租赁市场的进一步活跃和低收入人群的住房保障，但私自租房的仍然不能享受到提取公积金的政策。

3月31日，北京住房公积金管理中心发布了《关于购买政策性住房职工提取住房公积金支付首付款有关问题的通知》，规定凡购买政府组织建设的政策性住房的职工及其配偶，均可一次性申请提取职工本人账户内的住房公积金转入职工个人储蓄账户用于支付购房首付款。申请提取住房公积金时，应提供的材料包括：《选房确认单》原件及复印件、开发商开具的加盖公章的购买政策性住房证明、职工本人身份证原件及复印件。

10月，住房和城乡建设部等七部门联合下发《关于利用住房公积金贷款支持保障性住房建设试点工作的实施意见》，标志着闲置的公积金正式被盘活，意味着住房公积金闲置资金用于支持保障性住房建设的试点工作正式启动。住房和城乡建设部公布的《2008年全国住房公积金管理情况通报》显示，截至2008年年末，全国住房公积金银行专户存款余额为5616.27亿元，扣除必要的备付资金后的沉淀资金为3193.02亿元。沉淀资金占缴存余额的比例为26.35%，同比上升3.59个百分点。

（三）廉租住房政策进一步落实

为统筹安排廉租住房建设，2009年5月22日，住房和城乡建设部、国家发改委、财政部联合下发了《关于印发 2009—2011 年廉租住房保障规划的通知》。《规划》要求加大廉租住房建设力度，着力增加房源供应，完善租赁补贴制度，加快建立健全以廉租住房制度为重点的住房保障体系。我国的廉租住房建设全面兴起始于 2007 年，目前仍然处于起步阶段。

2007 年 8 月，国务院发布《关于解决城市低收入家庭住房困难的若干意见》，《意见》明确提出"进一步建立健全城市廉租住房制度"，在全国范围内掀起了廉租房建设的高潮。廉租房作为解决城市低收入者住房困难的有效手段，已经成为中国保障性住房政策体系的中流砥柱。截至 2008 年年底全国还有 747 万户城市低收入住房困难家庭亟需解决基本住房问题。❶

（四）彻查禁建小产权房

2010 年年初，国土资源部部长徐绍史在北京举行的全国国土资源工作会议闭幕时讲话指出，要重点清理"小产权房"。国家和地方相关监管部门多次提示建设和购买"小产权房"的风险，但仍难以遏制"小产权房"的蔓延。就小产权房问题，国务院要求：所有在建及在售小产权房必须全部停建和停售；将以地方为主体组织摸底，对小产权房现状进行普查；责成领导小组研究小产权房问题，拿出相关处理意见和办法。

2008 年 1 月 9 日，国务院办公厅发布《关于严格执行有关农村集体建设用地法律和政策的通知》，严格规范使用农民集体所有土地进行建设，严格控制农村集体建设用地规模。该措施的出台主要是针对部分城市擅自将农村集体用地变成城市用地的"小产权房"等现象。在中国房价居高不下的一线城市，"小产权房"一直处于政策监控的空白。随着小产权房现象的日益严重，是否承认其合法性存在很大争议。小产权房一直处于政府抵制、居民欢迎的矛盾中。但由于这种现象存在的普遍性和高房价的事实使得如何妥善解决其带来的遗留问题仍然悬而未决。

2008 年 8 月 26 日，中国人民银行和银监会联合发出通知，再次重申各商业银行不得向小产权房发放任何形式的贷款的规定。按照通知，四类贷款项目将受到严格控制，包括：①禁止向不符合规划控制要求的项目提供贷款支持，禁止向违法用地项目提供贷款支持；②对于不符合国家标准、未取得国土资源部门用地批复的市政基础设施、生态绿化项目以及工业项目建设，不得予以任何形式的信贷支持；③严格农村集体建设用地项目贷款管理；④严格商业性房地产信贷管理。这个政策使房地产企业融资的门槛更高，银行继续收缩房贷资金，居民购买小产权房的难度增大。

---

❶ 数据来源：《2009—2011 年廉租住房保障规划》，住房和城乡建设部、国家发改委、财政部。

到 2009 年年末，关于如何对待现有小产权房合法性问题的政策仍未出台，未来可能的取向应该是向符合城市规划和消防要求等的小产权房在交纳土地使用费、各项税金的基础上可以逐步发放产权证，而新建小产权房将受到禁止。

（五）二套房贷逐步收紧

2009 年，二套房贷经历了从宽松到逐步收紧的过程。2008 年 12 月 17 日，国务院总理温家宝主持召开国务院常务会议，研究部署促进房地产市场健康发展的政策措施。其中，为进一步鼓励普通商品住房消费，对个人购二套普通自住房贷款予以放宽。对已贷款购买一套住房但人均面积低于当地平均水平，再申请购买第二套普通自住房的居民，比照执行首次贷款购买普通自住房的优惠政策。放宽二套房贷政策，会释放部分购房需求，但刺激作用大小要视后续政策细则决定。

2009 年上半年以来，住房价格不断攀升，涨速加快。不少城市的房价涨到历史最高位。北京、上海、广州、深圳等城市半年内新房均价涨幅超过 20%，二手房平均涨幅大约在 15% 左右。同时，投资性购房比例不断上升，但普通工薪阶层的首次置业人群却被挡在住房市场以外。此外，地王不断涌现，强化了市场涨价预期。为了遏制房价，6 月 19 日，银监会下发《关于进一步加强按揭贷款风险管理的通知》，要求各地银监局、各政策性银行和商业银行严格遵守第二套房贷的有关政策不动摇，要求重点支持借款人购买首套自住住房的贷款需求，不得找借口放弃二套房贷政策约束，也不得自行解释二套房贷认定标准，变相降低首付款的比例成数。

二套房贷政策松动在一定程度上助长了房地产投机、投资行为。中央重申严格执行二套房贷政策的出发点在于防范住房市场风险和金融风险。2009 年年初以来，我国实行了适度宽松的货币政策，由此引起了信贷的高速增长，投资者迅速入市，房价不断上涨，而自住、刚性需求被迫观望。坚持严格的二套房贷政策以及相关的调控政策，坚持住房市场的调控方向，才能使住房价格回归合理的区间。

二、2009 年住房市场

我国住房市场经历了 2006 年、2007 年持续高速增长后，在 2008 年进入了深度调整期，2009 年开始恢复上行。住房开发投资和建设情况出现增长；土地市场出现回暖态势；一手住房和二手住房市场交易量大幅上升，住房价格涨幅较大；住房租赁市场成交量回升，但租金回报低，不及一、二手住房价格涨势。

(一) 住房开发投资与建设

2009年商品住宅投资比2008年有所增长,但增速有所下降。2009年完成商品住宅投资25619亿元,比2008年增长14.2%,增速比2008年下降8.4个百分点;占房地产开发投资的70.7%,比2008年低1.5个百分点。

2009年商品住宅投资中,90m²以下住房完成投资8351亿元,比2008年增长24.1%,占房地产开发投资的比重为23%;经济适用房完成投资1138.59亿元,比2008年增长17.3%,占房地产开发投资的3.14%。

2009年商品房施工面积、新开工面积和竣工面积增幅逐月增加,高于去年同期。2009年全国商品住宅施工面积250804.3万m²,比2008年增长12.5%;新开工面积92463.5万m²,比2008年增长10.5%;竣工面积57694.4万m²,比2008年增长6.2%(图1、图2)。

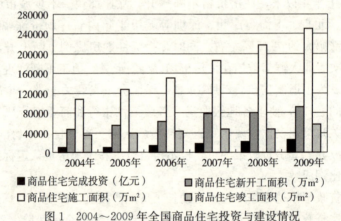

图1 2004～2009年全国商品住宅投资与建设情况

(资料来源:历年《中国统计年鉴》、中国房地产信息网 www.realestate.cei.gov.cn)

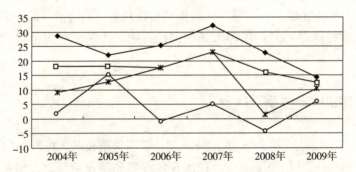

图2 2004～2009年全国商品住宅投资与建设增长情况

(资料来源:历年《中国统计年鉴》、中国房地产信息网 www.realestate.cei.gov.cn)

（二）住房金融市场

根据中国人民银行《中国货币政策执行报告（2009年第四季度）》数据显示，2009年房地产开发企业本年资金来源57128亿元，比上年增长44.2%。其中，国内贷款11293亿元，增长48.5%；利用外资470亿元，下降35.5%；企业自筹资金17906亿元，增长16.9%；其他资金27459亿元，增长71.9%。在其他资金中，定金及预收款15914亿元，增长63.1%；个人按揭贷款8403亿元，增长116.2%。

商业性房地产贷款余额快速增长，但增长结构存在差异。截至2009年年末，主要金融机构商业性房地产贷款余额为7.33万亿元，同比增长38.1%，增速比2008年同期高27.7个百分点，超过同期各项贷款增速6.7个百分点。其中，地产开发贷款超高速增长，2009年年末地产开发贷款余额6678亿元，同比增长104.1%，比2008年年末高98.4个百分点；房产开发贷款回升相对缓慢，2009年年末房产开发贷款余额1.86万亿元，同比增长15.8%，增速比2008年年末高4.6个百分点；个人购房贷款持续回升，特别是下半年增速明显加快，2009年年末个人购房贷款余额4.76万亿元，同比增长43.1%，比2008年年末高33.3个百分点，其中新建房贷款和再交易房贷款增速分别达40%和79%。截至2009年年末房地产贷款余额占各项贷款余额的19.2%，占比较2008年年末高1个百分点。

2009年新增房地产贷款2万亿元，占各项贷款新增额的21.9%，占比比2008年提高11.1个百分点，同比多增1.5万亿元。其中，个人购房贷款新增1.4万亿元，约为2008年的5倍，为2007年的2倍。从新建房贷款新增额与新建住宅销售额的比例关系来看，2009年为26.3%，分别比2008年和2007年提高16个和4个百分点。住房公积金制度是政府为解决职工家庭住房问题的政策性融资渠道，是一般收入居民的住房货币保障制度。近年来，我国住房公积金覆盖率不断提高，已成为居民购房的主要融资渠道。2008年年末，全国住房公积金应缴职工人数为11184.05万人，实际缴存职工人数为7745.09万人，同比增加557.18万人，增幅为7.75%。截至2008年年末，全国住房公积金缴存总额为20699.78亿元，同比增长27.54%。2008年，全国住房公积金提取额为1958.34亿元，占同期缴存额的43.82%，同比增加149.56亿元，增幅为8.27%，全国共发放住房公积金个人贷款131.13万笔、2035.93亿元，占当年缴存额的45.55%。截至2008年年末，累计为961.17万户职工家庭发放个人住房贷款10601.83亿元，同比增长23.77%。2008年年末，住房公积金使用率为72.81%，同比降低1.78个百分点，住房公积金运用率为53.54%，同比降低3.51个百分点。

（三）土地市场

总体上看，2009年一、二季度土地市场热络程度不及2008年同期，但市场已经出现回暖态势。北京、上海、广州、深圳等重点城市土地交易活跃，甚至出现"抢地"现象，总价"地王"和单价"地王"的记录不断被刷新，许多国有大型房地产企业成为"地王"的主力。

2009年土地开发面积和购置面积低于2008年。根据国家统计局公布的数据，2009年全国房地产开发企业完成土地购置面积31906万m^2，比2008年下降18.9%；完成土地开发面积23006万m^2，比2008年下降19.9%。但从2009年各季度的情况看，土地开发速度有所回升。

2009年土地购置费6039.3亿元，比2008年增长0.7%，土地交易价格也有所上升。2009年第四季度全国土地交易价格比2008年四季度上涨13.8%，比2009年三季度上涨8.9%。从各类用地的价格涨幅看：经济适用房用地价格比2008年上涨2.7%，比2009年三季度价格上涨2.7%；商品住宅用地价格比2008年上涨19.4%，比2009年三季度价格上涨13.7%。其中，普通商品住宅用地价格比2008年上涨19.1%，高档商品住宅用地价格上涨18.4%，均呈现2009年以来最高涨幅。

2009年土地拍卖的单价和总价频频被刷新，各地纷纷涌现"地王"。2009年土地成交总价排前10名的地块中，国有企业占8席；成交楼面地价排名的前10名中，国有企业同样独占8席。在宽松的货币政策背景下，品牌开发企业和大型国有开发企业有更为宽松的融资渠道，有更多的资金实力增加优质的高价地储备（图3、图4）。

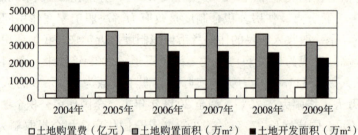

图3　2004～2009年土地购置与开发情况

（资料来源：历年《中国统计年鉴》、中国房地产信息网 www.realestate.cei.gov.cn）

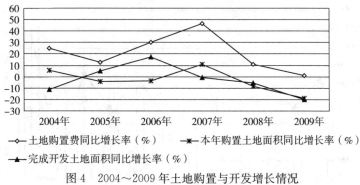

图 4　2004~2009 年土地购置与开发增长情况

(资料来源：历年《中国统计年鉴》、中国房地产信息网 www.realestate.cei.gov.cn)

（四）一手房市场

2009 年住房市场需求旺盛，销售面积大幅增加，销售价格由降转升，涨幅快速增加。

由于受全球金融危机的影响，商品住宅销售面积自 2007 年 10 月至 2008 年年底一直延续负增长态势，2009 年以来才由负转正。之后，商品住宅销售面积增幅逐月增加。截至 2009 年 3 月份，销售面积已回升超过 2007 年的同期水平。

2009 年 1~12 月全国商品住宅销售面积 8.53 亿 m^2，比 2008 年增长 43.9%（图 5）。其中，现房销售面积 2.31 亿 m^2，比 2008 年增长 19.5%；期房销售面积 6.22 亿 m^2，比 2008 年增长 55.7%。期房销售面积同比增长较大，在一定程度上反映了炒房、炒"楼花"现象的普遍存在，住房市场仍存在泡沫。

2009 年全国商品住宅销售额 38157.2 亿元，比 2008 年增长 17733.14 亿元，同比增长 80%（图 5）。其中，现房销售额 8517.8 亿元，同比增长 54.8%；期房销售额 29639.4 亿元，同比增长 88.8%。

新建商品住房价格自 2009 年 3 月出现环比上涨，且涨幅逐月提高。从国家统计局资料来看，2009 年全国 70 个大中城市新建住宅销售价格指数全年环比累计上涨 8.7%。从价格同比看，全国 70 个大中城市新建住宅销售价格指数从 2009 年 7 月开始出现同比上涨，涨幅逐月增加。全年房价同比累计增长 15.1%（图 6）。

分类型看，2009 年全年，普通商品住宅价格环比上涨 11.0%，同比上涨 1.9%；高档商品住宅价格环比上涨 7.3%，同比下降 0.6%；经济适用房价格基本保持平稳，2009 年全年价格同比上涨 0.5%，环比上涨 0.8%。

分套型看，90m^2 及以下的新建住宅销售价格指数从 2009 年 3 月份开始出现环比增长，全年环比上涨累计 10.3%；同比增长从 2009 年 6 月份开始，全年同比上涨累计 35.5%。

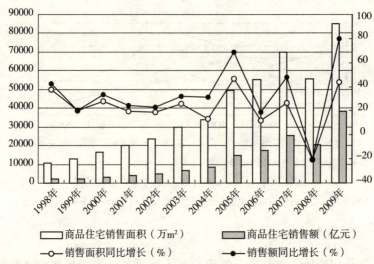

图 5　1998~2009 年全国商品住宅销售面积、销售额及增长情况

（资料来源：历年《中国统计年鉴》、中国房地产信息网 www.realestate.cei.gov.cn）

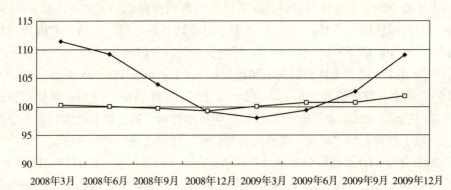

图 6　2008~2009 年 70 个大中城市新建商品住宅价格指数变化情况

（同比上年同月＝100，环比上月＝100）

（资料来源：中国房地产信息网 www.realestate.cei.gov.cn）

分地区看，2009 年 70 个大中城市中有 69 个城市房价累计上涨，新建住宅价格累计涨幅前十位的城市分别是广州（19.7%）、金华（15.0%）、深圳（14.1%）、海口（13.3%）、温州（13.1%）、湛江（13.1%）、北京（13.0%）、南京（11.6%）、宁波（11.4%）、杭州（11.3%）。

2009 年，北京、上海、广州、深圳等一线城市新建住宅价格分别累计上涨 13.0%、9.03%、19.7% 和 14.1%，广州、深圳的住房价格上涨最快，在 70 个大中城市中排名最前。

(五) 二手房市场

2009年房地产宏观调控旨在鼓励住房消费，多项税费优惠政策为二手房市场的运行创造了良好的政策环境，二手房市场交易量大幅增长，价格回升显著。

各地二手房交易量于2009年3月份出现大幅增加，之后二手房市场持续活跃。受个人住房转让营业税优惠政策调整的影响，买方市场为追赶政策的末班车而加紧购房，这使得部分原本计划年后入市的购房者也纷纷将需求提前释放，多数城市二手房成交量在年底出现跃升，交易规模创下近年来的新高。如，2009年北京市二手房成交量大幅度增加，1~12月二手房成交套数为28.1万套，是2008年的3.8倍；二手房成交量在3月份出现跃升，之后每月成交套数均在2万套以上；12月份北京市二手房成交量超过4万套。广州市、深圳市二手房成交量在2009年快速回升。2009年1~11月广州市二手房成交面积为1037万m^2，成交套数为10.7万套，比2008年同期增加68.4%，成交面积超过2007年的同期水平。深圳市2009年1~9月份二手房成交面积达到838万m^2，比2008年同比增加2.3倍，成交量超过2007年的同期水平。其他部分城市2009年二手房交易量大幅增加。如2009年1~11月成都市二手房成交5.2万套，同比增加88%；2009年1~11月郑州市二手房成交24422套，比2008年同期增加1.2倍；2009年1~11月宁波市二手住宅成交3.5万套，约是2008年同期的3倍。

2009年二手住宅价格同比上涨2.4%，涨幅比新建住宅高1.2个百分点（图7）。2009年1~12月二手住宅价格环比累计上涨6.9%，比新建住宅低2.1个百分点。二手住宅价格的变动幅度总体上小于新建住宅，但二者走势基本一致。

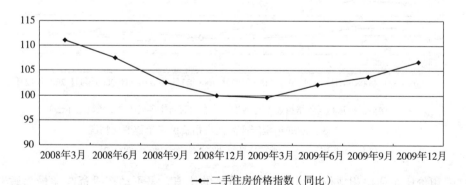

图7　2008~2009年70个大中城市二手住房价格指数变化情况

（资料来源：中国房地产信息网www.realestate.cei.gov.cn）

2009年二手住宅价格累计涨幅最高的十个城市分别是深圳（23.8%）、温州（19.3%）、杭州（14.0%）、厦门（13.0%）、金华（12.9%）、银川（11.6%）、南京（11.0％）、重庆（10.0％）、哈尔滨（9.3％）、大连（8.2％）；累计涨幅最低的十个城市分别是唐山（－1.8％）、呼和浩特（0.3％）、泉州（0.3％）、韶关（0.3％）、石家庄（0.4％）、平顶山（0.4％）、昆明（0.4％）、沈阳（0.6％）、合肥（0.6％）和襄樊（0.9％）。

2009年四个一线城市中，北京、上海、广州、深圳二手住宅价格分别累计上涨2.9％、7.4％、1.3％和23.8％。其中，深圳二手住房价格上涨在70个大中城市中排名首位。

（六）住房租赁市场

我国住房租赁市场在经过2006年的平稳发展和2007年的强势增长后，2008年受到世界金融危机、楼市转冷等因素的影响出现了较大波动，租赁价格呈现下降趋势。2009年全国各主要城市土地及房地产市场出现明显回升，租赁市场总体上也保持回升趋势，成交量回升，但租金回报较低。

2009年住房租赁市场交易量持续快速增长，主要与常住人口增多带来的人口红利以及城市整体经济的不断发展所带动的就业机会增多有关。如北京市2009年住宅租赁成交量较去年同期上涨了近11.4％。

2009年全国各主要城市土地及房地产市场出现明显回升，特别是深圳、宁波、上海等一、二线城市的地价和房价都出现了较大反弹。住宅租赁供应房源相对不足，住房租赁价格同比有所回升（图8），但不及一、二手住房价格涨势。

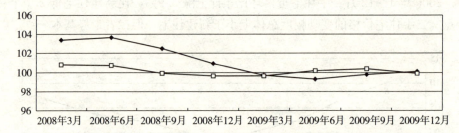

图8　2008～2009年全国商品住房租赁价格指数变化情况

（资料来源：中国房地产信息网 www.realestate.cei.gov.cn）

租价比是住房租赁价格与住房销售价格的比值，是不动产投资收益最为敏感的判断指标，也是衡量不动产市场健康程度的重要参考。近五年来，由于供需失衡引致销售价格相对租金水平的过快上涨，住宅租价比总体呈下降趋势。中国土地勘测规划院、城市地价动态监测分析组日前发布的最新报告显示，2009年北京、上海、深圳、天津、杭州、青岛六个样本城市的住宅租价比分别为3.81％、3.62％、3.75％、3.84％、3.97％、3.37％，均远低于目前4.16％的5年以上个人住房贷款利率，住宅租价比普遍呈逐步下降趋势。租售价格变化未能保持相应速度，表明住宅长期投资者的租金回报收益非常不理想，也在一定程度上反映了租售市场存在失衡，不利于房地产市场持续健康发展。

三、小结

2009年国家出台一系列政策强化住房保障、稳定住房市场，土地、金融和房地产相关政策刺激了住房市场的回暖，同时，地方各级政府也出台了相关政策促进住房市场的恢复与重建。在国家经济刺激政策尤其是宽松的货币政策和通货膨胀预期等因素的影响下，2009年我国住房市场出现回暖态势，出现了投资加快、销售增加、价格快速上涨等新情况。

尽管2009年以来住房市场升温对扩内需和保增长发挥了积极作用，但房价过高、上涨过快引发的诸如住房投机等一系列问题也暴露出来，将不利于房地产行业发展和国家宏观经济金融稳定。因此，2009年年末政府连续出台多个新政策，提出"遏制"房价、打击投机行为的政府基调，以此调控住房市场。在未来一段时间内，住房市场调控仍将以"稳"字优先，坚持增加供给和抑制不合理需求并举，把鼓励首次置业需求、保护二次改善需求和抑制投资投机需求作为制定下一阶段住房政策的基本方针。同时，将继续大规模发展保障性住房建设，计划建180万套廉租房和130万套经济适用房，允许各地政府根据实际情况适当放宽和调整购买经济适用房人群的收入标准。此类政策将在2010年继续延续。

（撰稿人：梁航琳，博士后，清华大学建筑学院，住宅与住区研究所；卫欣，博士后，清华大学建筑学院，住宅与住区研究所；张杰，教授，清华大学建筑学院；邓卫，教授，清华大学建筑学院）

2009年城乡规划督察工作进展

城乡规划是政府指导和调控城乡建设和发展的基本手段，只有确保经审定的城乡规划的严格实施，才能保障城乡建设科学发展。

城乡规划督察制度是完善城乡规划层级监督机制的制度创新，对于形成城乡规划编制、审批、实施到规划监督的闭合管理、促进城乡规划严格实施具有重要作用。2009年，各级政府高度重视城乡规划督察工作，精心组织，周密安排，推动城乡规划督察工作扎实深入开展，全国城乡规划督察工作取得了积极进展和明显成效。

一、2009年城乡规划督察工作取得积极进展

2009年，根据全国住房城乡建设工作会议对城乡规划督察工作的总体部署，各级政府继续在不同层级扩大城乡规划督察制度覆盖范围，初步形成了覆盖全国的城乡规划层级监督体系。

（一）部派城乡规划督察工作全面展开

根据全国住房城乡建设工作会议关于用三年时间将部派城乡规划督察员派驻到国务院审批城市总体规划的86个城市的目标要求，制订三年工作方案，并根据工作方案完成了2009年第四批部派城乡规划督察员的派遣工作。2009年6月，住房和城乡建设部新聘任17名同志为第四批部派城乡规划督察员，派驻到邯郸、保定、大同、吉林、大庆、无锡、徐州、常州、淄博、泰安、开封、洛阳、安阳、襄樊、荆州、珠海、柳州等17个城市，使部派城乡规划督察员的城市由2008年的34个扩展到2009年的51个，派出的督察员由51名增加至68名，实现了国务院审批总体规划城市中的省会、副省级城市和历史文化名城全覆盖的阶段目标。

同时，为完善城乡规划督察工作机制，部稽查办组织修订了《住房和城乡建设部城乡规划督察员工作规程》（建稽〔2009〕86号），组织开展了《城乡规划督察工作法律基础》的课题研究，组织编写《城乡规划督察员工作手册》，进一步规范督察工作程序。按照部领导关于利用现代技术手段建立规划实施立体式监管系统的要求，在石家庄等28个派驻督察员城市开展了利用卫星遥感技术辅助

城乡规划督察的工作,通过定期分析卫星遥感影像数据,客观准确地掌握城市规划执行中的问题,发现了一些涉及督察事项的可疑变化图斑,拓展了督察线索信息来源渠道,提高了规划督察工作效能。为做好城乡规划督察员后勤保障工作,部稽查办出台了《部派城乡规划督察员公用经费管理规定》,提高了督察办公经费的自给程度,为更独立公正开展工作创造了条件。在各级领导的高度重视和精心组织下,全体城乡规划督察员认真履行职责,扎实开展工作,推动城乡规划督察工作取得了新的进展。

(二)省派城乡规划督察员工作稳步推进

截至2009年年底,全国共有19个省(自治区、直辖市)出台了城乡规划督察制度相关文件。其中,四川省向18个地级以上城市派驻了督察员,河北省分两批向承德等6个省辖市派驻了6名督察员,浙江省向金华和丽水2个省辖市派驻了2名督察员,贵州省设立了27个专职督察员编制,向各省辖市(州、地)政府所在城市派出了巡查与派驻相结合的督察组。新疆维吾尔自治区向9个城市派驻了9名督察员。广东省已经在全省范围内遴选了9名督察员,并申请了专项工作经费,起草了相关文件,准备向珠三角各地级城市派出城乡规划督察员,采取巡察的办法对城乡规划的编制、审批、实施管理等环节进行事前事中的监督。陕西、山西、贵州省等地在贯彻实施《城乡规划法》的地方性法规中写入建立城乡规划督察制度的内容,明确了城乡规划督察制度的法定地位。广西、西藏等地专门成立或指定了城乡规划督察工作机构,明确了工作职责。

(三)市派城乡规划督察员工作开始启动

参照部、省城乡规划督察工作经验,一些设区的城市人民政府开始探索向所辖地级市、县级市(县)派驻规划督察员。成都市正式成立了城乡规划督察专员办公室并配备行政编制40名,并出台相关文件,为规划督察工作的顺利开展提供政策法规支撑。按照规划督察工作满覆盖要求,专员办分别向全市所有县级市(县)都派驻了督察员,驻点开展督察工作,采取参加会议、查阅资料、工作调研、实地走访等工作方式主动发现和及时纠正城乡规划工作中存在的问题。昆明等城市落实了城乡规划督察工作机构编制、工作经费和办公条件,具体人员遴选、派驻工作,以及相关制度建设,正在积极推动中。

二、2009年城乡规划督察工作取得明显成效

2009年,部派城乡规划督察员共向派驻城市政府发出督察意见书5份,督察建议书39份,约见地方政府领导60余次,得到了城市政府主要领导的积极响

应,遏制违法违规行为苗头百余起,纠正了一些城市拟占公共绿地和风景区、拆除历史文化建筑搞商业开发的倾向性问题,强化了地方领导严格实施规划的意识,增强了规划管理部门的执行力,避免了因规划决策失误而造成的损失,维护了城市的公共利益和长远利益。在督察员的督促下,部分城市理顺了规划管理体制,加快了规划的编制报批,进一步提高了规划管理水平。城乡规划督察工作取得了新的成果。

(一)及时制止了一批违法违规行为

一是及时制止了侵占公共绿地进行商业开发的行为。驻四川省某市督察员发现该市某区政府拟将市中心具有应急避难功能的城市公园土地进行房地产开发。这将对城市生态环境、综合防灾等造成不良后果。督察员发现后,及时发出《督察建议书》予以制止。市政府高度重视督察员的建议,迅速作出回应,重新组织对该项目的可行性进行论证,及时发文,明确表示要项目设计单位修改设计,确保150亩公共绿地不被侵占。驻青海省某市督察员发现该市开发区规划违反了城市总体规划,大面积侵占总体规划中的生态隔离绿地进行开发建设,并已着手审批项目。督察员发现后,立即发出《督察建议书》,提醒任何单位都不得擅自调整已经批准的城市总体规划的强制性内容。市政府同意停止执行开发区规划,在总规依程序修订前不在该地块上审批建设项目。

二是及时制止了破坏历史街区、历史建筑进行商业开发的行为。驻广东省某市督察员得知某市历史文化保护区三幢B类保护建筑面临拆除,经过调查核实,立即发出紧急建议予以制止,保护了历史街区的风貌。驻陕西省某市督察员发现该市某单位擅自在国家重点文物保护单位保护范围内进行建设,立即督促市政府在项目初始阶段予以制止,避免了该项目建设对历史风貌的破坏。

三是及时制止了侵占河道进行商业开发的行为。驻陕西省某市督察员发现某市拟在两河交汇处的城市蓝线内建设高层建筑,即建议其另行选址,该建议已得到市规委会的采纳。驻江苏省某市督察员发现两个房地产项目侵占河流防洪堤进行建设,立即发出《督察建议书》,提出限期拆除违法建筑、确保防洪安全的建议。分管副市长作出批示,督促区政府立即纠正侵占河道的行为。之后,市政府将督察建议及处理决定向全市进行了通报。

四是及时制止了破坏风景名胜区资源的行为。驻广西壮族自治区某著名风景城市督察员发现该市为吸引投资,准备调整国家级风景名胜区保护区范围内的控制性详细规划,将部分旅游服务设施用地变更为居住用地,进行大规模房地产开发。督察组认为该项目一旦建成将对风景区自然遗产和景观资源造成严重破坏,即发出督察建议书,市政府正对项目可行性重新组织论证。

（二）有力强化了城乡规划执行力

"规划规划，纸上画画，墙上挂挂，不如领导一句话"。规划实施过程中，往往各种因素交织在一起，无时无刻不在挑战城乡规划的严肃性、权威性。通过开展城乡规划督察工作，各派驻城市普遍意识到执行好城乡规划的重要性。

一是强化了中央省属单位遵守规划管理的意识。驻云南省某市督察员针对一些部门自恃单位特殊性而违反规划进行建设的问题，主动协调地方政府与这些单位建立了沟通机制，并积极宣传《城乡规划法》，强调一切建设活动都必须依法依规进行，促使这些单位提高了遵守法规、尊重规划管理的意识，减轻了规划部门的工作阻力。驻海南省某市督察员针对一些重点项目不履行报建手续就擅自开工建设的问题，以及违反控规强制性指标违规审批项目的问题，向该市政府发出督察建议书，指出问题的严重性，并要求坚决制止此类现象，督促其严格按法定程序进行规划审批。督察员提出的建议得到了市政府的高度重视和积极响应。

二是提高了规划部门的执法效能。长期以来，由于城乡规划的实施监督弱、违规处理软，各个城市普遍存在着房地产开发商和建筑业主通过抢建方式违规增加容积率，造成既成事实，再迫使规划局承认并补办手续。城乡规划督察制度的实施促进了基层规划部门对违法建设的遏制能力，成为规划部门防止自身被动违规的"盾牌"，明显提升了执行力。驻广东省某市督察员通过媒体了解到某市在规划教育用地上违法建起九栋别墅，由于涉及历史遗留问题的处理，当地规划部门感到处理难度很大，督察员通过耐心细致的工作，坚决督促市政府依法拆除了全部违法建筑，提高了规划部门的执法效能。驻江苏省某市督察员针对某单位未取得规划许可进行违法建设问题发出《督察建议书》。该市政府主要领导在督察建议书上批示"尽快整改到位"，目前违法建设已全部拆除，区政府表示将吸取教训，提高规划意识，避免类似情况再次发生。

（三）协助改进了城乡规划管理工作

城乡规划管理工作是一个复杂的系统工程。各地督察员在致力于及时纠正违法违规苗头的同时，也在推动各地规划管理制度化和规范化方面发挥了积极作用。

一是推动地方规划管理体制的理顺。督察员坚决纠正随意下放规划管理权、肢解规划管理职能的行为，督促一些城市收回了市级规划管理权。驻甘肃省某市督察员针对该市下放开发区规划管理权的问题，从当地经济社会发展的实际情况出发，提出了切实可行的督察建议，得到市政府的积极回应。市政府已发文明确以设立开发区规划分局的方式将开发区纳入城市统一规划管理。驻河北省某市督察员在对开发区规划管理问题深入调研的基础上，提出设立规划分局、理顺规划管理体制的督察建议，该市市长批示"要高度重视，认真整改"，目前该市正在落实督察建议。驻黑龙江某市督察员通过积极与市政府和规划部门沟通协调，纠正了该市原计划下放规划管理权的动议，现改为在开发区设置市规划局的派出机构。驻辽宁省某市督察员督促该市将城乡规划实施统一管理纳入了该市新修订的城乡规划条例。

二是推进地方加大了规划编制力度。一些城市根据督察组建议，加快了城市总体规划、近期建设规划和控制性详细规划编制进度和覆盖面，并取得了阶段性成果。驻山东省某市督察员针对某市规划实施中山、泉、湖、河岸被占压的问题，主动与市政府主要领导沟通，提出了要加强城市绿地系统规划修编工作、严格绿线管理的督察建议。市政府高度重视，已责成规划、园林、建委等有关部门研究具体落实措施。拉萨组督察员积极督促所驻城市总体规划的修编、审查、上报工作，2009年该市城市总体规划已获得国务院批准。驻宁夏回族自治区某市督察员从督促地方加快规划编制工作入手，重点督促所驻城市控制性详细规划编制工作，目前该市正在按照控规全覆盖的目标开展控规编制工作。

三是帮助地方妥善处理热点问题。督察员在督促地方政府认真受理投诉举报、维护群众正当权益的同时，也积极支持规划部门工作。通过帮助群众答疑解惑、解决问题等方式，宣传了城乡规划的重要性，促使公众支持依法审批进行的各项城市建设项目。

三、城乡规划督察工作展望

当前，中央明确了以加快推进城镇化来扩大内需的方针。可以预见，今后一段时间，城乡建设将会进入新一轮快速发展的阶段，这就对加强和改善城乡规划的引导调控作用提出了新的、更高的要求。在这样的形势下，城乡规划督察工作也面临着新情况、新问题。在肯定成绩的同时，也要清醒地认识到，我国城乡规划督察制度虽然取得了长足进步，但是与新形势、新任务的要求相比，我国城乡规划督察制度还存在不足。下一步，要在现有工作基础上，加快推进城乡规划督察工作，提高城乡规划督察工作效能，完善城乡规划督察制度，并以此为抓手，全面推进城乡规划实施，保障城镇化健康有序发展。

（一）健全城乡规划层级监督体系

用三年时间，将部派规划督察员派驻范围扩大到国务院审批城市总体规划的所有城市，将省派规划督察员工作覆盖范围扩大至所有地级市和国家级历史文化名城，地级以上城市要向所辖独立行使规划编制管理权的县级市和历史文化名镇派出城乡规划督察员，逐步建立一个覆盖全国的城乡规划层级监督体系。

(二）提高城乡规划督察工作效能

以进一步提高城乡规划督察效能为目标，以增强事前事中制止违法违规行为的能力为主线，加大对督察员培训的工作力度，提高督察员面对新知识、新形势和新情况的分析判断能力，进一步改进和完善工作方式方法，不断提高工作水平和质量，努力在发现问题、分析问题和制止违规苗头等环节上下功夫，确保规划督察工作取得实效。

（三）完善城乡规划督察工作机制

建立各有关方面协同联动、密切配合的督察工作机制。召开全国城乡规划督察工作专题会议，号召各有关方面提高对城乡规划督察工作重要性的认识，切实加强组织领导，确保城乡规划督察工作顺利推进。逐步完善城乡规划督察员管理保障机制，切实做好服务和工作，为督察工作开展提供有力支持。创新规划督察工作方式方法，将传统监督检查方式与运用现代科技手段相结合，全面推广利用卫星遥感技术辅助规划督察工作，建立规划实施立体式监管系统，客观准确地掌握规划执行中的问题。

城乡规划是引导城乡建设和发展的重要公共政策。严格实施城乡规划对于有效配置公共资源，保护资源环境，协调利益关系，维护社会公平，确保城乡可持续发展，具有十分重要的作用。城乡规划督察制度是保障城乡规划严格实施的重要举措，是我们在有序推进城镇化进程中必须坚持的一项制度。我们将继续努力，不断完善城乡规划督察制度，保障我国城乡建设事业健康发展。

附件1：关于印发《住房和城乡建设部城乡规划督察员工作规程》的通知（建稽〔2009〕86号）

附件2：部派城乡规划督察员工作范围扩展情况

（撰稿人：谢晓帆，住房和城乡建设部稽查办公室副主任）

附件1：

建稽〔2009〕86号

关于印发《住房和城乡建设部城乡规划督察员工作规程》的通知

各省、自治区住房和城乡建设厅，直辖市规划局（委），住房和城乡建设部各城乡规划督察员（组）：

为规范住房和城乡建设部城乡规划督察员工作，根据《中华人民共和国城乡规划法》有关规定，我部对《建设部城乡规划督察员（组）试点工作暂行规程》（建稽〔2007〕80号）进行了修订。现将修订后的《住房和城乡建设部城乡规划督察员工作规程》印发给你们，请贯彻执行。

附件：住房和城乡建设部城乡规划督察员工作规程

二〇〇九年五月十三日

住房和城乡建设部
城乡规划督察员工作规程

第一条 为加强对国务院审批的城市总体规划、国家级风景名胜区总体规划和有关方面批准的历史文化名城保护规划的监督管理,规范住房和城乡建设部城乡规划督察员工作,根据《中华人民共和国城乡规划法》的有关规定,制定本规程。

第二条 本规程适用于住房和城乡建设部城乡规划督察员工作。

第三条 本规程所称城乡规划督察员(以下简称"督察员")是指由住房和城乡建设部派驻指定城市执行城乡规划督察任务的工作人员;城乡规划督察组(以下简称"督察组")是指由若干督察员组成的工作小组。

第四条 住房和城乡建设部稽查办公室(以下简称"部稽查办")负责城乡规划督察员管理工作。

第五条 督察员主要对下列事项进行督察:

(一)城市总体规划、国家级风景名胜区总体规划和历史文化名城保护规划的编制、报批和调整是否符合法定权限和程序;

(二)城市总体规划的编制是否符合省域城镇体系规划的要求,是否落实省域城镇体系规划对有关城市发展和控制的要求;

(三)近期建设规划、详细规划、专项规划等的编制、审批和实施,是否符合城市总体规划强制性内容、国家级风景名胜区总体规划和历史文化名城保护规划;

(四)重点建设项目和公共财政投资项目的行政许可,是否符合法定程序、城市总体规划强制性内容、国家级风景名胜区总体规划和历史文化名城保护规划;

(五)《城市规划编制办法》、《城市绿线管理办法》、《城市紫线管理办法》、《城市黄线管理办法》、《城市蓝线管理办法》等的执行情况;

(六)国家级风景名胜区总体规划和历史文化名城保护规划的执行情况;

(七)影响城市总体规划、国家级风景名胜区总体规划和历史文化名城保护规划实施的其他重要事项。

第六条 督察员履行职责应当遵守以事实为依据、以法律法规及法定规划为准绳的原则,忠实履行督察工作职责,不妨碍、不替代当地政府及其规划主管部门的行政管理工作。

第七条 督察员的主要工作方式:

（一）列席城市规划委员会会议、城市人民政府及其部门召开的涉及督察事项的会议；

（二）调阅或复制涉及督察事项的文件和资料；

（三）听取有关单位和人员对督察事项问题的说明；

（四）进入涉及督察事项的现场了解情况；

（五）利用当地城乡规划主管部门的信息系统搜集督察信息；

（六）巡察督察范围内的国家级风景名胜区和历史文化名城；

（七）公开督察员的办公电话，接收对城乡规划问题的举报。

第八条 督察员使用的督察工作文书包括《住房和城乡建设部城乡规划督察员督察建议书》（以下简称"《督察建议书》"）和《住房和城乡建设部城乡规划督察组督察意见书》（以下简称"《督察意见书》"）。督察工作文书应以有关法律、法规、政策、强制性标准以及经过批准的城乡规划为依据，说明被督察对象违反相关法律法规、城乡规划等的具体内容和条文，并提出整改意见。

《督察建议书》和《督察意见书》稿纸由住房和城乡建设部统一印制。

第九条 督察员发现涉及督察事项的违法违规行为或线索时，应及时报告所在督察组。

（一）对情节较轻的违法违规行为或对规划实施影响较小的问题，应起草《督察建议书》，报督察组组长同意，由督察员加盖印章并签字后向相关城市人民政府发出，抄送其同级人大常委会、省级城乡规划主管部门，并抄报部稽查办。

（二）对情节较重的违法违规行为或对规划实施影响较大的问题，督察组应集体研究起草《督察意见书》并报部稽查办。部稽查办商相关司局并报部领导批准，再由督察组组长加盖印章并签字后向相关城市人民政府发出，抄送其同级人大常委会和省级城乡规划主管部门。《督察意见书》须明确要求被督察对象在20个工作日内向督察组反馈意见。

（三）对于情节严重的违法违规行为或对规划实施造成重大影响的问题、需要住房和城乡建设部直接查处的，督察组应及时向部稽查办提交书面报告。

第十条 督察工作文书的跟踪督办：

（一）《督察意见书》必须跟踪督办，《督察建议书》由督察组组长视情况决定是否跟踪督办。

（二）对列入督办范围的督察工作文书，应密切跟踪并及时收集有关情况向部稽查办报告。

第十一条 定期报告和年度总结：

（一）督察员应每月向督察组报告督察工作情况。

（二）督察组应每季度向部稽查办书面报告督察组工作情况。

（三）督察员与督察组应每年总结督察工作情况，报部稽查办。

第十二条　督察员开展工作时应主动出示《中华人民共和国城乡规划监督检查证》。

第十三条　本规程由住房和城乡建设部稽查办公室负责解释。

第十四条　本规程自公布之日起施行。2007年3月20日发布的《建设部城乡规划督察员（组）试点工作暂行规程》同时废止。

附件2：

部派城乡规划督察员工作范围扩展情况

2006年9月，建设部向南京、杭州、郑州、西安、昆明、桂林6个城市派驻第一批共9名规划督察员，进行试点工作，取得了初步经验。

2007年9月，建设部向南京、杭州、郑州、西安、昆明、桂林、石家庄、太原、沈阳、大连、西宁、兰州、武汉、长沙、贵阳、南宁、福州、厦门18个城市派驻第二批共27名规划督察员，进一步探索工作经验，取得了明显的成效。

2008年9月，住房和城乡建设部在前两批试点工作基础上，又向呼和浩特、哈尔滨、长春、济南、苏州、合肥、宁波、南昌、广州、深圳、乌鲁木齐、银川、成都、拉萨、海口、青岛等16个城市派驻规划督察员，使派驻城市增加到34个，督察员人数增加到51名，实现了对全国所有省会城市、副省级城市及计划单列市的全覆盖。

2009年6月，住房和城乡建设部向邯郸、保定、大同、吉林、大庆、无锡、徐州、常州、淄博、泰安、开封、洛阳、安阳、襄樊、荆州、珠海、柳州等17个城市派驻规划督察员，使派驻城市增加到51个，督察员人数增加到68名。

2009 年规划信息化建设最新进展

在住房和城乡建设部的领导下，经过 20 多年的发展，城乡规划信息化走进了一个崭新的时代。2009 年，全国各地积极开展规划信息化建设，已有 200 多个城市建成了空间数据基础设施，近 300 个城市建成了规划审批管理系统，大多数城市政府规划部门通过网站实施政务公开和公众参与，新思路、新技术层出不穷，信息技术已成为带动体制和机制创新、转变行政管理模式、提高行政审批效率和服务水平的重要手段，为实现规划管理的信息网络化、办公自动化、决策智能化、政务公开化和服务社会化发挥着重要的基础作用。2009 年，全国规划信息化在如下几个方面有了新进展。

一、注重体系建设，规划信息化战略研究与发展规划研究逐步深化

与其他行业相比，规划信息化起步早，属于"自主发展"起步，许多的理念、观点和要求多是行业内部多年工作积累的产物。经过 20 多年的发展，城乡规划信息化已逐步从简单的行业技术辅助支撑转化为紧密组织和联系规划管理各项工作的一项系统工程。如何将该项工程做大做强，更好地服务于规划管理和经济社会发展，适应"工业化、城镇化、市场化、国际化、信息化"的新要求，需要对规划信息化建设自身进行深入研究和统筹规划。

2009 年，随着各城市对规划信息化的认识不断深入，各城市认真总结信息化建设的发展历程，研究城乡规划信息化的体系、理论和方法。武汉市开展了城乡规划信息化发展战略研究，形成了《城乡规划信息化发展战略研究报告》，并在 2009 年 4 月 "2009 中国信息化报告会"上发布。《报告》总结了当前规划信息化建设存在的问题，结合数字城市理念和国家对电子政务系统建设的总体要求，研究提出了 "1 个中心、2 项工程、4 类系统、6 项支撑"的城乡规划信息化工作体系，并对框架中的建设目标和内容进行了研究，对数据中心、软件平台、支持措施等核心要素进行了设计。重庆市在回顾其规划信息化建设历史与现状的基础上，总结了当前阶段信息化建设存在的问题，阐述了城乡统筹发展对规划信息化带来的挑战，确立了重庆市近年来规划信息化建设的重点是城乡统筹规划一体化平台的建设。长沙市通过回顾自身规划信息化建设的历史沿革，对已有的城乡规

划信息化建设状况进行总结和分析，将整个规划信息化建设的历程划分为3个阶段，即初级阶段（即计算机辅助设计和审批）、中级阶段（即规划电子政务）、高级阶段（即先进技术全面介入和支持城乡规划管理）。论证提出，长沙市规划信息化正处在中级阶段，高级阶段是其未来的发展趋势。河北省建设厅开展了以省级为单位的"数字规划"研究，拟定了《河北省数字规划建设方案》，标志着河北省全省统一的规划信息化建设拉开了序幕。

二、强调资源整合，规划信息化建设由单个系统开发向综合服务决策发展

规划信息化建设初期的主要任务是针对规划管理的某一项工作或某一类业务，开发一个独立的系统来满足业务工作的需求。随着社会经济和城市建设的不断发展，城乡规划工作逐步深入，要求用信息化的手段来统筹城乡规划管理的全过程。当前的任务是如何对已有的信息系统进行集成，对相对分散的数据进行清理和整合，充分发挥信息化成果的整合价值，更好地为规划管理工作服务。

2009年，许多城市开展或完成了系统和信息整合工作，信息化成果的应用逐步由"办公自动化"向"综合服务决策"发展。天津市建设并实施了"一网通"工程，以计算机网络为载体，以地理信息系统为支撑，以规范标准管理为依托，以城乡规划信息资源为基础，综合利用计算机、网络、通信、3S等技术，构建全市规划管理一体化作业平台和信息保障系统，实现全市域、全系统、全过程的统一作业、统一监管和统一服务，是集效率、质量、廉政、服务为一体的空间化、数字化、网络化、智能化和可视化的城乡规划管理平台。武汉市建立了规划管理电子化协同办公平台，在充分整合已有电子政务系统和数据的基础上，实施了覆盖主城区和远城区、集业务办公和机关事务管理于一体的电子化工作协同机制，具有工作全覆盖、信息全整合、监控全过程、城乡一体化、审查智能化、公开最大化和共建共享全局化等特点，有效支撑了市区两级规划管理工作，提高了工作效率。南京市开发了"数字规划"信息平台，以核心业务"一书两证"审批为主线，在梳理、整合和优化现行城乡规划管理全过程业务流程的基础上，建立了一个业务覆盖、管理创新、系统集成、结构优化、资源整合、高效便捷的大信息平台，通过充分利用新技术，实现南京市规划管理的全面化、数字化、集成化和智能化。济南市完成了"一张蓝图"规划信息化建设工程，通过开展规划信息资源整合和信息系统建设，充分利用现代信息技术，建立以规划信息资源管理、电子政务、信息服务为主要目标，形成能够服务全市发展、引导各项建设，互通、高效、集成、一体的城乡规划信息系统。

三、开展城市三维建模，规划编制与管理由"二维"向"三维"推进

三维技术的日益发展和成熟，为城乡规划打开了新的视野。三维数字地图用于城乡规划，可对城市空间现状环境进行精确、逼真的测评，使分析过程更为直观、高效。通过将建筑方案的三维模型置于统一坐标系的虚拟城市环境中，使规划管理从单一项目审批转变到对城市空间形态的统筹研究，提高规划管理的科学性和城市的持续发展能力。

2009年，武汉、深圳、重庆、广州、济南、烟台、苏州、南宁、长沙、宁波等一批城市开展了三维建模工作，应用三维技术加强了城乡规划管理。武汉市完成了全国首个特大城市级三维模型建设工程，建立了覆盖全市的三维数字地图系统框架和中心城区 $450km^2$ 的精细模型建设，形成了"一套标准、两个平台、三项研究、四张图"的建设成果，在城乡规划编制和管理工作中实现了常态化应用。受住房和城乡建设部委托，主持制定了行业标准《城市三维建模技术规范》。深圳市开展了城市仿真系统建设，并建立了三维实时漫游系统。同时，深圳规划局将三维仿真与地理信息系统结合，拓展了城市仿真在城乡规划编制中的应用空间，已运用在基本生态控制线三维展示、道路选线、规划选址等方面，为更广泛的信息分析、应用提供了三维真实场景平台。重庆市在电子政务平台的基础上建立了两江四岸三维辅助规划审批子系统，实现了基于网络的三维展示和辅助审批，实现了与电子政务平台的无缝集成和数据共享，可以实现通过三维模型访问政务平台中项目审批信息和办理文书。广州市开展了"数字详规"建设，建成了广州市"数字详规"三维仿真规划审批系统和广州市城乡规划三维信息管理平台，在城市设计和重点项目展示中发挥了积极作用。

四、加强公众服务系统建设，规划公示和政务公开促进了城乡规划的公众参与

规划管理是一项公众参与性很强的工作，要求做到政务公开、阳光规划。全国各城乡规划局大都建立了自己的网站，提供政务公开、网上办事和在线互动服务。基于规划工作的特点，规划网站普遍具有图文并茂、社会关注的特点。以互联网络为基础的公众服务系统，作为一种联系政府与公众的桥梁，能够加强政府和社会的沟通，及时传递规划政务信息，接收公众反馈，提高规划的可实施性，化解社会矛盾。

规划网站建设政务公开的力度越来越大，服务的范围越来越广。武汉市对原

国土网站和规划网站栏目信息进行了梳理，建立新网站"数字武汉—国土资源和规划网"。设置了16个主栏目、115个子栏目，把分局、远城区局和事业单位的网站或网页集成在一起，形成了"1+N"的规划网站集群，子站点信息能及时在主网站首页上予以展示。不仅满足了政务公开、网上办事和在线互动的要求，还兼顾了传承武汉文脉、展示规划风采、描绘美好蓝图的规划特色需求。继局长信箱之后，开办了在线QQ，登陆网上会客室，可以实现更直接、更便捷的在线交流，这一新举措进一步加大了政务公开力度，更好地展示规划、服务公众。广州市开始开展网上依申请公开系统的开发工作，分为外网申请、内网审批和业务办理三部分。申请人通过外网进行公开申请，综合处窗口人员在内网进行受理审批，审批通过后转到局业务办公系统内进行办理。该系统的开通，有效拓宽了社会公众依法申请获取信息的途径，进一步保障了公民、法人和其他组织的知情权。

五、加强批后监管，规划信息化由支撑管理审批延伸到管理工作全过程

规划编制和管理审批易、批后管理和动态监管难，是当前城乡规划管理存在的普遍问题，违法建设屡禁难止。加强对城乡规划编制、审批、实施、修改的监督检查是《城乡规划法》赋予县级以上人民政府及其城乡规划主管部门的一项重要职责。为更好地履行这一职责，全国各地都在思考如何引入新思路、新技术来指导城乡规划动态监管工作。

2009年，部分城市积极采用信息化技术，探索实施动态的规划批后监督管理。北京市实行重点项目从规划管理到规划监督的全过程监控，建立了"绿色通道项目库"和"绿色通道项目"受理专用通道，实行项目从规划管理到规划监督的全程监控。武汉市在多年的规划信息化建设成果的基础上，开展了城乡规划动态监管信息系统建设研究，建立了规划执法在线监控平台，开展了规划执法在线监控新技术研究，配置了在线监控硬件设备，构建了规划执法在线监控运行体系，有效解决了建设项目增多与执法人员配备不足的矛盾，实现了对在建项目"天上看，网上查，短信预警"的工作目标，提高了规划执法的现代化水平，对查处"楼高高"等违法案件起到了重要的作用。成都市出台了《成都市行政审批电子监察暂行办法》，通过电子监察系统自动判定异常办件并发出红色纠错信号，并每月对行政机关的行政审批进行效能评估，每月效能评估结果将适时通过政府网站、部门网站和新闻媒体予以公布，并作为全市行政效能暨软环境测评和政风行风评议指标之一进行考核。为全力保障项目实施和推进，成都市还积极创新工作方式，建立了"重大项目动态管理信息系统"，实时呈现和更新重大项目来源、

项目业主、名称、概况、项目进度、办理阶段等重要信息，对这些重大项目进行全程监管。

六、以需求为导向，信息化不断为规划管理审批提供技术咨询服务

建筑规划审批工作是一项政策性和技术性非常强的工作，要求依据上位规划以及国家、地方相关政策规定，对建设单位提供的规划建筑方案和施工图等进行定性、定量的分析、量算。随着城市建设以及建筑行业的发展，建筑规模不断扩大，设计方案越来越复杂，依靠传统的方法对建筑面积进行核算，工作量大，拖累了审批工作人员。同时，随着对人居环境质量的要求不断提升以及维权意识的增强，住宅的建筑日照矛盾日益突出。因此，亟需采用新技术，针对建筑技术指标和日照情况进行快速、准确的计算与分析。

2009 年，武汉、长沙、石家庄、南宁等多个城市开展了信息化支撑的规划咨询服务工作，大大提高了工作效率和服务水平。武汉市通过规划管理"报建通"系统，接收电子报批资料，对规划方案进行自动计算。对建筑规模、容积率与规划条件相差较大的项目，直接返回建设单位从新设计。在审批过程中，通过专门开发的技术指标分析系统，依据国家、地方相关规定，对申报的规划建筑方案和施工图进行详细的计算和校核，准确地计算用地面积、建筑面积、容积率等开发强度指标，出具技术校核报告。根据国家对住宅户型比例的要求，还能够分别计算 90m^2 以下户型及 90m^2 以上户型的数量与比例关系。还建立了日照分析系统，对住宅项目进行日照计算与分析。石家庄市也开展了日照分析工作，建立了与 GIS 衔接的日照分析工作流程，通过将日照采集作业信息的空间化，建立了日照分析成果电子档案，实现了日照分析数据的统计、分析及空间定位功能。长沙市、南宁市等的城乡规划行政主管部门也都开展了信息化支持的技术指标核算工作，及早核对和确认规划控制指标是否满足要求，避免后续调整的困难及不必要的纠纷。

七、规划信息化不断外延，由"系统内部服务"向"社会化服务"的过渡，"数字规划"逐渐向"数字城市"延伸

过去，城乡规划信息化的主要关注点是系统内的应用，努力通过信息化建设来提高工作效率、提高工作质量、提高工作的透明度、提高工作的标准化和规范化水平，这些目标已经取得了显著成效。城乡规划行业的基础地理信息和专题信息是其他行业、部门建设地理信息系统的基础，如何坚持"数字城市"理念，让其他行业、部门更多地共享（有偿、低偿或无偿）城乡规划信息化的成果，是

2009年各地规划信息化发展的一个重点。城乡规划信息化实践给"数字城市"提供大量的数据源，推动"数字城市"不断向前发展。

武汉市以规划部门为主体开展了数字武汉建设研究，构建了数字武汉空间数据基础设施，建立了武汉市地理空间信息公共平台。通过项目建设，建立了全市域多源、多尺度、多时态的城市空间数据管理平台，提出并实现了跨行业、跨部门、跨平台地理空间信息共享与服务模式，打破了城市不同行业、不同部门间的信息壁垒。项目建设成果在数字化城市管理、城乡规划、国土资源管理、教育、环保、卫生、公安、房管、经济普查、应急指挥等部门和工作中得到了广泛应用，有效地提升了城市管理与服务能力。深圳市建立了数字深圳空间基础信息平台，综合应用不同层次、不同领域的多种技术，建立了多层次、多途径、主动式空间信息在线共享和发布服务模式，适应了不同部门在信息化发展状况差异化条件下，对空间基础信息不同层次的共享需求。空间基础信息平台基于SOA架构的应用服务系统集成模式，实现空间信息与社会经济数据集成、二三维服务集成、海量三维数据在线发布服务，最大程度地屏蔽数据、软件、硬件异构性，实现空间信息服务的普及性。系统所支撑的领域已超过传统的空间信息服务，逐渐向社会化应用领域延伸，这将促使空间基础信息平台综合应用各类成熟技术来满足日益个性化的服务，支撑数字深圳的建设。

八、规划编制信息化不断深入，信息化勘测体系逐步完善

在规划编制领域，规划信息化也得到了广泛应用。许多城市已经从CAD辅助设计过渡到规划编制项目信息化管理。广州市建立了规划编制项目管理信息系统，实现了项目信息的高效采集、加工、传递和实时共享，对项目进度、项目质量进行及时有效的监督检查和信息反馈，对规划成果实现动态入库、更新和共享。天津市建立了城乡规划编制协同工作决策系统，建立CAD与GIS数据相互转化的信息共享平台，实现基于GIS的多元综合规划数据的共享。

为了加强规划编制成果的管理应用，广州、北京、武汉、深圳、济南、苏州等为代表的多个城市还开展了规划编制"一张图"系统建设，实现了规划编制中基础信息、规划依据、规划成果的整合。如武汉市建成的规划编制"一张图"包括"一图三库"，即法定库、现状库、参考库。

规划是龙头，勘测是基础。以3S技术为核心的信息化勘测体系逐步深化。北京、重庆、广州、武汉、南京等城市都建了CORS基准站，实现了GPS快速与准确的数据采集。遥感技术的应用越来越普遍，航空和遥感影像更新周期不断缩短，航测内业生产大大提高了地形图的更新周期。各地基本比例尺地图更新周期越来越快，多个城市实现了1∶2000比例尺地形图的实时更新。

九、行业推动信息化建设力度逐渐增大,行业交流日趋广泛

住房和城乡建设部、中国城市规划协会非常重视城乡规划信息化工作,加大了行业管理力度,先后组织和举办了多次行业交流活动,促进了技术交流。

2009年8月,2009中国城市规划信息化年会在石家庄召开,来自全国50余个城市和地区的规划局、规划信息中心、规划院、高等院校的210余名代表参加了会议。年会以深入探讨规划信息化面临的任务和难点为目的,广泛交流各地在规划信息化建设方面的经验,进一步推动新技术在城乡统筹和新农村建设中的应用和实践。2009年7月,武汉市国土资源和规划局与武汉大学联合主办了第二届三维数字城市建设论坛暨《城市三维建模技术规范》全国专家研讨会。来自35家单位的领导和嘉宾130余人出席了本届大会,围绕城市三维建模技术规范和相关技术及应用主题,先后举办了7场学术报告。

2009年,由中国城市规划协会与武汉市国土资源和规划局联合主办的《城市规划信息化》共发刊6期,编发技术论文35余篇、新闻82篇。该刊物为城乡规划行业搭建了一个交流的平台,对于提高规划行业信息化建设整体效益、促进规划信息化可持续发展具有积极作用。

十、总结与建议

2009年,信息化技术在基础数据采集处理、规划编制、项目审批、批后监管、政务公开以及公众参与等领域得到了比较广泛的应用。通过规划信息化建设,极大地促进了规划管理依法行政和政务公开,加强了对规划管理行政行为的监控和督办,提高了行政效能和工作透明度。通过信息化建设,提高了规划编制的工作效率,提升了城乡规划的科学化和规范化水平,促进了城市管理科学化、民主化和法制化进程。但仍然也存在着许多不足,主要表现为:一是全国统筹不够,缺乏全国性的统一要求和城乡规划信息化骨干工程;二是标准化不够,制约了系统的深化和推广应用;三是信息资源共享不够,存在重复建设现象。

城乡规划信息化今后的发展就是要努力克服上述不足,朝着信息集成共享、智能决策、全过程监控和社会化服务的方向发展,促进规划管理执政能力和服务水平的提高。为此,对下一步工作提出如下建议:一是出台推进全国城乡规划信息化的指导性意见,加强全国城乡规划信息化的统筹、指导和协调;二是启动全国性的"数字规划"工程建设并以此作为城乡规划信息化的骨干工程,逐步建立长效的推动机制;三是建立规划核心数据上报制度,如对城市总体规划、规划用

地现状、"一书四证"等核心数据实行年度上报制度，加强城乡规划工作的动态监管；四是加强新技术、新方法和关键技术的研究与应用，如智慧地球、互联网技术的研究应用等；五是建立全国城乡规划信息化的考评体系，加强对规划行业各部门信息化工作的监管。

（撰稿人：李宗华，博士，武汉市国土资源和规划信息中心主任）

焦点篇
Focus

上海市城市总体规划实施评估

上海，在中国城市发展史上的作用举足轻重，尤其是近代以来，上海在不断的变革冲击蛰伏中寻求发展方向，无论研究城市史还是城市的发展演变规律，城市规划能够在上海这样一个充满故事和关注的城市中进行实践，都是极好的范例，对中国城市规划学科也是一笔宝贵的财富。

近20年的飞速发展，使上海的集聚能力和空间格局受到前所未有的挑战，尤其是城市总体规划确定的近十年来，城市的核心功能和定位被寄予厚望，城市发展的眼界也已经突破中心城区的600余km^2，而在全市域的$6340km^2$中甚至在长三角区域统筹考虑。重点城镇、重大项目和重要基础设施的引导已经大大伸展了城市空间的想象，城市似乎在一夜之间，完成了破茧重生的蜕变。城市的生命是变得更为强壮还是赢弱，城市的运营是更为高效还是滞后，城市生活质量是更为优质还是落后，城市的未来是和谐持续还是昙花一现，当今的格局演变会为我们留下重要的注脚。

一、上海实施城市总体规划的核心内容

近十年来，上海进入全面实施城市总体规划的阶段。2003年上海市政府召开了第五次规划工作会议，提出了总体规划实施纲要和中近期行动计划。同时着重研究探索上海作为特大型城市，如何在国家城市规划编制办法框架下，结合上海特点，贯彻实践总体规划，完善规划编制体系。

上海中心城分区规划和控制性编制单元规划，是上海在实践中的一大亮点，主要是解决总体规划与详细规划之间的衔接。它是对城市总体规划的细化和深化，是编制控制性详细规划的依据，并且起着协调专业规划的作用。分区规划将城市宏观发展目标的原则性指导转化为中观层次规划要素的规定性控制，以使城市局部地区的规划建设更好地综合在城市发展总体战略之中，达到规划建设的整体目标与局部利益、宏观战略与微观策略的统一。

而控制性编制单元规划更是在中国规划领域的独创，单元规划起到了承上启下的作用，对于分区规划的目标和要求进行进一步的分解，落实在以社区行政边界为单元的区域中，作为控制性详细规划的"设计任务书"，对中心城范围进行有效覆盖和无缝衔接，既避免总体规划与下位规划的脱节，也保证详细规划因编

制时序和范围的不一致对总体规划的"漠视"。

中心城的旧城改造,按照增加公共绿地、增加公共空间、降低开发强度、降低建筑高度的基本原则统筹安排(简称为"双增双减")。中心城是指外环线以内地区,总面积约 664km²。根据总体规划确定的"多心开敞"功能布局,结合快速干道、行政区划和黄浦江自然边界,将中心城划分为六个分区。根据网格化管理的要求,按照公共服务设施的服务范围,结合现状街道行政区划,中心城进一步划分为 23 个次分区、109 个社区、242 个控制性编制单元。

通过单元规划的制定,使网格化管理模式在空间上"落地"。在规划体系上形成层级落实、各有侧重的编制体系。

分区层次:确定各分区总量规模协调重大设施布局;

次分区层次:结合行政区划分实施上与各区发展规划衔接;

社区层次:参考街道行政边界划分合理配置社区级社会服务设施;

单元层次:划定单元规划范围确定分配原则和设施配置标准,为单元规划提供依据。

在此基础上,完成了中心城区分区规划。规划将中心城土地开发控制划分为六级强度分区。通过规划技术手段降低住宅和一般公共建筑的容积率指标,降低开发强度,妥善处理发展和控制的关系(图1)。

对于上海郊区的发展引导,虽然在 2001 年的上海城市总体规划包含了区域和城乡统筹理念,但更多关注的是中心城,对于郊区还主要停留在城镇体系框架层面,因此

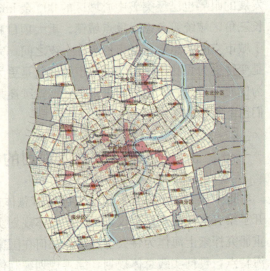

图1 上海中心城分区规划层次结构

以上海各区(县)域的总体规划以及各个层面的城镇规划为基础,充分进行统筹协调,就是对城市总体规划在郊区层面的深化落实。上海作为一个特大型的城市,合理的城乡规划体系是保证其持续发展、健康发展的基础,也是统筹环境、资源、人口、产业、基础设施的必需。

上海郊区常住人口已接近全市的 1/2。从经济总量上看,郊区 GDP 总量已经超过全市的 1/3。在政府财政增量方面,郊区各区县比重已达 63%。郊区工业总产值比重已由 20 世纪 90 年代的 30%,提高到全市总量的 1/2。重大基础设施、重大功能性项目、重大产业基地布局建设都在郊区。上海明确提出要使郊区

成为上海未来发展的主战场、增长级和功能集聚地区。

因此市政府针对上海郊区规划发展,专门印发了《关于切实推进"三个集中",加快上海郊区发展的规划纲要》,提出"人口向城镇集中、产业向园区集中、土地向规模经营集中"(简称"三个集中")。

进入新世纪,在认真总结"十五"期间"一城九镇"试点城镇和郊区规划建设经验的基础上,为进一步强化与长三角城镇群的衔接与联动,带动上海市域和长江三角洲整体发展,经综合考虑人口调控、产业发展、基础设施、资源利用、环境保护等因素,上海逐步形成了市域"1966"城乡规划体系的基本框架(即1个中心城、9个新城、60个左右新市镇、600个左右中心村),实现了城乡规划在市域范围内的全覆盖。

1个中心城。指外环线以内地区,面积约660km^2,主要是完善和强化金融、贸易、信息、交通、管理等功能,大力发展现代服务业。

9个新城。指郊区各区县的政治、经济、文化中心,也是中心城人口疏解和郊区人口向城镇集中的主要方向。9个新城规划总人口约540万,集聚郊区1/2的人口。其中,松江、嘉定和临港(芦潮港)三个新城,人口规模按照80万~100万规划,总人口在270万左右;宝山、闵行区毗邻中心城,规划建设成具有辅城功能的新城区。

60个左右新市镇。指郊区行政管理、公共配套、社会服务等各项功能的基本载体。充分利用市域高速公路节点和轨道交通站点,依托各城镇已有基础和发展优势,规划建设60个左右相对独立、各具特色、人口规模在5万人左右的新市镇。对资源条件好、发展潜力足的新市镇,人口规模按照10万~15万规划。

600个左右中心村。指郊区农民生产、生活和居住的基本单元。考虑基本农田保护和林地建设等要求,以有利于基础设施和公共设施配置为原则,按照合理的耕作半径,科学布局中心村,规划600个左右中心村。每个中心村人口规模约2000人。考虑农业生产的特点和户均耕种面积差异,中心村规模因地制宜,近郊和远郊地区有所区别。有条件的地区,中心村规模可适当扩大。

在"1966"城乡规划体系的指导下,目前郊区各区县总体规划纲要均编制完成,实施方案大部分完成,郊区规划覆盖水平和深度均得到很大提升。

在城乡规划体系的研究确定过程中,城市的各项功能和系统也在不断地深化、细化,以满足指导各项建设的需要。

(一)产业用地布局

以"保障发展、保护资源、优化空间"为目标,全市共规划工业区块104个,面积约790km^2,约占全市规划建设用地总规模的26.5%,规划工业区块新增用地面积227km^2,接近规划建设用地增量的三分之一,以利于为工业可持续发展预留较为广阔的空间。此外，规划工业区块以外的现状建成和已批未建的工业用地，共约 400km²，规划逐步转为其他用地。其中，近 200km² 规划逐步拆除或复垦为农用地。

（二）快速轨道交通

到 2009 年 4 月，上海轨道交通 11 号线南段工程正式获国家批复，至此，上一轮建设规划 11 个条线的近期轨道网络的国家核准工作已全部完成。到 2010 年世博会期间，三纵三横的 6 条线路和 15 座车站为世博园区提供直接服务，11 条线路，超过 400km 的轨道交通网络也将发挥整体运行功能。届时将承担 7000 万人次世博参观客流的 50%。平均高峰日客流 40 万、一般高峰日客流 60 万、极端高峰日客流 80 万（图2）。

（三）骨干路网建设

图 2　上海市城市轨道交通近期建设规划——市域

按照中心城"提升＋均衡"、近郊区"强化＋整合"、远郊区"发展＋引导"的总体策略，完善快速路网、主要干道网、高速公路网和重要干线网体系。预计至 2020 年，高速公路（含快速路）总里程超过 1000km，路网密度为 0.17km/km²，形成"一环、十二射"加"一纵、一横、多联"的路网布局；主次干线总里程达约 2462km。

（四）世博会地区规划

2010 年中国上海世博会，是第一次在发展中国家举办的综合类世博会。以"城市，让生活更美好"为主题。世博展馆总建筑面积近 90 万 m²，可提供 160 处以上外国国家馆、20 处国际组织馆，以及 30 处企业馆，总计可容纳 200 个以上参展单位。规划充分考虑世博会地区历史文化资源和现有工业建筑的保护和利用，红线范围内利用原有工业建筑，改造、置换为展馆和配套服务设施的面积超过 40 万 m²，约占总建筑面积的 20%（图 3）。

图3　2010年上海世博会规划总平面图

（五）虹桥综合交通枢纽规划

虹桥综合交通枢纽地区的规划建设，既是服务国家战略的需要，也是促进长江三角洲地区经济协调发展的需要。虹桥综合交通枢纽及周边区域将建设成为上海面向长三角的商务中心，与陆家嘴金融商贸区相呼应，是上海服务长三角、服务全国的重要载体和上海建设"四个中心"的重要组成部分。虹桥枢纽地区在原有核心区26.3km²的基础上，进一步拓展到86.3km²开展规划研究，以加强规划引导和土地控制（图4）。

（六）历史风貌保护框架

2001年上海市城市总体规划明确，保护历史文化名城的整体风貌和环境，保护历史遗迹，挖掘城市内涵，促进历史与未来相融合，展现上海中西文化兼容并蓄的建筑特色和国家历史文化名城的深厚底蕴。到目前为止，中心城区12片、约27km²的历史文化风貌区保护规划，已全部编制完成并经市政府批准。全市已有四批经批准的优秀历史建筑，共632处，计2138幢。对144条历史风貌道路和街巷，采取多种方式进行总体规划、分类保护，对其中64条道路原汁原味进行保护。郊区确定了历史文化风貌区32片、约14km²的保护范围。目前，郊区历史文化风貌区的保护规划已基本编制完成，并上报市政府批准。目前，金山

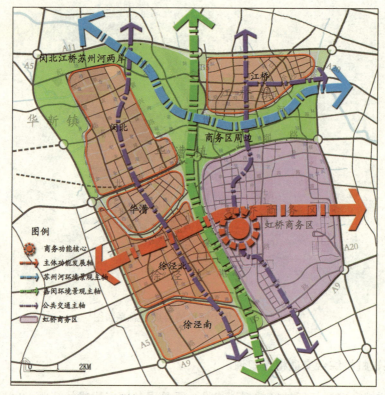

图 4 虹桥枢纽及周边地区 86km² 规划结构图

枫泾镇、青浦朱家角镇、南汇新场和嘉定城厢镇被评为国家级历史文化名镇。

（七）大型居住社区规划

总体规划实施以来，按照坚持"三个为主"、健全"两大体系"的指导方针，加快推进住房建设规划和建设工作，一大批新型居住区相继建成，旧区有计划、成规模改造，市区人均居住面积大幅度提高，截至 2007 年年底，市区人均住房建筑面积已达 32.2m²。

目前积极研究在郊区建设交通方便、配套良好、价格较低、面向中等收入阶层的大型住宅小区的可能性，全面梳理了全市规划住宅建设用地资源的基础数据。从发展条件来看，宝山、闵行、嘉定、松江、青浦、南桥、临港等 7 个新城区位较好、城市发展有基础、住房用地有空间、轨道交通可带动，约 83km² 的土地资源可用于住宅及其配套服务设施建设。结合轨道交通规划建设和嘉定、青浦、南桥、临港等新城建设，初步规划了 9 个大型居住社区，总用地面积约 39.7km²，加快推进大型居住社区的规划建设。

二、城市总体规划实施的效果判断

从上海城市总体规划实施情况来看，总体实施有力，成效明显，为上海城市发展作出了重大贡献，其部分主要目标，包括发展规模、重大道路交通设施等已经提前实现，市域"1966"城乡规划体系框架初步形成。而同时，世博会筹办、黄浦江两岸综合开发、临港新城和虹桥综合交通枢纽建设对上海城市发展和空间格局产生了重要影响，此外全市建设用地规模偏大、用地结构不够合理、工业用地集中度相对较低、郊区工业园区外工业用地布局比较分散、中心城向外呈现蔓延式发展等现象依然存在。

市委书记俞正声也明确指出，上海靠简单的外延发展已经没有余地，创新对上海具有更加深刻的意义。未来上海城市发展必须变"外延式"发展为"内涵式"发展，变"资源驱动"、"资本驱动"为"创新驱动"。应站在服务全国的角度，树立区域发展理念，努力促进经济增长方式转型，聚焦发展现代服务业和先进制造业，打造与之相匹配的城市基础设施和对创新人才具有很强吸引力的城市生活配套服务条件。《城乡规划法》的出台，对上海城市规划提出了新要求。

（一）本轮城市总体规划实施中值得关注的主要问题

1. 人口规划规模已提前实现，但人口分布并不理想

城市总体规划制定的人口发展目标在2000年已经达到，城市建设用地规模在2006年也已经达到。作为规划期限至2020年的全市纲领性规划，其总发展规模的提前实现引发的相关影响需引起必要的关注。

按照总体规划，2020年全市常住人口1650万人左右。2006年上海常住人口为1815.1万人，全市常住人口高速增长的主要原因在于外来常住人口。1995～2006年，上海全市常住人口净增400万人，同期外来常住人口净增357.6万人。全市常住人口增幅为28.3%，户籍人口的增幅仅为3.2%，外来常住人口的增幅达326%。

从人口分布情况分析，一方面中心城距离总体规划人口疏解的目标尚有一定的距离，但是中心城常住人口占全市的比重呈明显的逐年下降趋势；另一方面，近年来，上海郊区人口分布呈现了高增幅地区不断由近郊区向外扩散的趋势，但人口的分布过多集聚在城市近郊区，没有导向规划引导的新城区。

2. 用地规划规模提前达到，但土地使用效率的提升速度落后于土地开发规模增长的速度，建设用地结构尚不够合理

按照总体规划，2020年全市集中城市化地区城市建设总用地约$1500km^2$，折算全市建设用地约$2000km^2$（包括集中城市化地区以外的城市基础设施、农村建设用地等）。

至 2008 年年底,上海全市建设用地约 2860km^2,现状城市建设用地总量已经超过总体规划 2020 年的规划规模。但是,发展效率的提升速度滞后于开发用地的增长速度,地均产出增幅低于建设用地增幅。从 1997 年到 2006 年这 9 年间,上海全市年均增加城市建设用地 112km^2,增加常住人口 39 万人,增加外来常住人口 35 万人,增加生产总值 761 亿元。

该时期,虽然全市 GDP 的增幅高于城市建设用地的增幅,但是城市建设用地产出率的增幅却低于后者。

由于上海城市建设用地结构的突出特点是工业仓储用地的比重过高。从 1997 年以来,主要城市建设用地(居住、工业、公共设施)的比重变化较小,工业仓储用地占已建成城市建设用地的比重始终在 40% 左右,在中心城外更达到了 43.7%。而作为第三产业主要载体的全市公共设施用地的比重始终低于 10%。考虑到郊区存在大量占地规模较大的全市性公共设施用地,如国际赛车场、大学园区等,实际服务当地居民的公共设施用地比重更少。这样用地结构也凸显了上海经济发展结构的转型之难(图 5、图 6)。

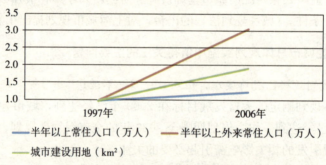

图 5　人口增长与城市建设用地增长情况

图 6　经济增长与城市建设用地增长情况

3. 重新整合上海市域空间结构的需求不断增强

城市总体规划实施以来,中心城以西地区大量规划限定区域内,出现大量城镇外的新增建设用地，使得上海都市建成区空间突破外环线限定的可能性不断增强。如果这一趋势进一步确立，那么未来上海将面临总体空间结构的全面调整。即使不改变整体空间结构，由于存在后续持续健康发展的压力，这些地区同样需要对其空间定位和发展定位予以重新确认。

城市总体规划划定了城市生态敏感区和城市建设敏感区，中心城空间形态主要以外环线沿线的城市建设敏感区以及城市生态敏感区中的楔形绿地的建设控制为主要依托。从1997年到2006年，中心城内的城市建设敏感区内，尽管绿地建设的增幅最大，但是建设用地比重还是从29.6%上升到了62.5%，各类建设用地中，工业用地和居住用地的比重最高，总体占比也不断上升。总体规划在中心城区规划有8片楔形绿地，控制范围69km^2，占中心城总面积的10.4%。与城市建设敏感区一样，中心城楔形绿地的实际建设效果差距较大。考虑到浦西地区规划的楔形绿地地区已经接近完全城市化，因此未来实施难度很大。

城市总体规划市域空间布局结构提出按照城乡一体、协调发展的方针，以中心城为主体，形成"多轴、多层、多核"的市域空间布局结构。

现状基本集中城市建成区呈现较明显的点轴结构布局特征：中心城+黄浦江沿江轴线、沪宁轴线和沪杭轴线。此外，有三条发展轴线呈现明显的发育特征，分别是：中心城—临港轴线、中心城—奉贤滨海轴线和中心城—青浦轴线。但是中心城圈层式空间拓展模式仍在继续，并且浦西甚于浦东。中心城与其西侧新城之间的广大地区内是城市总体规划实施以来，空间拓展幅度最大、地方建设活跃度最高的地区，因此相对城市总体规划，其在空间上的突破程度最大。新增城市建设用地分布和外来常住人口高比重地区在空间上呈高度的正相关性（图7）。

4. 新城发展较快，但"反磁力"作用仍显不足

对照城市总体规划，新城规划常住人口的规模增加了约一倍。同时，部分新城联合新市镇形成了规模更大的"组合式"新城。

但在规模成倍增长的同时，无论是人口的导入幅度还是建设用地的增长幅度都不如中心城近郊区。在一定程度上没有起到抑制中心城无序蔓延的"反磁力作用"。

新城与中心城之间尚缺乏点到点的轨道交通条件以及与中心城交通枢纽之间便捷的换乘条件。新城配套的工业区，由于单一功能占地规模过大，因此就业空间与生活空间融合度不足，一定程度上造成了新城生活区吸引力不足。

5. 城市内外交通体系建设取得了较大成就，但与城市核心功能区之间的衔接还需加强

对外铁路客运系统未能成为区域功能服务的载体，而城市轨道交通系统对核心功能区和城市生活空间的支撑和引导关键又显不足。从既有公共活动中心体系与轨道交通叠加关系来看，四个城市副中心中有三个副中心没能与三线以上汇集

图 7 2006 年现状各行政单位建设用地比重图中发展轴线示意

的轨道交通枢纽结合，陆家嘴金融中心的轨道交通站点密度明显偏低，CBD 地区的综合交通瓶颈已经成为一个突出的问题。规划新建地区的轨道交通线网密度较低，没有体现出规划的导向作用。既有城市轨道交通线网布局过于迁就现状，与规划城市空间引导的结合度不高，导致大量交通和城市功能直接进入城市既有集中地区，一定程度上不利于城市副中心的培育，不利于现代服务业功能的集聚，也不利于城市整体空间结构与交通结构的优化。

既有城市轨道交通网络与市域城镇体系的结合度尚不足。轨道线网更多的是通过线路延长的方法和新城、新市镇结合。但是其同时在新城、新市镇以外均匀设站，一定程度上增加了尤其是新城到中心城之间的出行距离，不利于新城"反磁力"的形成，在市域空间上，也将促进低成本的圈层式都市空间拓展形式，与规划城镇体系的空间导向相抵触。市域级快速轨道线站点被不断加密，已经失去原有市域级快速轨道线的意义；市区级地铁线又被广泛延伸至中心城外，却并没有被上升到市域级快速轨道线的地位。总体规划中轨道线网的分级理念体系的颠覆性调整，将关乎上海未来轨道线网的整体效率以及城镇体系建设目标的真正实现。

（二）对城市发展趋势的理性思考

在经历了近十年高速扩张式的发展之后，随着外延式的发展方式向内涵式的增长方式的转变，上海城市规划的建设方式也将面临两个转变：一个是城市整体开发建设将从侧重发展规模和速度开始向侧重发展效率和质量转变；一个是城市各个系统的建设将从单一的物质空间落地向追求综合效率转变。

一是强化市域空间布局结构，加快推进上海国际金融中心和国际航运中心的战略需求，充分发挥大浦东地区和虹桥商务区的带动作用，构筑市域多中心、多轴线和多层次的城乡空间格局，以东翼浦东南汇一体化区域和西侧嘉青松新城群为核心，引导建立东西两翼的反磁力中心，着力提升和延展上海城市发展的东西主轴，形成集中体现上海现代化、国际化的功能主轴，东部形成上海临海战略产业和亚太国际门户的发展走廊，西部承继沪宁、沪杭两大传统发展轴线，以西翼新城群为核心，辐射长三角地区（图8）。

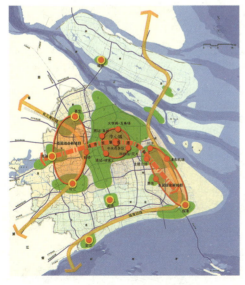
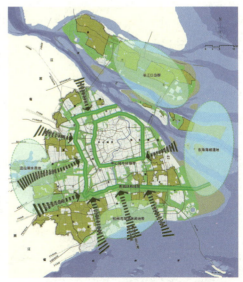

图8　上海空间发展战略结构图　　　　图9　上海生态空间结构示意图

二是强化绿色生态空间体系，维护城市生态安全。通过规划引导和土地调控的双重手段，切实维护上海生态安全。继续强化中心城外环绿带的生态保护和空间维护作用，同时构筑"A30北线－嘉金高速－黄浦江大治河－滨江临海"市域绿环。沿中心城外环绿带、市域绿环向外指状延伸，构建嘉宝、青松等8条放射形市域生态走廊，连接环外20片大型生态保育区，并依托长江口岛群、淀山湖水源地、杭州湾海湾休闲地带和东海海域湿地，形成市域北、西、南、东四大生态源地，构筑城市融合自然的"双环八廊二十区四大源地"的绿色生态空间体系（图9）。

十年间，上海的建设步伐始终在与城市规划赛跑，上海的城市规划始终在面对一个又一个新兴的问题。城乡规划作为一项全局性、战略性和综合性的工作，在调控城市空间资源、指导城乡发展与建设、维护社会公平、保障公众利益的过程中，如何获得更多的支持，如何及时修复自身的缺陷，如何处理创新与坚持、质量与效率、热情与冷静的关系，考验着每个实践者的智慧，希望上海这座充满故事的城市，能赋予规划以海纳百川的气质，塑造出和谐健康的规划价值观。

（撰稿人：俞斯佳，上海市城市规划设计研究院院长）

世博会和虹桥交通枢纽对上海城市发展的影响

一、上海城市发展历程和趋势

(一) 上海城市发展历程

1.《大上海计划》(1929年)

1843年,上海开埠后迅速发展成为远东最大的国际化大都市和工业、金融、商贸中心、文化和航运交通中心。

1929年,成立上海市中心区域建设委员会,负责制定了《大上海计划》、《全市分区及交通计划》和《市中心区域计划》。这些计划吸收了若干欧美城市规划思想,运用中国传统建筑空间的组织方法,是近代上海城市总体性规划的开端(图1)。

图1 上海市中心区道路系统图

图2 城市总体规划草图

焦点篇

2.《城市总体规划草图》(1959年)

新中国成立后,很长一段时期上海都是作为我国最重要的工业基地之一来发展的。

1959年完成的上海城市总体规划提出了"逐步改造旧市区,严格控制近郊工业区,有计划地发展卫星城镇"的总方针。

该规划内容全面,对人口规模、用地规模、住宅建设、对外交通、市内交通、城市绿化、城市建筑面貌都作了深入论证,对上海城市发展方向具有指导意义(图2)。

3.《上海城市总体规划方案》(1986年)

1986年10月,国务院批准了《上海城市总体规划方案》,指出上海是中国最重要的工业基地之一,也是中国最大的港口,重要的经济、科技、贸易、金融、信息、文化中心。这是上海有史以来第一个报经国家批准的城市总体规划方案。

1986年的总体规划特别指出要逐步改变单一中心的城市布局,形成群体组合城市;要有计划地建设中心城、卫星城、郊县小城镇和农村集镇,逐步形成层次分明的城镇体系(图3)。

图3 《上海城市总体规划方案》　　图4 《上海市城市总体规划》

4.《上海市城市总体规划（1999—2020）》

进入 20 世纪 90 年代以后，随着浦东的开发、开放，上海的战略地位、城市布局结构都发生了巨大而深刻的变化。

2001 年 5 月，国务院批复了《上海市城市总体规划（1999—2020）》（图 4）。提出到 2020 年，把上海初步建成国际经济、金融、贸易、航运中心之一，确定上海发展的目标。

规划确定了"多轴、多层、多核"的市域空间结构，以及外环线以内形成"多心、开敞"的城市空间结构。

城市空间布局突破原有中心城的空间，着眼全市 6340km^2，面向长江三角洲，有序引导人口和产业向郊区疏解。主要有两方面：

（1）城市发展方向，突出强调"拓展沿江沿海发展空间"，形成滨水的城镇和产业发展带。

（2）实施以"新城及中心镇"为重点的城镇发展战略。

总体规划对城市经济提出了城市功能重塑的要求，重点是优先发展现代服务业为代表的第三产业，积极调整第二产业。

上海坚定不移地把产业结构调整作为主攻方向，优先发展现代服务业，优先发展先进制造业。2008 年三次产业的结构比例为 0.8∶45.5∶53.7，形成了二、三产业共同推动经济增长的格局。

以金融业为主体、贸易业为先导、其他服务业为基础的第三产业内部各行业均衡发展，房地产业与现代物流、旅游会展、信息咨询等现代服务业实现了跨越式发展。

（二）上海城市发展趋势

1. 空间结构发展趋势

历次城市总体规划均坚持了上海城市空间的总体规划思路和原则：

（1）始终坚持中心城功能优化和有机疏散的基本思路；

（2）始终坚持沿着区域发展基本轴线和区域节点进行城市空间布局；

（3）始终围绕形成清晰城镇体系和相应规划编制体系进行研究和探索。

在建设世界城市目标指引下，未来上海的城市空间结构必须坚持功能优化和有机疏散，构筑多中心的空间体系。

2. 产业发展趋势

上海已经形成了现代服务业集聚于中心城区，先进制造业分布在郊区的基本产业格局。

未来产业发展要把握几个基本方向：

（1）围绕四个中心建设，加快推进现代服务业发展，形成以服务经济为主的产业结构；

（2）高度重视先进制造业与现代服务业间的相互促进关系，为先进制造业发展和自主创新，创造更为良好的服务环境；

（3）抢占产业发展制高点，在巩固传统优势产业的同时，积极培育新兴战略产业。

产业布局上，在进一步提升中心城区国际服务能级的同时，推动郊区新城服务业的发展，打造国际创新基地和区域服务的战略支点。

3. 规划理念发展趋势

（1）参与全球竞争的区域协调理念

在全球化时代，城市的发展应当主动对接周边城市区域，共同参与全球竞争。

（2）落实生态低碳的可持续发展理念

落实可持续发展理念必须思考在维持城市生态平衡的同时，如何规划建设一座低碳宜居的城市。

（3）重视以人为本的社会公正理念

规划要充分体现自己社会公共政策的属性。其基本内涵是充分关注民生问题，强调社会公正。同时尊重市民对规划的参与权和知情权。

二、上海面临的问题和解决思路

（一）国家战略对上海提出的要求

1. 长三角一体化进程的加快发展

2008年9月，国务院发布的《关于进一步推进长江三角洲地区改革开放和经济社会发展的指导意见》中明确"继续发挥上海的龙头作用，加快建成国际经济、金融、贸易和航运中心，进一步增强创新能力和高端服务功能，率先形成以服务业为主的经济结构，成为具有国际影响力和竞争力的世界城市"。这要求上海必须更好地服务与辐射长三角地区，以区域战略的视角来思考全市的空间布局。

2. 国务院对上海的明确要求

2009年3月，国务院发布的《关于推进上海加快发展现代服务业和先进制造业，建设国际金融中心国际航运中心的意见》中明确"推进上海加快发展现代服务业和先进制造业，加快建设国际金融中心、国际航运中心和现代国际大都市"。这是继浦东开发开放之后，上海迎来的又一次历史性重大机遇，对上海"四个中心"的建设起到了极大的推动作用。

在当前全球经济环境面临变革的背景下，基于城市总体规划"四个中心"目标的指导，国家战略层面对上海的发展从区域空间和城市功能上面提出了更加明确的指导意见。

（二）上海发展面临的瓶颈

1. 城市用地呈现"外延式增长"

从总量上看，全市建设用地总量已经接近 2020 年的规划用地指标。和 1997 年相比，建设用地增幅接近一倍。

从余量上看，扣除 2020 年 374 万亩耕地保有量底线和河湖水系面积，城市建设可利用土地资源越来越有限。

从结构上看，现状建设用地中工业用地比重占到了 33%，远高于国际城市 15%～17% 的正常比重。

在资源紧约束瓶颈下，上海城市建设用地即将进入从增量扩张到存量调整的阶段，如何集约节约用地，是下一步发展必须考虑的问题。

2. 城市空间结构亟待优化

当前，环绕在上海中心城外环线以外已形成了 5～10km 宽的城镇连绵带。近郊地区已呈现出和中心城区连绵发展的态势。

在南北方向上，上海中心城与宝山、闵行地区蔓延发展的态势逐步显化。

在东西方向上，中心城外的西郊地区是城市新增建设用地增幅最快的地区。此外，中心城沿沪宁、沪杭轴线延伸，与嘉定、松江呈现用地连绵的态势。

城市形态呈现圈层扩张和轴线延伸的基本特征，集中城市建成区仍以中心城近域蔓延为主，多中心城市结构尚未成形。

3. 城市人口空间分布不尽合理

2008 年年底，上海市常住人口达到 1880 万人，自 2000 年以来，年均增加常住人口 27 万人。外来常住人口增长成为总人口规模扩张的主导因素。

中心城常住人口基本保持稳定，控制在 1000 万人以内。中心城近郊地区是人口高速增长的区域，主要集中在中心城外围四个方向，其中西郊地区连绵蔓延。

规划新城人口增幅要低于近郊区人口扩张，郊区新城的人口导入效应不明显。

中心城近郊地区是近年来用地、人口增长的主要地区。需要进一步思考规划对于人口集聚的导向性作用。

4. 城市产业经济面临转型压力

上海发展导向是"三、二、一"的产业结构。自 2000 年以来，全市经济总量持续增长的同时，产业结构变化不大。第三产业比重没有能显现出明显提升的趋势，第二产业尤其是制造业仍然占据城市经济的近半壁江山。而且城市建设用地扩张仍以工业用地为主（图5）。

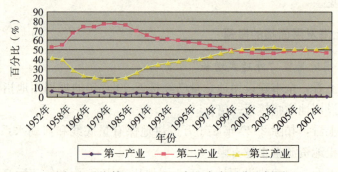

图5　上海第一、二、三产业占有百分比例图

从用地绩效看，很多产业园区存在着投资强度低、产出效率低、开发容积率低的问题。目前全市国家级开发区单位产出效率约为112亿元，市级开发区仅为52亿元。

在国际金融危机的冲击下，上海产业经济发展正承受着很大的转型压力，这也对城市空间发展提出了新的要求。

（三）上海新一轮发展的基本判断

1. 市级层面的基本思路

在资源紧约束的大背景下，上海正处于经济发展转型的关键时期，必须通过结构调整来促进经济发展方式的转变。

在市委九届八次会议上提出"上海的发展取决于现代服务业的发展、先进制造业的能级，取决于城镇化的步伐"。

在具体工作中，一方面是通过金融中心、航运中心和贸易中心建设，推动现代服务业发展，形成以服务经济为主的产业结构。同时提出九大新兴战略性产业领域的发展，实现制造业的高新技术产业化。另一方面是加快郊区

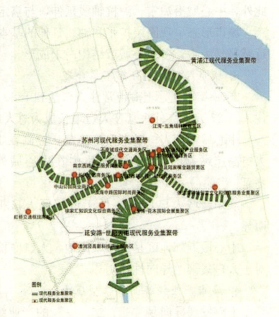

图6　上海现代服务业发展趋势图

新城建设,以此来推进城乡一体化发展,成为未来上海城市空间布局的核心环节之一。

2. 上海现代服务业发展趋势

上海现代服务业的发展主要围绕"四个中心"建设,形成以金融、物流、信息等为代表的现代服务业发展态势(图6)。

上海中心城将建设成为上海面向世界的服务经济主导区域和上海国际经济、金融、贸易、航运中心功能的核心载体。围绕外滩—陆家嘴CBD地区,形成沿黄浦江南北向和延安路—世纪大道东西向"十字"轴线延伸的现代服务业功能集聚带。

3. 上海市域城市群与新城建设

上海作为长三角地区的龙头城市,必须更好地服务和辐射长三角地区,以全新的空间战略视角思考全市的空间布局。随着城际铁路网和高速公路网的逐步完善,城市群的发展模式更加适合未来的需要。

上海城市发展已经到了从外延式扩张阶段向内涵式效率增长阶段全面转变的关键时期。后世博时期的上海空间战略将聚焦于郊区新城。

新城建设应当成为抑制中心城无序蔓延的主要手段,并为上海进一步发展提供巨大的产业发展空间和人口增长空间。

三、世博会和虹桥枢纽的影响

(一)世博会地区和虹桥枢纽地区概况

世博会位于黄浦江两岸,总面积约 $5.28km^2$(图7)。会期约180天,预计共接待参观者7000万人次。

世博会地区后续利用以"国际贸易"和"国际文化"两大功能为核心,形成新型国际贸易功能区和城市文化与公共活动新平台。

虹桥枢纽地区位于中心城西侧,紧邻外环线,核心区面积约 $26km^2$,拓展区约 $60km^2$,是我国东部沿海地区、长江三角洲地区重要的城市综合交通枢纽;是贯彻国家战略、上海服务全国、服务长三角、上海现代化国际大都市建设的重要载体。枢纽运营能力为110万人次/日、4亿人次/年。

(二)世博会举办和虹桥枢纽建设的共同作用

1. 探索未来城市的发展理念和道路

世博会提出以"和谐"作为城市发展理念,包括人与自然的和谐,历史、现在与未来的和谐,以及人与人的和谐。

焦点篇

图7　上海世博会规划总平面图

虹桥枢纽在规划中提出建设"低碳商务社区"的目标，把世博会的理念又推进了一步。这些理念将对上海未来的城市规划和建设产生长远的影响。

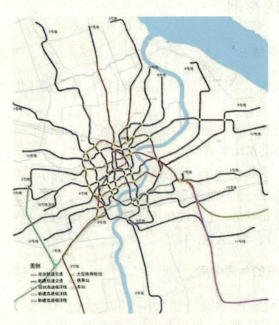

图8　上海轨道交通运营基本网络图

2. 加快现代服务业发展速度

世博会的筹办和虹桥枢纽的建设直接带动了城市商业、会展等服务业的发展。长远看，还将进一步推动信息、旅游、文化等其他服务业的发展，促进产业链的完善和提升，促进"四个中心"的形成。

世博会和虹桥商务区建设作为城市大事件，对城市功能重构和空间重构起到了推进器的作用，使上海的发展获得了一次飞跃。

3. 加快城市基础设施的建设步伐

世博会的吸引力与虹桥枢纽的功能决定了这两项工程必定是全市性和综合性的。为了世博会的顺利

162

举办和虹桥枢纽更好地发挥作用，上海加快了城市基础设施建设的步伐和资金投入力度。

世博会前，上海轨道交通运营里程将超过 400km。此外，将完成数十条城市干道的新建和扩建，并增加打浦路复线、西藏南路隧道、龙耀路隧道等越江通道。

至 2012 年上海将完成运营线路达到 13 条、运营总长度超过 500km 的上海轨道交通基本网络（图8）。

交通及其他基础设施体系的完善将极大地改善上海的交通出行，并为未来的城市发展提供重要支撑。

4. 加大旧区更新的改造力度

世博会与虹桥枢纽两大综合性工程及相关配套的建设为许多污染企业从密集的城市区域动迁出去创造了比较好的条件，从而消除了大量污染源，改善了中心城区的生态环境。企业搬迁留下的空间，有的新建、有的改造，结合了上海产业结构调整的需要。

例如，建设世博园区让 1 万多户居住在危棚简屋中居民的生活条件得到改善，为周边 280 多家企业提升产业结构开辟了空间，并且借机"拔掉"了城市中心区的污染源，最终实现了一举多得。

5. 推动城市中心体系重构

从上海现代服务业的布局看，沿中心城市两轴线（即沿延安西路、世纪大道的东西轴线、沿黄浦江的南北轴线）、多极化发展的态势将形成同构化与差异化并存、互动与竞争交织的复杂竞合状态，而虹桥综合交通枢纽、陆家嘴金融贸易区、世博园区在贸易功能的竞合中尤为突出，未来将形成三大核心区携领众多中小型商务集聚区共同带动上海现代服务业发展的新格局（"3+X"格局）（图9）。

多中心、多核、分工协作的网络结构能更有效地应对全球中心城市功能扩展的需求。

图 9 上海现代服务业发展的新格局（"3+X"格局）

焦点篇

图10　上海商务区布局方案图

通过"一轴两翼"的城市空间发展战略，推动城市空间布局和产业结构调整。

外滩—陆家嘴作为上海国际金融中心的重要载体，核心功能为金融商贸功能；

世博会地区将发挥贸易文化展示的优势，为上海国际贸易中心的载体之一，核心功能为贸易、文化、展示功能；

虹桥枢纽地区将利用枢纽优势，努力打造面向全国和长三角的商务贸易平台，形成国际贸易中心的重要载体之一，核心发展贸易商务服务功能（图10）。

（三）世博会后续开发的独特作用

1. 配合大浦东的开发

大浦东地区新的城市空间拓展和新区的政策优势将有效推动现代服务业和先进制造业的发展。

大浦东地区现代服务业和先进制造业的空间布局将进一步重组优化。在陆家嘴目前已趋于饱和的情况下，世博会地区必将成为新的服务业集聚区。

2. 提升黄浦江的开发品质

随着上海城市功能和空间结构的转变，黄浦江成为连接城市腾飞两翼的中心动脉。黄浦江的整体开发迫切需要新的形象、新的内涵来适应这种提升。

目前，陆家嘴的建设已经基本成形，外滩公共空间、北外滩、南外滩以及徐汇滨江等黄浦江核心区域正在建设。世博会地区是黄浦江两岸所剩不多的宝地，其后续开发必定要承担起书写黄浦江辉煌未来的重任。

3. 推动上海服务贸易水平的提升

上海国际贸易中心的建设正进入关键时期，面临着贸易服务水平提升和由传统贸易向现代贸易服务转型的压力。

服务贸易的发展将引起对商务办公楼宇的大规模需求。但是，随着上海城市的规模、产业和功能不断发展，城市空间日益局促，城市商务区发展空间不足的矛盾越来越强烈。

世博会作为上海现代服务业发展的又一新兴高端集聚区，将吸引大量优质企业总部和专业服务贸易机构入住，对上海的服务贸易产生很好的推动作用。

（四）虹桥枢纽建设的独特作用

1. 加强上海与长三角城市群和全国重要城市的联系

虹桥综合交通枢纽的建设将机场、高速铁路、城际铁路和地铁聚集在一起，会大大缩短上海与其他城市的时间距离，特别是长三角（图11）。

"一日圈"范围扩大将极大地提升上海作为国际都市和区域中心城市的地位。这种改变将对城市群体格局产生重大影响，甚至对区域城市化的发展也会产生很大的影响。

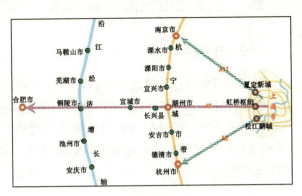

图11 虹桥综合交通枢纽与其他城市的联系

2. 扩展中心城的商务空间

虹桥枢纽的建设带动周边商务区的开发。仅核心区就包含大约400万 m^2 以商办功能为主的建筑群，将缓解未来商务区空间不足的压力。

3. 推动上海西翼城镇组群的发展

上海西部位于沪宁、沪杭交通轴线上的嘉定、松江等城镇的发展主要依托上海中心城面向长三角的经济和交通辐射。虹桥枢纽的建成将加快基础设施建设，提高新城的建设标准，进而推动能级提升（图12）。

因此，虹桥枢纽的建设对于城市西翼城镇组群的发展无疑是一个极大的推动力，有利于重新整合空间资源，更好地服务长三角地区。

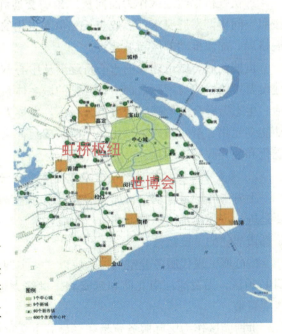

图12 虹桥综合交通枢纽与长三角地区的联系

四、上海城市发展的战略思考

(一) 空间策略

围绕"四个中心"建设和"四个率先"的总要求,以"保障发展、保护资源、引领布局"为基本方针,着眼于长三角协调发展,在彰显国际服务职能、培育国际创新环境、提升城市的品质与活力的同时,强调土地集约节约利用,以"精明增长"的空间智慧促进城市的结构调整,构建起与现代化国际大都市相匹配的城市空间框架。

(二) 聚焦问题

1. 着眼长三角区域协调发展,推进郊区新城建设

在全球化的时代,城市崛起已不单是靠个别城市的实力释放,而是以全球城市区域的空间形态参与国际竞争。上海要构建现代化国际大都市,必须融入长三角城镇群之中,这也是国家的战略要求。

加快虹桥枢纽地区作为面向长三角的交通和商务贸易的门户,以此为契机,按照空间协调发展要求,形成与长三角网络化的城市群结构相适应的市域城镇发展格局,加快推动郊区新城建设。

世博会后,城市建设的重心将逐渐从中心城转到郊区新城。新一轮郊区新城建设要按照构建与国际大都市相匹配的城乡体系的总体要求,以建设"生产、生活、生态"融合的低碳宜居城市为目标,发挥人口"蓄水池"的功能,实现城市功能多元化、空间布局集约化、产业城市融合化、综合交通便捷化、环境建设生态化和公共服务均质化。

2. 注重中心城功能提升,打造国际级中央活动区

上海中心城是推动全市加快形成以服务经济为主体的产业结构的主战场,主要是进一步强化其国际服务的生产职能,打造高端生产性服务业的高地,同时也是都市居住的主要载体。

中心城区现代服务业空间体系应以"一主四副"为骨架,围绕外滩—陆家嘴CBD地区,沿黄浦江南北向和延安路—世纪大道东西向轴线延伸现代服务业功能集聚带。

世博园区作为国际服务贸易和彰显城市文化特质的高地,将有效推动黄浦江滨江地区开发,从而推进上海国际大都市的建设。围绕中心城"十字星形"服务轴线,进一步构建多个以商业中心、消费文化娱乐区、休闲观光中心、国际会务展览中心为主要功能的现代服务业集聚区,培育具有国际性城市功能的生活品质

空间,共同构成世界级城市的中央活动区,成为上海面向国际的金融、贸易等现代服务业的核心载体。

五、结语

上海正处于城市发展转型的关键时期,世博会和虹桥枢纽的建设极大地推动了城市功能提升和产业结构调整,加快了城市建设的步伐,为空间重构和产业升级提供了有力的战略支点。同时,这两大项目所带来的先进理念,也将为上海科学发展提供有效示范,影响深远。"城市,让生活更美好"的世博主题将是城市规划建设者共同追求的理想。

(撰稿人:徐毅松,上海市规划和国土资源管理局副局长)

北京市限建区规划

引言：北京市在编制新一轮城市总体规划时，适应奥运建设等重大发展契机带来的城乡建设快速推进，适时编制限（禁）建区规划，把不宜于开发或不宜于以普通强度开发的城乡空间划出，制定强制性的禁限建和保护措施，把涉及资源、环境和城乡安全的敏感区域以及历史文化遗产的保护落实到空间，保障了快速发展的同时实现可持续的发展，是将城市增长控制理念引入城乡规划领域的一次探索。

一、背景介绍

（一）北京新一轮城市规划概况

北京是我国的首都，是全国政治、文化和国际交流的中心。作为一座有着3000余年悠久历史和850多年建都史的城市，北京是世界历史文化名城和中国的四大古都之一。今日的北京，更已发展成为一座现代化的国际大都市。

但是，随着北京城市建设的快速发展，开发活动遍地开花，城市空间呈现无序蔓延的趋势，越来越多的非建设用地被用为建设用地。北京城市的发展布局受到很多限制性因素的制约。如果在城市规划中，不对它们进行综合考虑，自然资源可能被破坏，严重的环境灾难可能发生，城市可持续发展无从谈起。目前，市场经济快速发展，政府和市场都在控制着城市建设，旧模式下编制的城市规划很难被充分贯彻。在这种情况下，政府应通过科学编制规划，对市场起到引导作用，保证城市合理增长，例如确定究竟哪些地方不能够开展城市建设，哪些地方应该限制开展建设，具体的限制建设条件是什么，以引导城乡建设向良性的方向发展。

限建区规划工作是在北京新一轮城市总体规划编制中逐步深化的一项探索性工作。在《北京城市空间发展战略规划研究》中，定下了北京成为"宜居城市"的发展目标。2004年，在《北京城市总体规划（2004—2020）》编制期间，北京市开展了广泛的专题研究，专题承担单位和主管委办局更新了20多个限建要素，并提出了规划设想。相比战略规划阶段而言，总体规划阶段的限建区规划更加深入，三个层次的限建分区被划分出来。在战略规划中，限建分区总体规划还只停留在概念阶段。而到了总体规划的时候，限建区规划得到了进一步的分析，分区结果被应用到了总体规划的城镇布局当中。但是，各类限建要素的限建要求和限建导则没有来得及深入探究，因此也还达不到指导城乡建设和总体规划之后的各类规划的期望。

作为总体规划的专项规划之一的《北京市限建区规划》（以下简称为限建区规划），是针对国务院对总规的批复而开展的一项重要规划。"限建区"在规划中，是指北京市的范围之中，对于呈一定规模化的城镇、村庄以及各类建设项目中有限制条件的地区，其中包括限制比较严格的禁止建设区，和有条件建设的限制建设区。这项规划的编制和实施，有助于解决城市无序蔓延的问题，促进科学利用城乡土地和空间资源，保证城乡建设有序发展。同时，规划的实施可以为我们保留一些处女地，留作将来开发，从而实现城市和区域生态环境的可持续发展，在保证城乡发展的同时，保护生态资源，避让自然风险，保护历史文化资源。

随着北京城市总体规划的批复，限建分区的概念已经得到业界认可。2005年，建设部组织编写的《城市规划基本术语标准》修订稿中，新增了禁止建设区、限制建设区和适宜建设区的条目，城乡规划中的分区及分区管制的要求也成为修订后的《城市规划编制办法》中的重要内容。

（二）国内相关探索

限建区规划的法定概念是首次在2006年4月1日开始实施的《城市规划编制办法》中提出的，其要求总体规划和中心城区规划应"提出禁建区、限建区、适建区范围，研究空间增长边界，提出建设用地规模和建设用地范围"。禁建区和限建区因而成为城镇建设用地边界制定的重要参考依据，主要起到控制城市增长的作用。2008年1月1日开始实施的《中华人民共和国城乡规划法》明确赋予规划城镇建设用地以控制城市增长的法律地位，城镇建设用地边界内外的开发活动便被划分为"合法"和"非法"两类，规划建设用地的边界是城市规划行政主管部门核发建设用地规划许可证的基本依据。

国内关于限建区规划相关方面进行了较多的探索，各城市的工作侧重点和工作深度也不尽相同。香港在《香港2030年规划远景与策略》中提出，"我们会划出一些发展'禁区'，从而保护一些拥有珍贵天然财产和甚具景观价值的地区"。1998年至今，重庆划定了两批主城内的绿地保护区，分为绝对禁建区和控建区，以控制建设项目，保护园林绿地。无锡市、成都市、厦门市、杭州市以及深圳市近年来开展了非建设用地的相关规划研究工作，对城市建设用地的限制性因素进行了部分考虑。2003年，北京提出了《第二道绿化隔离地区规划》，划定绿色限建区，保证绿化的面积，控制该区域内的建设用地规模，同时，北京中心城确定绿线、蓝线和紫线，也都是限建区规划的一些初步尝试。2005年深圳市提出划定基本生态控制线，主要包括一级水源保护区、风景名胜区、自然保护区、集中成片的基本农田保护区、森林及郊野公园、陡坡地区、河湖湿地、生态廊道和绿地，以及海滨陆域等。2010年，广州市也提出将在珠三角建设1678km 6条区域绿道，用于改善区域生态环境，防止生态用地被城市蔓延蚕食。

（三）国内外差异以及对北京的启示

回眸国外和国内限建区的研究发展历程，可以看出，欧洲国家主要侧重于从单纯的绿色空间划定限建区，和北京目前的做法有些类似。而美国对相关内容的研究则比较深入，城市增长边界已经成为受人追捧的工具，应用到很多州和多个层次的城市规划当中。但是国内，很多城市却依然满足于简单的蓝线、绿线的划定，或者是非建设用地的概念性规划，而很少考虑到对自然灾难进行防治等内容。

《北京城市总体规划（2004—2020）》批准实施后，许多新城正在大规模、快速地进行建设。北京希望建设用地能够有一个科学的布局方式，同时起到保护资源、防范灾难的作用。但是，如果仅仅依赖于已划定的绿化隔离地区、绿线和蓝线，这个目的却是难以完全达到的。而随后开展的限建区规划博采众家之长，充分借鉴了国外关于城市增长边界的思想，又没有墨守成规，而是作了较大的突破，考虑了更多的限建要素，给出了城市扩展的刚性边界和弹性边界，针对城市建设和城市活动，制定了具体的限制性导则。

二、北京市限建区规划的基本情况

该规划的研究对象是北京地区的非建设空间，包括中心城、新城及小城镇城市建成区以外的非建设空间，不包括属于城市建设用地的G类和E类用地。规划的时间范围跨越很大，从2006年一直到2020年，规划深度是1∶25000。所需的基础数据主要包括地形数据、边界数据和限建要素数据等。其中，地形数据主要包括1∶25000地形图、1m分辨率航拍图、数字高程模型、现状道路、现状水系、土地利用现状图（2004年）、城市总体规划图（2020年）。边界数据主要包括市域边界、平原区/山区边界、规划市区边界、区（县）边界、行政镇（乡、街道办事处）边界、行政村边界、水系流域划分边界、生态区划边界、二至六环路。限建要素数据是规划得以开展的重要基础，整体上可以分为16个类别。限建要素主要包括水源涵养、生物多样性保护、农地保护、洪水防治、地质灾害防治、陡坡地区、污染源防护等类别，总计110个。

该规划的总体过程比较清晰。首先通过专题研究、专家调查和公众参与等方式，进行单一限建要素的分析，之后结合限建单元模型，生成限建单元，并给出限建单元的限建导则。继而，根据限建单元，进行建设限制性综合分区，分析指定区域的建设条件，最后形成规划图则。最后所得到的规划图则是规划的最终产品，也就是未来指导城乡规划管理和城乡建设的依据。而要得到它，需要解决很多关键技术，主要包括规划支持系统、限建要素分析、限建单元分析、限建分区和限建导则等。

三、规划方法

北京市限建区规划并不是一项简单的工作，既需要进行大量的空间数据的处理，又需要在各主要工作环节提供专业规划模型的支持。为了支持规划，辅助各主要技术环节的研究，规划编制单位专门开发了北京市限建区规划支持系统。这个系统可以说是众多专业软件的集大成者，它充分结合了空间数据库、地理信息系统和专业规划模型。作为一个具有强大功能的综合性软件系统，它能够完成以下诸多的功能。首先，也是最为基础的，它能够显示基本地理底图，并显示与限建区规划相关的限建要素空间数据。第二，通过它，能够针对与限建规划相关的限建要素空间数据进行空间及属性的查询。第三，它能够根据所提供的专业规划模型，实现相应的科学计算功能，比如限建单元生成、限建分区划定、建设条件分析等。第四，也是在一个更高的层面上，它能够通过生成各限建单元的限建导则，生成指定区域的限建导则，为规划提供有力支持，支持决策的提出。最后，它能够输出成果，完成规划图则的生成、输出和打印。

在规划中，有多达110项的限建要素。需要注意的是，它们的空间尺度不一，重叠现象比较普遍。为了进行限建分区和最终限建导则的制定，规划编制单位综合了所有的限建要素，按照"限建要素分布情况最大相同范围"的原则，进行限建单元的空间计算，生成限建单元图层。

在生成限建单元空间分布图层的基础上，需要根据限建要素的限建导则确定每一个限建单元的限建导则。在这里面，首先要考虑的是限建要素的权重问题。编制单位主要通过向专家进行咨询，或者进行理论上的推导分析，来确定每个限建要素的权重。根据所确定的权重，使用限建单元计算模型，确定限建单元的限建导则。

为了更好地指导北京的城市开发建设，仅仅进行限建单元的计算与分析并不能够完全满足要求。这就需要从建设限制程度的角度出发，考虑相关问题，把整个城市地区的范围划定为不同的限建分区。规划给出的建设限制性综合分区方案，主要从下面三个方面进行，即根据限建要素分区、根据限建指数分区和根据用地类型分区。

根据限建要素分区,需要首先进行限建单元的空间计算和属性分析,之后把所有"限建等级"属性相同的限建单元合并,生成限建分区,包括绝对禁建区、相对禁建区、严格限建区、一般限建区、适度建设区和适宜建设区。这些地区对建设的限制程度依次递减。

所谓的"绝对禁建区",是指在该区域内,任何建设都绝对不能开展。在"相对禁建区"中,与限建要素无关的建设被严格禁止,比如,在饮用水源一级保护区内,禁止与供水无关的设施建设。在"严格限制区"中,存在严格的建设制约因素,对建设项目的用地面积、用地类型、建设强度以及有关的活动、行为等方面的限制较多,难以克服或减缓限制要求与建设之间的冲突。在"一般限建区"中,有一个较为严格的建设制约条件,尽管对建设活动的用地规模、用地类型、建设强度以及有关的活动、行为等方面存在限制,但在特殊情况下,可以通过一些诸如技术经济改造的手段,减轻或是缓解限制要求和建设之间的冲突。而"适度建设区"中,仍然存在一定的建设制约因素,需要通过建设用地规划进行统一管理。在限制程度最弱的"适宜建设区"中,基本上不存在建设制约因素,城乡建设在进行用地选择时,可以重点考虑其他限制条件。

与城市增长边界的概念相比较,限建区规划扩展了城市增长边界的含义,使它包括刚性边界和弹性边界。禁止建设区可以看做城市发展的刚性边界,在其中,建设必须加以严格控制,不能有丝毫违背。而限制建设区则属于城市发展的弹性边界,也就是说在处理相关问题的时候,可以有所变通,可以针对不同的城市发展规模,进行相应的调整,将非建设用地转变为建设用地。

如果想了解该规划的最终成果,主要的途径就是规划图则。在规划支持系统中,规划图则可以自动生成,范围可以是全市域,或是指定区域的1:25000、1:10000、1:2000或任意行列分幅。规划图则的内容包罗万象,主要包括区位分析图、基本地形、行政边界、现状地形图、航拍图、土地利用现状图、城市规划图,以及限建要素、限建单元、限建分区、限建导则、限建指数空间分布等。规划图则所表达的内容可以根据实际的工作需要,进行灵活的取舍。所以,规划图则可以说是该规划最重要的成果,能够为规划管理部门的工作提供参考。

四、该规划的实施效果显著

该规划的实施效果明显。无论是在编制的过程中,还是在报批之后,该规划已经先后应用于诸多规划之中,既包括北京市东部发展带协调规划、北京市西部发展带协调规划、中心城控制性详细规划,又包括9个新城规划(亦庄、顺义、通州、密云、昌平、平谷、延庆、房山、门头沟)、12个镇域规划(阳坊、怀北、旧宫、十渡等),甚至包括像八达岭—十三陵这样的风景名胜区的规划等。

而更重要的是,北京市限建区规划得到广泛应用,在很多方面取得了非常良好的效益。在实践中,它提高了城乡建设用地布局的科学合理性,促进城市空间的理性增长,控制非建设用地向建设用地的演变。在功能上,它进一步促进了科学决策,强化了城市管理,发挥了城乡规划的组织、协调、沟通和监督作用,发挥了规划的服务职能与积极制约、引导作用。而在对未来的影响方面,它更是能够对与公共安全、公共利益相关,以及与资源利用、环境保护、遗产保护、区域协调等相关的问题提出预警。

五、北京市限建区规划的特点

限建区规划是城市规划的一个难点,规划深度和广度上的要求比较高。为此,在对限建区研究的基础上,《北京市限建区规划》涵盖了多方面的工作,是北京空间发展战略规划和北京市城市总体规划的重要组成部分。该规划不仅包括限建要素专题研究、限建区理论分析、限建分区、限建导则编制等,而且包括研究推论和规划支持系统,可谓一应俱全。该规划的特点如下。

(一) 创新性

之所以说该规划具有创新性,首先,它不仅借鉴了国际、国内本领域的研究进展,还针对基础比较薄弱的条件,首次具有创新性地提出了限建区规划的概念。其次,作为一套编制理论体系,限建区规划比较偏重于区域非建设用地的保险和风险避让,可以引导城乡空间布局的科学。第三,它提出并确定了一种新的分类框架,或者说是一种较为系统的、针对城镇建设的限制性要素的分类框架。第四,它提出了适应北京城镇开发建设特点的限建分区模式,以及具体的分区方法。第五,它提出了针对限建要素、限建分区和限建单元三个层次的限建导则。该规划的最后一个亮点在于,采用了国际上最为流行的计算机辅助规划系统,也就是规划支持系统的方法,应用于规划编制的各个阶段,使它能够在之后的规划中得到继续的应用。

(二) 系统性

城乡开发建设存在着许多潜在的影响,需要进行全面的考虑,归结起来主要包括资源保护类和风险避让类两类要素。本规划的考虑对象包罗万象,覆盖了水务、园林、林业、地震、地质、环境、农业、文物、电力等多个专业,最终形成16类110个限建要素。作为限建要素的空间数据集,它们充分体现了城乡建的限制性因素，是北京市、全国，甚至可以说是国际上的历次相关规划中最为全面的一次。所以，它们不仅是本规划的编制基础，体现出本规划领先性的系统性特点，又为今后北京市开展相关工作打下了坚实的基础。

（三）专业性

本规划涉及多个专业的限建要素，为了科学地确定各专业限建要素的空间分布以及对城乡建设的限制性作用，针对现状进行合理的规划，需要多个专业的合作。于是，该规划组织了9个专题研究，由各个专业的科研机构依据本专业的限建要素，提出专业的规划要求，最后再由北京市城市规划设计研究院对各专业的研究成果汇总。在规划的各个环节，每当遇到问题，北京规划院编制组都会及时与专业部门沟通，充分保证了成果的专业性和准确性。在确定规划导则的时候，引用了143项法律、法规、规范和相关研究成果，保证一切都有科学依据可循，进一步体现了本规划的专业性特点。

（四）复杂性

110项限建要素，对于规划编制之前薄弱的数据基础而言，显得比较庞杂，因为在一项限建要素中，为了确定个别对象的空间位置和属性，往往需要进行调研工作。因此，综合起来，调研的工作量极为庞大。与此同时，限建要素中涉及的行政主管部门之间存在部分冲突。因为在确定各个限建要素的限建等级时，常常会影响相应的主管部门的切身利益，想要最终确定限建等级、满足多方主管部门的要求，需要做大量的部门间的协调工作。这些都极大地增加了规划的复杂性。

（五）动态性

规划中涉及的限建要素，无论是空间分布还是限建导则，都不是恒定不变的。在城市发展的不同阶段，限建要素相关专业的研究必将愈加深入。该规划也并不一定是完美的最终规划，在执行过程中必将会有问题暴露出来。因此，该规划需要对基础数据和规定的变动具有较强的适应性。规划编制组充分考虑了规划的动态特征，使得该规划能够根据基础数据、条件的变动，很快地调整成果，体现了很好的动态性。

（六）时效性

北京市限建区规划的编制思路和规划成果已经充分体现于近期建设规划、次区域规划、中心城控制性详细规划、新城规划等诸多规划中，得到了多方的认可。更为难能可贵的是，本研究成果在后续的相关空间规划中，将会有更为全面和深入的应用。本规划的批复，对提高城乡建设用地的科学合理性、促进城乡空间布局的理性增长、控制非建设用地向建设用地的演变，具有极其重要的意义。

该规划的开展，首先，可以充分发挥城乡规划的服务和调控职能，积极制约和引导城乡建设，防止市场失灵。其次，可以促进科学决策，强化对于城市的管理，并且对众多与公共安全、公共利益相关的问题提出预警，包括可能影响到资源利用、环境保护、遗产保护、区域协调等的问题。再次，可以作为其他工作的辅助，为规划管理提供技术层面的支持，为规划编制提供基础资料，为规划审批管理提供备忘。另外，在城市布局方面，该规划能够促进城乡空间的理性增长，控制非建设用地向建设用地的随意性演变。最后，该规划可以对城市空间扩展方向、建设时序等提供建议，并对东西部发展带、新城规划以及总体规划的深化提供参考意见。对于类似村镇拆迁、城市改造、工业搬迁等现状建设区问题，该规划也给出了相应的指导性意见（图1～图5）。

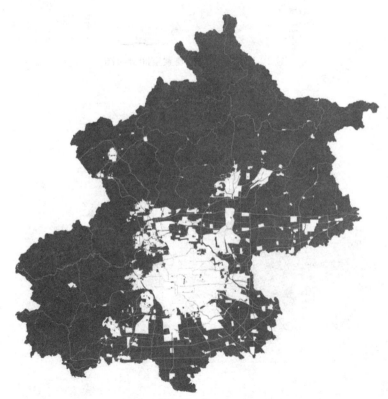

图1　市域非建设空间分布图

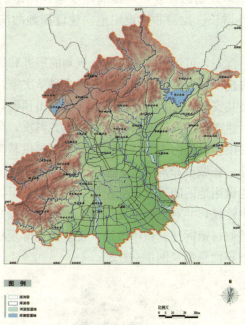

图 2 市域河湖湿地要素空间分布图

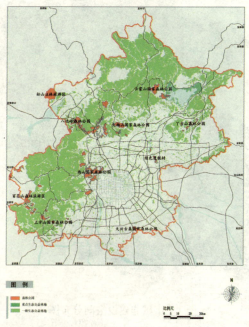

图 3 市域森林公园空间分布图

图4 市域长城保护区空间分布图

图5 北京市域限建分区图

(撰稿人:龙瀛,北京市城市规划设计研究院)

城乡统筹新进展——成都的探索与实践

背景：

2010年，中央连续第7个1号文件聚焦"三农"问题，提出要加大统筹城乡发展力度、夯实农业农村发展基础。从"十六大"首次提出"统筹城乡发展"，到2010年明确提出把统筹城乡发展作为全面建设小康社会的根本要求，中央一系列文件的出台反映了国家对于解决三农问题和破解城乡二元结构的决心和力度。长期以来，在工业化和城市化进程中，我国存在的城乡二元体制，使各种资源快速地向城市聚集，城乡差距拉大，"三农"问题成为制约经济结构调整、发展方式转变的重要症结。如何破解"三农"问题，重构科学的城乡关系？成都作了一些有益的探索和实践。

一、成都的探索与实践（成都案例）

从2003年开始，成都立足于大城市带大农村的区域实际，启动了全面深入的统筹城乡"自费改革"，破解长期以来形成的城乡二元体制矛盾和"三农"问题顽症，推动发展方式根本转变，推进城乡全面现代化。政府全面主抓、关注根本、从系统性着眼，持续推进是成都城乡统筹的特点，在政策和机制方面实现了一系列创新和突破。事实上，成都是全国唯一在城乡快速增长的同时城乡人均收入差距略有下降的特大中心城市。

（一）城乡统筹的成都模式

1. 成都模式

城乡统筹的成都模式可以概括为：以科学发展观为指导，以城乡统筹为总体战略，以三个集中为根本方法，以四大基础工程为推进方式，以六个一体化为途径和目标。

政府主抓，关注根本，系统、周密、渐进推进是成都模式的特点，在城乡统筹战略实施过程中高度重视农民自愿、市场化手段和制度设计的内在组织性，并进行了大量、细致的方案与政策设计和创新。

2. 成都模式的发展历程

成都模式经历了初步探索、根本转变和全面提升三个阶段，是一个逐步深入、由模糊到清晰的历程（图1）。

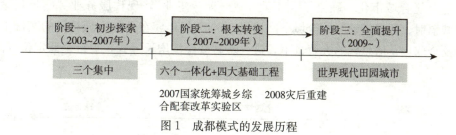

图1 成都模式的发展历程

初步探索阶段将"三个集中"确定为统筹推进城乡一体化的根本方法，通过"三个集中"有效推进要素的合理配置。

根本转变阶段以破除二元分治体制和坚实根基为主要内容，创立"六个一体化"的科学体制，建立起同发展、共繁荣的新型城乡关系；通过农村产权制度改革、农村新型基层治理机制建设、村级公共服务和社会管理改革、农村土地综合整治四大基础工程坚实统筹城乡改革发展的根基。城乡统筹改革成果在2008年的灾后重建中得到充分应用，并提炼出"四性"等村镇规划建设导则。

2009年年底，面对历史机遇、立足现实基础、面向未来发展，成都确立建设"世界现代田园城市"的历史定位和长远目标，全面提升城乡统筹，将城乡统筹改革实践全面推向深化。

3. 成都模式的实质内涵

成都七年城乡统筹发展的实质内涵可以概括为"三主线两抓手"，即以"复合城市化、保障均等化、要素市场化"为主线，以"制度创新"和"规划统筹"为贯穿始终的主要抓手（图2）。

1）复合城市化是动力

城乡统筹的根本动力在于城市化与工业化，只有通过城市化与工业化，才能提高生产效率，为各要素向高生产率地区的流动创造条件。而复合城市化是城市化与工业化、全球化、信息化在时空上的叠加与融合，在空间上的统筹和耦合。

成都经历了全城谋划、全域统筹、全球定位三个阶段，是复合城市化进程的不断跃升和跨越。全城谋划阶段确立了"三中心、两枢纽"的西部地区中心城市的目标，谋划

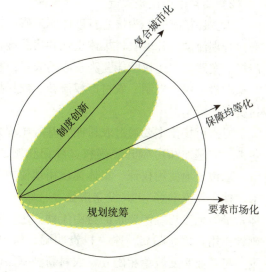

图2 成都城乡统筹模式内涵

城市发展；2003年成都启动了城乡统筹进程，开始进行全域产业统筹，从空间上进行复合城市化，确立了"工业—区—园—主业"，现代服务业"一核集聚、四城辐射、两带带动"的全域空间格局；2009年年底在六年全域统筹的基础上，以及全球化、信息化的大背景下，进一步转变经济增长方式，进行全球定位（图3）。

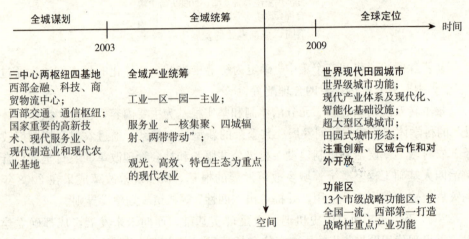

图3 成都西部开发的十年发展阶段

提出建设"世界现代田园城市"的历史定位和长远目标，更加注重创新、区域合作和对外开放，并在全市形成13个市级战略功能区以及几十个区县级战略功能区，按全国一流、西部第一的目标打造战略性产业功能。

2) 要素市场化是关键

以"还权赋能"为核心打破体制障碍，推进市场化进程，使生产要素按市场规律合理流动。开展农村集体土地和房屋确权工作，落实农民对土地和房屋的财产权，实践以"还权赋能"为核心的农村产权制度改革。在"还权赋能"的基础上探索耕地保护机制、农村产权流转、农村投（融）资体制改革等问题，促进农村资源变资本。

要素市场化主要通过农村四大基础工程来实现，农村产权制度改革为农民承包地、宅基地和房屋开展确权、登记和颁证，颁发五证两卡（集体土地所有权证、承包土地使用权证、集体建设用地使用权证、房屋所有权证、林权证，耕保卡、社会保障卡等），并设立市县乡三级农村产权交易中心，使农民成为市场主体，平等地参与生产要素的自由流动，用市场之手，充分发挥市场配置资源的基础性作用，建立归属清晰、权责明确、保护严格、流转顺畅的现代农村产业制度。与产业制度改革相配套，农村新型基层治理机制逐步建立。从2008年开始，推广探索村民议事会、监事会制度，构建起党组织领导、村民（代表）会议或议事会决策、村委会执行、其他经济社会组织广泛参与的新型村级治理机制。

3) 保障均等化是支撑

从政策、资金、实施机制等方面综合性、系统性地解决城乡公共服务的均等化配置，保障城乡居民共享改革发展成果。保障均等化包括公共服务设施一体化、基础设施一体化和管理体制一体化。

公共服务设施一体化：建制镇镇区实行"1+17"的基本公共服务设施配置，非建制镇和农村新型社区实行"1+13"的基本公共服务设施配置，并实行标准化建设。基础设施一体化：县县通高速，村村通水泥路，农村客运通村率98%；实现水、电、气供应，污水、垃圾处理一体化；管理体制一体化：成都对重城轻乡或城乡分治的市政公用、交通、财政、农业、水利等30多个部门进行归并调整，实行城乡统筹的"大部制"，并对户籍制度进行一元化管理，公共财政体系一体化，创新城市支持农村机制，每年土地出让较大部分收益用于支持农村。

(二) 城乡统筹的规划实践

科学规划是科学发展和依法行政的基础。成都的城乡统筹发展战略一开始就鲜明地提出"以规划为龙头和基础"，以科学规划引领城乡统筹和城乡经济社会发展。

通过城乡规划管理"四大机制"改革，❶突出"抓两头放中间"的思路，实现了统筹编制、实施、监督三线，初步解决了城乡统筹规划管理中的体制机制问题，建立起适应城乡统筹工作的规划管理体制。

通过创新城乡规划工作的理念，按照"统领全局、联合组织、统筹布局、有序推进、全域监督"的总体思路，初步实现了以城乡规划引领城乡统筹以及社会经济发展的各项工作。

通过创新城乡规划编制的理念，打破城乡分隔及部门分隔的规划编制制度，将"全局观"、"全域观"贯穿于规划编制的全过程；创新城乡规划体系和地方技术标准体系；开展多层面的规划实践，形成以搭建框架—构建平台—分类覆盖为主线的系列化的城乡统筹规划成果。

二、成都城乡统筹的新进展

通过七年的城乡统筹实践，成都在破除城乡二元分治、城乡共享城市文明、农村产权制度改革等方面取得了较大进展，初步形成了三次产业互动发展，农村

---

❶ 四大机制：统筹的规划编制机制、属地化的项目审批机制、统一的规划监督机制、高效的区域合作规划机制。

居住条件、服务保障、生活水平较大改善，经济社会形成良性互动的局面，并形成了一整套统筹推进城乡发展的体制机制、措施和办法。2009年年底，面对历史机遇、立足现实基础、面向未来发展，成都确立建设"世界现代田园城市"的历史定位与长远目标，全面提升城乡统筹，推进城市跨越发展，将城乡统筹改革实践推向深化。

（一）全面深化城乡统筹，推进城市跨越发展

1. 从全域统筹到全球定位

现阶段城乡统筹主要在成都全域协调配置资源，工业辐射力不足，服务业基础不牢；形成城带乡格局，乡村地区承担基本服务功能。世界现代田园城市在全球范围配置资源，改变目前的产业体系结构，形成以现代服务业和总部经济为核心、以高新技术产业为先导、以强大的现代制造业和现代农业为基础的市域现代产业体系，辐射带动西部乃至全国，进而融入世界，在国际产业分工体系中占有重要的一席之地。成都的新型工业和现代服务业的辐射力将大大提高。同时，乡村地区同样承担战略性产业功能，与城市同为增长核心，例如龙门山生态旅游区将依托雪山、大熊猫、都江堰、青城山等世界级资源打造国际旅游目的地。

2. 从服务均等化到全域现代化

现阶段城乡统筹已初步实现基本公共服务均等化，世界现代田园城市将提升农村地区的现代化水平，形成充分城乡一体的现代化、智能化的基础设施网络，既能体验优美的农村风光，又能享受到和全球直接连接的智能化的通信和信息服务以及"综合化、多层次、复合化"的城乡交通网络。

3. 从特色化到田园化

城乡生态环境从特色化到田园化。世界现代田园城市将形成多中心、组团式、网络化的城乡空间格局，在城乡功能互补的基础上形成现代城市和现代农村特色鲜明又有机融合的新型城乡形态（表1）。

城乡统筹阶段特征　　　　　　　　　　　　　　　　　　　　表1

	现阶段城乡统筹	世界现代田园城市
发展阶段	全域统筹	全球定位
产业功能	城带乡，乡村地区承担基本服务功能	乡村地区同样承担战略性产业功能，与城市同为增长核心
建设标准	城乡基本公共服务均等化	城乡享受同样现代化、智能化的基础设施网络，一体化的交通联系
城乡形态	城镇集约化，农业规模化，一镇一特色	多中心、组团式、网络化的空间格局，田园式景观

(二) 功能提升产业互动，实现城乡协作共赢

1. 三化联动促进三次产业互动发展

遵循现代化有机联系的规律，成都以三个集中推进新型工业化、新型城镇化、农业现代化，促进三次产业互动发展，促进城乡同发展、共繁荣。通过工业向集中发展区集中，走集约、集群发展道路，以工业化作为城乡协调发展的基本推动力量，带动城镇和二、三产业发展，为农村富余劳动力的转移创造条件；农民向城镇和新型社区集中，聚集人气和创造商机，促进农村富余劳动力向二、三产业转移，为土地规模经营创造条件；通过土地向适度规模经营集中，进一步转变农业生产方式，推动了现代农业发展。通过七年的城乡统筹探索，成都已初步形成新型工业集中大发展，一区一主业，现代农业规模化经营、特色化发展、现代服务业高端发展的格局。

2. 以功能区建设提升城乡协作能级

以功能区建设为抓手推进产业结构转型，发展高端产业和产业高端；促进城市功能提升，实现城市功能和产业功能有机融合。成都功能区划分按照整合资源、打破行政区划的总原则，实现了行政单元的满覆盖，充分调动各区市县的积极性；同时强调差异化发展，选择重点地区重点发展。在城乡关系的处理上，充分考虑发展实际，因地制宜地划分功能区，既有全部是城市建设用地的功能区，又包括城带乡、乡促城的功能区。

1) 以生态本底为基础，确立全市总体功能区

基于全市生态本底，将全市域划分为四大总体功能区并明确了相应的空间范围、产业发展方向和城镇布局：一是两带生态及旅游发展区，在充分保证其作为成都市的生态屏障功能需要的前提下，作为成都旅游产业的重点发展区；二是优化型发展区，指以现代农业为基础，现代服务业与先进制造业协调发展的区域，城镇布局体现"城在田中"；三是提升型发展区，指以现代服务业为主导的中心城区，重点是优化调整产业结构，提高城市承载能力，提升城市功能和品质，改善人居环境，形成"园在城中"的城市格局；四是扩展型发展区，指以先进制造业为主导，现代服务业与现代农业协调发展的区域，在保护生态本底的基础上形成"城田相融"的格局（图4）。

2) 城市与产业功能融合，确立战略功能区

基于总体功能分区和总体发展战略规划中确定的国际区域性枢纽中心、国际区域性金融及管理中心、高新技术及先进制造业、旅游、文化创意这五大战略性产业功能，按照"一区一主业"的要求，在市域范围内规划了13个市级战略功能区和48个区（市）县级战略功能区，作为实现成都总体发展战略的重要空间载体（图5）。

焦点篇

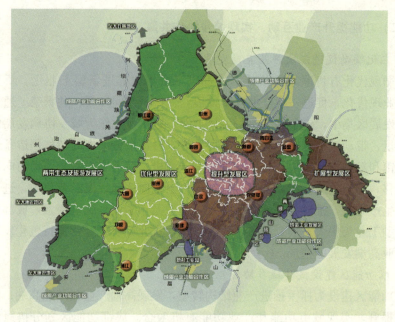

图4 成都总体功能分区

图5 成都市市级战略功能分区

市级战略功能区是成都重要的战略性功能和产业功能载体，采用"一个市领导牵头、多部门联动、整体推进"的模式来重点推进，目前各市级战略功能区正在加紧编制实施规划以指导产业发展和项目实施。

区（市）县级战略功能区是成都重要的产业功能载体，以区（市）县为主体，按照自主配置资源、自主管理、自主发展原则确定并纳入市级重点考核，由区（市）县统筹推进。

（三）银政合作，探索村镇规划建设新模式

金融和规划在实现区域经济发展中均发挥着极为重要的作用，但通常情况下区域经济发展并没有很好地实现二者的结合。成都市和国开行银政合作是指以政府组织优势和国开行融资优势相结合为基础，充分发挥开发性金融与村镇规划的合力，通过规划推动项目建设和平台建设，批量孵化项目，更好地促进成都市统筹城乡目标的实现。

成都银政合作模式采用"政府＋银行＋科研机构"的方式联合开展规划合作，有利于提高规划的前瞻性、稳定性与可操作性，并促进村镇公共领域项目建设。政府主要发挥对规划编制和项目建设中的组织优势，发挥政府对公益性项目的增信作用，整体把握项目推进；国开行通过提前介入村镇规划，可以整体把握项目信用评估，防范和化解公益性项目收益低、风险大、建设周期长的信贷风险，从而更好地推进村镇公共领域建设。国开行聘请科研机构开展专题研究，解决农村地区普遍问题、突出问题、重大问题，为规划编制提供理论支持，对规划编制和项目评估提供技术服务。

成都市与国家开发银行合作，在制度保障、技术保障、资金保障等方面作出了有益的探索。建立多方合作、统一规划和开发性金融先期介入的制度保障；探索实施性、协商式规划，优化村镇规划编制的技术模式；通过国开行的融资优势，按类别、分项目进行融资支持，建立市场化的政府融资平台，加强成都村镇规划编制及实施的资金保障。

银证合作村镇建设的新模式发挥了"规划＋金融"的合力，破解了长期以来困扰村镇发展的资金难题，推进农村地区公益性设施的实施和城乡统筹建设，并形成长效的推进机制，大力推动成都经济社会的全面发展和统筹城乡规划目标的实现（表2）。

城乡统筹阶段特征　　　　　　　　　　　　表2

	一般模式	城乡统筹下的新模式	
		政府主导	银政合作
组织编制模式	政府委托	政府委托、项目实施方积极介入 协商式规划（政府、投资方、村镇居民等）	政府、国开行共同委托，项目实施方积极介入 协商式规划（政府、投资方、村镇居民等）
编制内容	按"城乡规划法"和"镇规划标准"进行编制	依据村镇规划导则进行编制，并体现"四性"：发展性、相融性、多样性、共享性。具有具体项目乡镇完成方案设计。重点地段完成城市设计，结合乡镇进行项目策划	依据村镇规划导则进行编制，并体现"四性"，具有具体项目乡镇完成方案设计 公共设施"定点位、定规模、定标准、定投资"
实施机制	政府推动部分公共设施和新居工程建设	政府推动进行风貌整治、公共设施建设 项目实施方整体打造 根据项目策划招商	构筑"开发性金融+融资平台"，批量孵化项目 整体推进公共服务设施及基础设施建设 多样化金融工具介入产业化项目

（四）还权赋能，奠定长期发展的可靠基础

成都在城乡统筹实践中，充分利用级差土地收益规律，推进土地综合治理工程，在城市资本和农村土地资源之间搭建起市场化的互惠共享机制，提高了农村和农民在土地城市化增值中的分配份额。成都的实践表明，充分利用级差土地收益规律，不但可以更合理地配置城乡空间资源，而且可以给城乡统筹提供坚实的资金基础和工作平台。

1. 确权是基础

成都的确权先行是产权制度改革的基础和前提，不仅要明确界定土地的集体所有权，而且要明确界定所有农村耕地、山林、建设用地与宅基地的农户使用权或经营权以及住宅的农户所有权；在确权、登记的基础上颁发五证两卡（集体土地所有权证、承包土地使用权证、集体建设用地使用权证、房屋所有权证、林权证、耕保卡、社会保障卡等）。在确权颁证过程中，发明了"村民议事会"等基层治理机制，摸索出一套由动员、入户调查、实地测量、村民议事会、法定公示、最后由县级人民政府颁证等环节组成的实际可行的程序。成都的确权先行实践，消除了土地制度改革的系统性风险，为土地流转、实现城乡同地同价奠定了坚实基础。

2. 流转是核心

通过确权颁证，建立了土地流转的地基，不仅承包地可以流转，农村集体建

设用地也可通过实物或指标的方式流转。建立市县乡三级农村产权交易中心，通过"耕地占补平衡"、"建设用地增减挂钩"等办法，探索推进土地承包经营权、集体建设用地使用权、农村房屋使用权等多种农村产权流转。成都的实践表明，在普遍确权的基础上，建设一个公开、公正流转的土地市场，就能够释放农村资源存量的市场价值，在城市资本和农村土地资源之间搭建起市场化的互惠共享机制。

3. 配套是保障

确权颁证、土地流转是一项庞杂的工作，涉及大量具体的工作，摸索出一套实际可行的确权程序，建立起一套统筹推进的配套制度才能保证顺利推进。在成都实践中，通过建立耕地保护制度，发放耕保卡，建立耕地保护的新机制；通过建立村级议事制度，充分发挥农民自主、自愿、自制，健全基层治理机制；探索并建立以产权为纽带、以农户自愿联合为基础、以现代企业制度为核心的农村新型集体经济组织。

三、展望

城乡统筹需要根据各地具体实际，因地制宜地持续推进。成都经验不能复制，但其系统、周密、渐进的推进做法以及高度重视农民自愿、市场化手段和制度设计的内在组织性等本质特征触及到了城乡统筹改革的"深水区"，对当前的城乡统筹工作有一定推广意义。

城乡统筹目标实现的前提是要做到生产效率、生活水平一体化以及城乡要素的自由流动，各地的城乡统筹工作也基本上在围绕这几个方向努力。东部地区通过发展县域经济，实现了生产效率和生活水平的较大提升，但农村地区产业基础依然不稳固，下一步将注重产业可持续发展和生态保护；西部地区目前在生活水平一体化和要素自由流动方面取得了一定成效，但城乡产业的功能配置、制度的长效性、市场机制的持续性等方面依然存在较大困惑。对城乡统筹规划而言，应关注以下两个方面的新态势：

一是深化城乡统筹规划的内容，从空间统筹向制度设计不断深化，而空间统筹本身也突出系统性地解决城乡空间问题，实现城乡协同发展。

二是城乡统筹的评价标准体系以及城乡统筹规划与法定规划的关系。

城乡统筹是一个复杂的系统性工程，是以"社会建设为重心"全面建设小康社会的根本要求，也是城乡规划工作无法回避的问题，需要我们长期探索和实践。

参考文献

[1] 周其仁. 成都经验的启示——在成都统筹城乡土地管理制度改革研讨会上的发言[R], 2009.

[2] 城乡统筹的改革样本——成都市统筹城乡发展、推进城乡一体化调查报告[N]. 人民日报, 2010.

[3] 国家信息中心综合部. 西部大开发中的成都模式研究[R], 2010.

[4] 成都市规划设计研究院. 成都市城乡统筹村镇规划推进模式研究总结报告[R], 2010.

(撰稿人：何旻、唐鹏，成都市规划设计研究院)

北川新县城规划的节能减排与低碳建设

2008年11月16日,温家宝总理视察北川县城新址。对于节能减排温总理强调,"采用节约型的新技术、新工艺,投资会高一点,但从长远来看是节约的。重建中要尽可能采用当地材料和技术。"2009年9月25日,温总理视察北川新县城规划建设展示厅时进一步强调,"生态文明是非常重要的,也就是我们讲的'绿色'。建筑用材和技术,要把全国已有的最好的节能环保用材,包括墙体、玻璃等,尽可能用上。如果一次不能全做到,以后还可以替换。生态、绿色是最重要的。"

2009年8月22日,全国政协主席贾庆林视察北川新县城时提出,"建筑设计要节能,国际上都在搞绿色新政、绿色经济、低碳经济,各国包括我们现在也认识到节能、低碳经济的潜力是最大的。所以建筑节能理念一定要增强,一定要体现出来。""英国、日本,都有节能规划、低碳经济规划,都有建筑节能规划。我希望你们在这方面显示最新技术,其中节能方面是世界潮流,我们把世界上最先进的节能技术都体现在这里。""在城乡建设上,一定要考虑到节能减排,把我们的每一个建筑都跟清洁能源、低碳经济联系起来考虑。"

2008年6月19日仇保兴副部长在"2008城市发展与规划国际论坛"上明确提出,灾后重建的目标是建设生态城市。要把握重建的机遇和发展的机遇,生态化重建规划能够使受灾城市改变原先的演进轨道,跳跃性地获得抗灾害能力、系统的自主适应性和发展的可持续性。总体目标是建设"安全、舒适、生态友好之城"。重建后的城市,抵抗环境灾害的自适应能力明显提升;城镇服务功能的可靠性显著改进;捕获外部发展机遇的能动性有所改进;居住者与观光者的舒适度感受进一步改善。

在北川新县城的规划建设工作中,规划建设单位始终牢记中央领导的指示,将节能减排作为规划设计工作的指导方针,将节能减排理念贯穿于规划设计全过程。在规划布局、工业园区规划、城市交通、市政基础设施规划、能源利用、建筑节能等环节充分考虑与自然环境的协调,因地制宜地以低冲击开发模式进行建设;尽量减轻环境负荷,增强人和自然的亲和,提供良好的生活空间和环境,减少排放和能源依赖,提高使用效率,降低维护成本,加强新技术应用等,将节能减排与城市的规划设计系统全面地结合。

在新北川建设低碳城市具有如下优势条件:

（1）北川及其周边地区具有丰富的水电资源和天然气，提供了城市能源消耗的主要支撑；

（2）北川地区具有丰富的生物质资源，通过集中收集和处理，完全可以部分替代煤炭等化石能源来满足城市建设的用能需求；

（3）北川未来城市发展规模受到限制，在能源供给方面的压力较小，为实现"低碳排放"创造了长期稳定的条件；

（4）北川地区具备必要的基础设施，如电力、天然气、秸秆等基础条件，可以避免大规模投资；

（5）北川县城是从一张白纸开始新建的，在规划阶段已融合了低冲击开发理念，基础设施按照低冲击、低排放模式建设，是世界上其他城镇所无法比拟的。

要实现"低碳排放生态新北川"，必须从总体到微观协调好能源供应、能源消费、生态保护及产业发展之间的关系，坚持通过倡导"低碳排放"来带动整个北川地区的快速发展。

一、北川新县城规划建设的低碳模式

（一）优化布局，提高绿化水平，增加城市碳汇，降低热岛效应

城市绿地是城市中的主要自然因素，大力发展城市绿化，是减轻热岛影响的关键措施。绿地能吸收太阳辐射，而所吸收的辐射能量又有大部用于植物蒸腾耗热和在光合作用中转化为化学能，用于增加环境温度的热量大大减少。绿地中的园林植物，通过蒸腾作用，不断地从环境中吸收热量，降低环境空气的温度。每公顷绿地平均每天可从周围环境中吸收 81.8MJ 的热量。园林植物光合作用吸收空气中的二氧化碳，一公顷绿地，每天平均可以吸收 1.8t 的二氧化碳，削弱温室效应。此外，园林植物能够滞留空气中的粉尘，每公顷绿地可以年滞留粉尘 2.2t，降低环境大气含尘量 50％左右，进一步抑制大气升温。研究表明：城市绿化覆盖率与热岛强度成反比，绿化覆盖率越高，则热岛强度越低，当覆盖率大于 30％后，热岛效应得到明显的削弱；覆盖率大于 50％，绿地对热岛的削减作用极其明显。规模大于 3hm^2 且绿化覆盖率达到 60％以上的集中绿地，基本上与郊区自然下垫面的温度相当，即消除了热岛现象，在城市中形成了以绿地为中心的低温区域，成为人们户外游憩活动的优良环境。

1. 优化布局，保护并利用场地自然山水格局

北川新县城规划布局充分考虑当地地形环境特点，在市区建立合理的生态廊道体系，将城市外围（生态腹地）凉爽、洁净的空气，引入城市内部，有效缓解城市内部的热岛效应（图1）。

北川新县城规划的节能减排与低碳建设

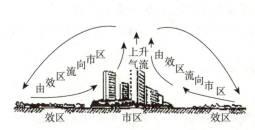
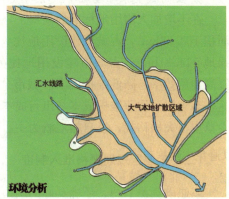

图1 规划场地条件分析示意图

北川新县城绿地系统注重生态，强化乡土植物应用以及生态节能技术运用，建设低维护节约型绿地，布局结构是：由山体、水系、滨河及沿路绿带共同组成"一环两带多廊道"的网络状绿地系统结构（图2）。

（1）一环：环城山体绿化与郊野公园环；在新县城周边山体生态绿环为县城提供外围生态保护屏障的同时，规划三处郊野公园，分别为云盘山郊野公园、石鸭郊野公园和塔字山郊野公园。

（2）两带：安昌河生态休闲景观带和永昌河公园游憩景观带。安昌河是纵贯新县城南北的主要河流和最重要的通风廊道，规划安昌河景观带兼有生态、防护、景观、游憩休闲、运动健身功能，以绿色和生态为主要特征。永昌河是穿越新县城内部的南北向主要景观带，与城市生活联系最紧密。以纪念、休闲游憩、文化、防灾等综合功能的亲水公园为主。

（3）多廊道：多条山水生态绿廊。包括南北纵向4条沿水绿带，东西横向沿路绿带。其中，4条沿水绿带廊道以休闲游憩、景观和生态通风等为主要功能。东西横向沿路绿带以休闲游憩、生态为主要功能。

图2 新县城绿地系统结构图

2. 提高城市绿化覆盖率,增加城市碳汇

在不增加人均用地标准的前提下,提供高标准的人均城市绿化。新县城绿地面积 163.88hm^2,占城市建设用地比为 22.96%,人均绿地 23.41m^2;其中公共绿地 114.31hm^2,占城市建设用地比为 16.01%,人均公共绿地面积 16.33m^2;提高使用效率,降低维护成本。城市公园绿地与居民基本生活采买就近 5min 可达,节省居民物业维护成本与出行成本;降低绿化成本,采用地方自然树种,减少草皮与大树移栽,以自然灌溉为主。

(二)工业区规划严格准入制度

以建设资源节约、环境友好的两型产业体系为第一目标,集约土地利用、杜绝高能(耗)高污(染)、发展循环经济。就业当地平衡,减少交通出行;坚持将基本城市功能集中在平坝地区,减少居民出行距离。

1. 投入性门槛

根据《全国工业用地出让最低价标准》所设定的地区分级关系,综合确定北川—山东产业园区主要项目的固定资产投资强度门槛设定为:80 万~100 万元/亩。

(1)上海的案例借鉴:将上海 2009 年以来上平台交易的土地出让合同中对工业用地的固定资产投资强度的相关指数进行归类,可以看到:上海工业用地的固定资产投资额主要集中在 150 万~200 万的区段中(图3)。

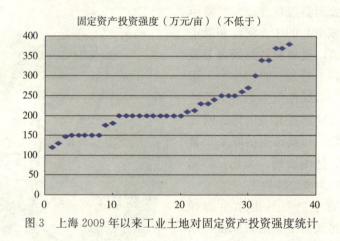

图3 上海 2009 年以来工业土地对固定资产投资强度统计

(2)分行业单个项目固定资产投资额比较。将全国分地区主要行业单个项目的平均固定资产投资强度(2000 年数据)的相关指数进行归类,可以看到:对于中西部城市而言,除了交通运输业、电气机械及器材制造业、电子及通信设备制造业以外的行业,单个项目投资额主要保持在 400 万~500 万左右,其他三类项目可以达到 800 万~1000 万左右的投资额(图4)。

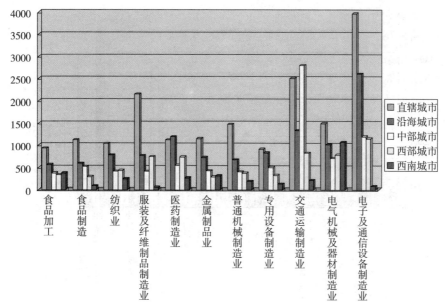

图4 全国分地区主要行业单个项目的平均固定资产投资强度统计

(3) 分行业单个项目总投资额比较。将全国分地区主要行业单个项目的平均总投资强度（2000年数据）的相关指数进行归类，可以看到：对于中西部城市而言，除了交通运输业、电气机械及器材制造业、电子及通信设备制造业、医药制造业以外的行业，单个项目投资额主要保持在1000万左右的投资额，其他三类项目可以达到2000万以上的总投资额（图5）。

2. 产出性门槛

将全国主要城市的单位面积工业产值进行数据统计分析，综合判断，北川的单位面积工业产值标准划定为：食品制造类、服装纺织类、工艺品制造类：50万～70万元/亩；医药类：70万～10万元/亩；机械装备类：50万～200万元/亩；电子信息类：500万～1000万元/亩。

(1) 国内相关工业园区地均产出的整理。将全国主要城市的单位面积工业产值进行数据统计，中西部城市如长沙，长沙经济技术开发区的地均工业总产值不到20亿元/km^2。2005年绵阳市城区工业总产值295亿元，增加值74亿元，工业用地12.95km^2，地均工业总产值是23亿元/km^2，地均工业增加值5.9亿元/km^2。中西部绝大部分开发区的工业总产值都在10亿元/km^2以下（图6）。

(2) 国内发达地区对产业投资的门槛界定。将国内发达地区（上海与青岛为主）对产业投资的门槛界定进行数据统计（图7）。

具体的产业类型考虑到北川的资源禀赋和劳动力结构，应以农副产品加

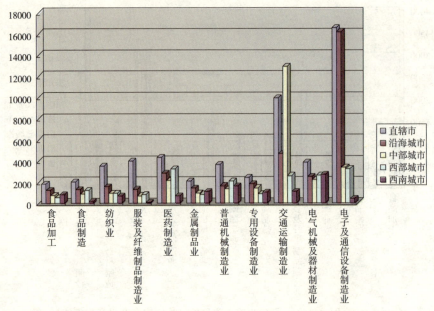

图5 全国分地区主要行业单个项目的平均总投资强度统计

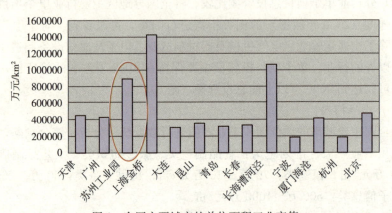

图6 全国主要城市的单位面积工业产值

工、新型建材、纺织服装等传统劳动密集型产业和旅游产品加工、文化创意等新型城市型产业为发展重点，部分引进与绵阳工业体系对接的机械、高新技术制造产业。同时，依托少数民族聚居特征，配合旅游服务功能，大力发展民族手工业。考虑到新县城的大气扩散条件，严格控制有大气污染隐患的产业发展。

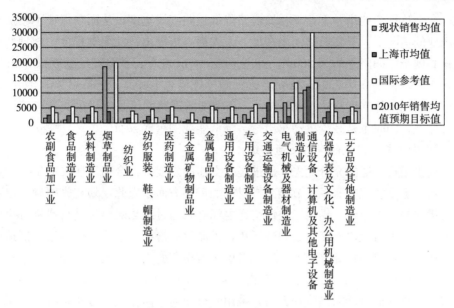

图7 上海与青岛两地分行业投资门槛统计（万元/亩）

（三）绿色交通，慢行优先

1. 构建尺度合理、功能主导的道路交通网络

通过合理布局道路交通网络，提高居民出行的可达性，一方面可以为居民出行带来非常大的便利，更可以减少机动车的绕行，降低机动车尾气的排放，减少能耗并确保新县城的良好环境。因此，北川新县城道路网络规划布局以优先满足可达性为基本前提，北川新县城道路交通网络应以小宽度、小间距、高密度为基本原则，这是北川人性化道路网络的基本理念，图8是本次道路网规划的基本理念和原则。

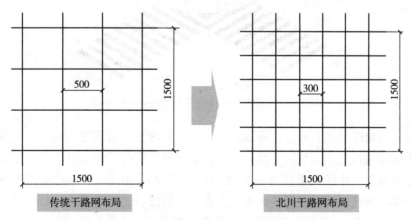

图8 北川道路网络规划更加强调小间距、高密度的理念（m）

焦点篇

在上述理念的指导下，新县城道路降低道路红线宽度，从而在保证不增加道路用地的情况下，提高道路网络密度，大大提高居民出行的便利程度。规划新县城核心区干路间距平均为200m，外围地区300m左右，干路红线宽度以20m为主，干路网密度高达7.2km/km²，远远超过规范对小城镇4～5km/km²的要求，而干支路网整体密度高达14km/km²，高密度的道路网络是对居民交通可达性的最大保证，同时也是减少机动车出行、降低能耗的重要方面。

2. 建立充分优先的慢行交通系统

提供慢行交通的充分优先，促进慢行交通的发展既符合当地居民的生活和出行习惯，更是实现交通系统节能减排目标的重要方面。因此规划首先明确了慢行交通优先的基本原则，提出了快慢交通之间必须通过绿化隔离带进行严格分离的基本要求，以避免快慢交通之间的干扰，进而保证慢行交通安全、连续、舒适的交通环境。在道路资源分配上，优先考虑慢行交通的需求，人行道和非机动车道占道路总面积的35%以上，机动车道占45%以下。同时在道路断面设计中，借鉴国内道路断面设计的经验和方法，采用慢行交通一体化设计方法，将自行车与步行道设置在同一个平面上，采用不同的铺装进行区别，保证慢行交通的安全与灵活（图9）。在较大的交叉口设置中央行人过街安全岛，确保交叉口行人过街安全；在交叉口慢行交通通道端部设置阻车石，严格限制机动车进入慢行交通通道，避免机动车对步行和骑行环境的干扰。

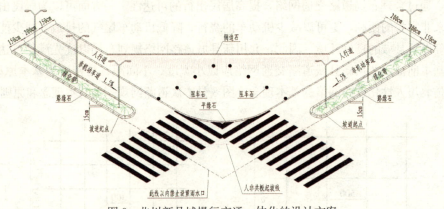

图9 北川新县城慢行交通一体化的设计方案

在慢行交通系统布局上，规划建设了生活性慢行交通系统和独立慢行交通系统。生活性慢行交通系统沿干路布置，满足日常居民生活和出行需求，是常规的慢行交通通道。生活性慢行交通系统与机动车交通之间通过绿化隔离带进行隔离，保证生活性慢行交通系统的安全。在生活性慢行交通系统以外，北川规划建设了独立慢行交通系统。独立慢行交通系统严格禁止机动车进入，仅仅提供给自行车、行人、轮滑等慢行交通方式通行，是为居民提供通勤、休闲、游憩、健身的连续慢行通道，并结合地形地貌特征，绿地、公园、水系、景观的布局，从行人和自行车骑行者的角度设计道路横断面、标高等（图10）。

3. 合理布局，提供便捷的公共交通系统

公共交通是新县城对外交通、旅游交通的重要方式，提供便捷的公共交通换乘不仅有利于促进北川新县城发展，更是降低能耗、促进绿色交通发展的重要方面。本规划建设1处综合客运枢纽，是新县城的对外窗口、县城交通转换的枢纽与核心，主要包括长途客运功能、公交枢纽功能，同时提供针对团体

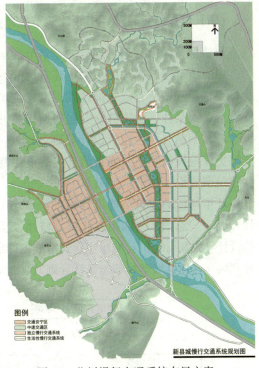

图10 北川慢行交通系统布局方案

游客和乘坐长途客车来北川的游客旅游集散服务和旅游信息服务功能设施，布设在工业区南侧，占地1.5hm^2。规划建设2个公交综合场站，共占地1.3hm^2。主要提供公交车辆、部分长途车辆的保养、停放功能，同时兼顾部分公交首末站的功能。第一处在县城北侧靠近东纵一路，占地0.8hm^2，第二处在南部工业区内，占地0.5hm^2。公交车站位置的确定也是人性化交通的重要内容。常规的做法是将公交站设置在距离交叉口一定距离之外，这种思路有利于机动车的有序组织，但是这种模式大大增加了公交乘客的不便，乘客换乘和过街的距离大大增加。本次规划中突破了常规的思路，提出将公交车站设置在交叉口出口道，同时尽量将公交车站设置在交叉口附近的做法，保证公交乘客的最大便利（图11）。

图11 公交车站与交叉口的布局关系

（四）倡导绿色建筑，引领建筑节能减排

严格执行国家和地方现行的建筑节能法规和标准：

（1）所有建筑都按国家绿色建筑标准设计。在住房\公建建设中落实节能减排，要求新县城所有建筑都达到国家绿色建筑标准。如目前在建的红旗片区拆迁安置区、温泉片区受灾群众安居房均按照国家绿色建筑一星标准设计。

（2）编制《绿色建筑设计导则》以及《建筑节能减排设计技术措施》。为了能够更好地做好北川羌族自治县灾后重建城乡建筑节能工作，认真贯彻执行《公共建筑节能设计标准》（GB 50189—2005），依据《绿色建筑评价标准》制定适合北川环境特征的建筑节能设计标准：《北川羌族自治县灾后重建城乡建筑节能设计导则——总则》、《四川省北川县城办公建筑节能设计导则》、《北川县城宾馆节能设计导则》、《北川县城居住建筑节能设计导则》、《北川县村镇居住建筑节能设计导则》、《北川县城学校节能设计导则》、《北川县城医院节能设计导则》（图12）。

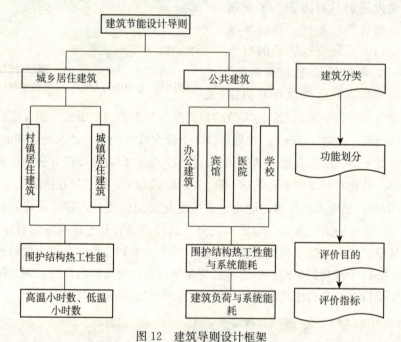

图12　建筑导则设计框架

（五）清洁能源利用

建立以地区电网、燃气管网为依托的基本能源保障体系，保证能源供给安全可靠。依托地区资源优势，发展以可再生能源为补充的能源供给方式，推广应用地热和生物质能。

1. 能源结构目标

(1) 清洁能源供应率达 100％，县城内无煤炭消费。

(2) 二氧化碳排放量相当于同等规模城市的 30％以下，二氧化硫排放量相当于同等规模城市的 10％以下，氮氧化物排放量相当于同等规模城市的 50％以下。

(3) 能源供应安全可靠，保证率达 100％。

(4) 推广天然气汽车、电车，公共运输车辆燃料油消费量降低 20％以上。

2. 能源消费总量测算

2020 年北川新县城能源消费总量控制在 17.5 万 t 以内。

3. 能源消费结构

根据各类能源供应量分析，北川新县城能源结构如下（表1、图13）：

能源平衡表（2020 年） 表1

能源品种	消费量（实物量）	标准量（万 t 标煤）	所占比例	备注
成品油	4.35 万 t	6.40	30.12％	主要用于机动车
天然气	1675.4 万 m³	2.04	9.60％	按天然气计算
外调电力	2.19 亿 kW·h	8.85	41.65％	本地不建常规电厂
可再生能源	—	3.96	18.64％	建设薪柴林
总计	—	21.25	100.00％	

注：电力按等价热值折算。

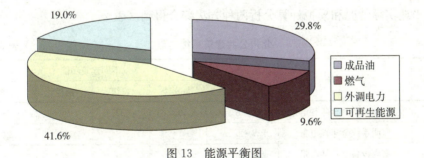

图 13 能源平衡图

（六）倡导基于用能定额的全过程节能管理

1. 基于公共建筑用能定额，实施全过程节能管理

项目立项阶段：由建设方对建筑投入使用后的各分项能耗作出承诺，审查其承诺数值是否低于同功能建筑的用能定额指标。

方案设计与方案投标阶段：要求投标设计方案必须详细论证是否兑现了项目立项时承诺的节能指标以及是如何实现这些节能指标的。

施工图设计阶段：建立新建建筑节能审查制度，通过模拟仿真计算等方法，得到设计方案的具体能源消耗量,审查其是否达到承诺的节能数值。

工程竣工验收阶段:建立工程竣工验收节能审查制度,通过现场测试各设备与子系统的性能,进而估算全年能耗,考察是否达到立项时的承诺要求。

运行管理阶段:实行"用电分项计量和数据集中采集系统"对各分项系统的用能指标进行动态监测与管理,与承诺的用能标准进行比较,杜绝由于管理运行的疏忽造成的能耗增加(图14)。

2. 用能定额的确定

用能定额分不同建筑功能给出,如普通办公建筑、宾馆、医院和学校;用能定额分不同系统给出,包括暖通空气调节、照明、室内设备、电梯等;建筑的用能定额通过当地实际情况和模拟计算分析两种方法综合得到(表2)。

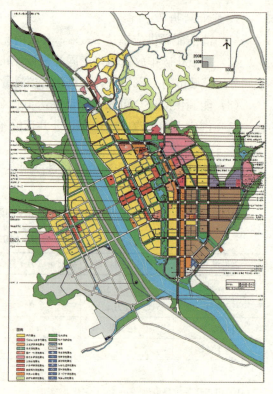

图14 北川公建规划布局图

北川公共建筑用能定额　　　　　表2

序号	不同系统	单位	不同建筑功能			
			办公楼	宾馆	医院	学校
1	空气调节系统全年耗电量	kW·h/m²	25	30	38	18
2	照明系统全年耗电量	kW·h/m²	14	18	32	24
3	室内设备全年耗电量	kW·h/m²	20	15	25	6
4	电梯系统全年耗电量	kW·h/m²	—	3	5	—
5	给水排水系统全年耗电量	kW·h/m²	1	4	3	2
(1~5)	常规系统全年耗电量	kW·h/m²	60	70	103	50
6	供暖系统全年耗热量① 供暖系统全年耗电量②	GJ/m² kW·h/m²	0.12 14	0.16 18	0.2 23	0.1 12
7	生活热水全年耗热量	GJ/人	14	18	23	12

①供暖系统全年耗热量(GJ/m²)指的是采用生物质热水锅炉集中供暖。
②供暖系统全年耗电量(kW·h/m²)指的是采用分散式热泵系统供暖。
注:表中面积为建筑面积。

（七）基础设施规划建设的节能减排模式

1. 城市供水系统

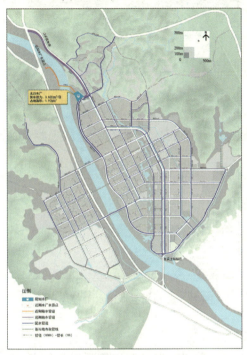

图 15　北川新县城供水工程规划图

合理确定用水定额，避免水资源浪费和水厂及供水管线规模过大。结合新县城实际情况，规划新县城采用集中供水方式，以提高供水安全，降低人均工程造价和制水成本。确定适宜的供水压力，优化管网布局，降低供水能耗并保障供水安全。结合新县城地势、新建建筑高度以及供水管网平差计算，确定供水管网最不利点应满足28m自由水头，水厂出水水压为0.28MPa左右。优选供水管材和工艺，加强施工和运营管理，降低管网漏失率。从管材水密性、耐腐蚀性、抗震性以及投资、运输、施工、维护等多方面考虑，并结合当地常用管材，规划给水管道在管径小于400mm（含）时采用HDPE管材，在管径大于400mm时采用球墨铸铁管。在使用球墨铸铁管时，应采用胶圈柔性接口，保证供水系统的安全，利用管材优良的抗震性能，增强管网抵御地震灾害的能力（图15）。

2. 城市污水处理系统

考虑北川新县城的区位条件，北川县污水处理厂实行北川安昌镇、新县城和安县黄土镇三个区域联合建设，区域共享。污水处理厂出水达到《城镇污水处理厂污染物排放标准》中的一级A标准。为减少建设泵站的投资和能源的消耗，便于运行管理，新县城内原则上不设置污水提升泵站。河西污水干管需穿越钻岩子河、山边水渠并绕过钻岩子山敷设。合理选用污水管材，加强施工和运营管理，降低施工和运营成本。从管材防渗性、耐腐蚀性、抗震性以及投资、运输、施工、维护等多方面考虑，规划新县城的污水管道在管径介于200～400mm时采用HDPE双壁波纹管，在管径大于400mm时采用钢筋混凝土管（图16）。

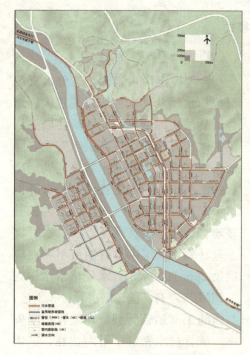

图16 北川新县城污水工程规划图　　图17 北川新县城雨水工程规划图

3. 城市雨水排放与利用系统

优化管网布局。雨水管渠一般采用正交式布置，保证雨水管渠以最短路线、较小管径排入水体。结合水系设计，把雨水作为水系的重要补充。沿永昌河设置雨水初期截流管，把水质较差的初期雨水排入下游湿地进行净化处理，中后期清洁雨水通过溢流井排入水系，补充河道景观用水。为减少建设泵站的投资和能源的消耗，便于运行管理，新县城内不设置雨水泵站。因地制宜采用透水性材料，提高地面透水能力，增加雨水渗透系数，补充地下水。渗透地面成本比传统不透水地面高出10%左右，但综合考虑因径流量减少、地面集流时间延长而导致雨水管道长度缩短及管径减小，雨水系统的总投资可减少12%～38%，不仅节约投资，还可以使雨水补充地下水资源，产生较大的环境及社会效益（图17）。

4. 城市道路照明

根据国家相关标准规范，合理确定道路照明等级和标准，从根源上避免道路照明盲目求"亮"带来的能源和资源浪费。通过计算机模拟布灯方式、光源选择、功率确定，并进行平均照度（平均亮度）、照度均匀度（亮度均匀度）、眩光阈阀值等照明指标计算，与国家相关标准进行对比，在不降低照明质量的前提下，经单位路面的能源消耗（功率密度）降至最低。采用新型光源，如新型高压气体放电灯（Cosmopolis）、LED等。新县城规划主、次干路机动车道照明采用：

新型高压气体放电光源照明，支路机动车道、人行步道、人行道采用 LED 光源照明。新县城 78% 的道路照明灯具采用 LED 光源，与光源全采用传统高压钠灯相比，每年节约用电约 31 万 kW·h，节约运行费用 25 万元，节约维护费用 115 万元；每年节约标准煤约 102t，节约用水 1240t，减少二氧化碳排放 243t，减少二氧化硫排放 3t（图 18）。

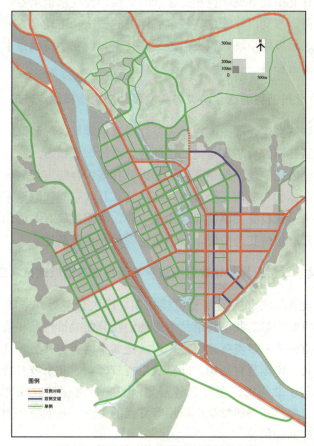

图 18 新县城功能照明照度分析规划图

二、北川新县城灾后重建实现绿色低碳实施保障机制

北川新县城灾后重建已经上升为国家行为，其在节能减排、绿色低碳方面的尝试与努力也应当得到国家在政策、项目和资金上的支持；而社会各界对北川新县城的持续关注热度不减，应当继续调动企业和非政府组织的积极性，在贯彻落实节能减排、绿色节能技术应用方面发挥建设性作用。

（一）设立北川新县城灾后重建绿色生态技术应用示范基地

建议国家发改委、住房和城乡建设部、环保部、科技部等国家部委整合国家有关部门的资源，联合设立北川新县城灾后重建绿色生态技术应用示范基地，搭建绿色节能产品技术应用、展示和推广的平台。比如我们建议住房和城乡建设部积极推动和指导北川新县城绿色建筑标准的贯彻，设立示范项目，并给予一定的技术和资金支持，改变以往绿色建筑事后评级的做法，主动介入，积极推动。对于污水处理厂、垃圾填埋场，积极引进适宜技术，设立小城镇污水处理和垃圾分类和综合利用示范项目。

（二）建立北川新县城综合防灾与突发事件应急指挥试点城市

建议住房和城乡建设部、国家减灾委、国家地震局、民政部、国务院应急办推动建立北川新县城综合防灾与突发事件应急指挥试点城市。

目前北川县委托中规院编制完成了北川新县城综合防灾规划，明确提出了各类建筑抗震设防标准和城市安全策略，结合公共开放空间和绿地系统设立避灾场所，整合部门力量建设突发事件应急指挥中心。我们建议有关部门在项目资金和技术方面加大对北川的支持力度，设立示范项目和示范基地。

（三）继续争取企业界和非政府组织参与新县城节能低碳技术应用

在北川县抗震救灾和灾后恢复重建初期，广大企业界和非政府组织积极参与，并作出了重要贡献。我们将继续争取他们在节能减排产品和技术的应用、项目资金支持等方面进一步发挥建设性作用。比如中国企业社会责任同盟、埃森哲公司、思科公司、中国建材集团、北京筑巢科技公司、北京波森特岩土工程有限公司等前期参与了北川灾后重建总体规划研究、信息化建设规划、数字城市规划、新型抗震房屋与新型建材推广应用等方面的工作。我们将扩大宣传工作，吸引企业投资、赞助和捐建。

（四）北川县政府出台相应配套政策，鼓励和促进绿色低碳目标实现

北川县政府将根据住房和城乡建设部的要求，结合灾后重建工作实际，研究出台相应的规范性文件，引导和鼓励绿色节能技术的应用，开展规划研究，建立目标体系，设定灾后重建近期和远期目标；颁布绿色建筑导则，建立绿色建筑设计和实施审查与评估机制。在招商引资、项目引进、税收和土地等方面鼓励和促进循环经济、低碳经济及绿色环保技术和项目的引进与发展。

（五）在全县居民中提倡低碳生活方式

提高低碳意识。政府机关要率先垂范，开展创建低碳型机关活动。教育部门要把节约资源和保护环境及低碳城市建设内容渗透到各级各类学校的教育教学中，培养儿童、青少年的节约、环保和低碳意识。企事业单位、社区等要组织开展经常性的低碳宣传，广泛宣传建设低碳城市的重要性、紧迫性。开展低碳（绿色）机关、社区、学校、医院、饭店、家庭等创建活动，推进生活方式低碳化。倡导人们在日常生活的衣、食、住、行、用等方面，从传统的高碳模式向低碳模式转变，尽量减少二氧化碳排放。推广节能灯具、节水浴具和洗具；选购节能、环保的商品。

参考文献

[1] 中国城市规划设计研究院项目组．北川羌族自治县新县城灾后重建规划（2008—2020）．

[2] 中国城市规划设计研究院项目组．北川羌族自治县新县城灾后重建市政基础设施专项规划（2008—2020）．

[3] 中国城市规划设计研究院项目组．北川羌族自治县新县城灾后重建山东产业园区详细规划．

[4] 清华大学建筑节能研究中心等．北川羌族自治县新县城灾后重建城乡建筑节能设计导则．

（撰稿人：洪昌富，中国城市规划设计研究院工程所副所长，高级工程师；李迅，中国城市规划设计研究院副院长，教授级高级城市规划师）

城市的容积率问题

一、相关背景

容积率作为一个城市规划领域的技术术语，主要用于直观地表述地块的开发强度，我国的城市规划、城市土地管理、房地产开发等部门和机构都广泛地采用这个指标。从技术角度看，容积率越高则表示土地的开发强度越高。从经济角度看，由于城市土地资源的有限性，集约、合理利用城市空间并保持一定水平的容积率，可以有效避免土地和基础设施资源的浪费；在房地产开发中，在房屋单位售价和建造成本不变的前提下，地块容积率越高则可产出更多的利润。由于容积率在城市建设中与经济利益存在直接关联性，其调整成为引发建设领域权力寻租的一大诱因。近年来涉及容积率调整的腐败案件时有发生，因与容积率有关的犯罪案件，而进入公众视线的就有重庆、昆明、北京、海口等多个城市。

针对这种情况，最高人民检查院将违规"调整容积率"纳入2009年突出查办工程建设领域八个方面职务犯罪的内容之一。2008年12月，住房和城乡建设部印发了《关于加强建设用地容积率管理和监督检查的通知》（建规［2008］227号文），通知要求充分认识强化容积率管理工作的重要性，严格容积率指标的规划管理，严格容积率指标的调整程序，严格核查建设工程是否符合容积率要求，加强建设用地的容积率监督检查。2009年4月，住房和城乡建设部、监察部又联合印发《关于对房地产开发中违规变更规划、调整容积率问题开展专项治理的通知》（建规［2009］53号），2009年年底，住房和城乡建设部、监察部房地产开发领域违规调整容积率问题专项治理工作领导小组办公室再次印发了《关于深入推进房地产开发领域违规变更规划调整容积率问题专项治理的通知》。可以说，由国家最高规划主管部门，在如此短的时间内针对某一专项问题的治理密集发文，其效率和力度在近年来都是少见的。一时间，容积率问题成为行业和社会关注的焦点。

为了加强容积率的管理和监督检查，各地陆续印发了一系列文件，重庆市出台了《关于进一步加强控制性详细规划修改等规划管理工作的通知》（渝府发［2008］118号）、《关于深化以建设局领域为重点的行政审批制度改革的决定》（政府令第222号）、《重庆市主城区控制性详细规划维护管理暂行办法》（2010

年3月20日执行）；昆明市出台了《昆明市规划局建设项目日照分析管理暂行规定》（2009年11月27日起执行）；南京市出台了《南京市建设项目容积率管理暂行规定》（2010年1月1日起执行）、《南京市建筑间距管理补充规定》等；成都市出台了《关于对〈成都市规划管理技术规定〉中容积率、建筑面积等指标的补充解释》（2010年2月25日起执行）等。这些政策和法规的施行，对于健全和完善容积率管理制度，遏制建设领域违法变更规划、调整容积率的不法行为，规范新时期的城乡规划工作，维护城乡规划的严肃性，推进城乡规划领域的党风廉政建设发挥了重要作用。

二、容积率问题分析

"容积率是控制性详细规划的主要指标之一，既是国有土地使用权出让合同中必须规定的重要内容，也是进行城乡规划行政许可时必须严格控制的关键指标。在城乡建设中，城市和镇人民政府依据《城乡规划法》制定本地的控制性详细规划，并依据控制性详细规划对建设项目进行规划管理是法律赋予的权利和责任"（摘自建规〔2008〕227号文）。早在2002年建设部出台的《城市规划强制性内容暂行规定》（建规〔2002〕218号文）中就首次明确将"规划地段各个地块允许的建设总量"（容积率）纳入详细规划的强制性内容进行管理；2005年新修订的《城市规划编制办法》中，再次明确将"容积率"作为控制性详细规划的强制性内容。

容积率作为控规的强制性指标和对建设项目实施规划管理的依据之一，具有相当的严肃性。这种严肃性，既应体现在容积率制定的环节，也应体现在后续的管理与实施环节。然而我国当前容积率的问题，却也集中反映在这些环节当中。

（一）在容积率的制定环节方面

良法是善治的前提，科学的管理有赖于科学的规划。因此，要实现容积率的有效管理，必须在规划编制环节就予以重视。但实际上，在许多城市，容积率的制定往往采用以经验判断为手段的定性分析为主。控制性详细规划中容积率的确定一般是由经验相对丰富的规划师以城市总体规划为依据，结合具体用地的区位、土地用途等条件，通过分类统计、参照对比的方法来制定。不可否认，按照经验制定的容积率指标，也可以对城市建设和发展起到一定的控制和引导作用，但由于缺乏定量分析和总量控制，容积率值容易随特定的制定人而变化，而出现规划偏差。

此外，还存在为了人为追求城市轮廓线变化和建筑艺术效果等，随意设定容积率的情况；一些规划人员甚至在容积率制定过程中，对现场踏勘不仔细，对用地权属不清楚，对地方发展意愿不甚了解，就匆匆草率确定了容积率。这些都会导致确定的容积率与城市发展规律不相适应，造成实施的困难。

（二）在容积率的管理环节方面

目前，在城市容积率的实施管理过程中，还普遍缺乏对城市容量总体控制的制度设计，没有对城市容量在空间上进行层层分解。由于缺乏管理依据，在容积率调整中，常常会由于众多局部量的积累，导致出现"微观合理、宏观失控"的状况。容积率管理制度的不健全还体现在容积率的计算方法不统一，部分开发企业通过技术手段变相增加容积率，提高地块建筑容量，如目前市场上普遍采用的送空中花园、入户花园、超大露台、超高层高暗藏复式等营销卖点，其实就是尽可能向客户推销现行法规中不计面积或者计算一半面积的"灰空间"，而后由住户入住之后自行封闭、隔墙、封楼板等扩大为使用面积。这些实际上就是一种变相提高容积率的做法，而现行法律法规没有严格控制措施，其结果是产生的外部负效应会不断积累，导致一定区域内的人均公共空间和公共设施资源水平下降，影响城市人居环境质量。

（三）在容积率管理的实施监督方面

在容积率管理的实施监督过程中，主要存在以下问题。一方面是管理部门对于建设项目跟踪监督不够。开发商往往以各种手段和办法来要求提高容积率。从办理规划用地许可到建设工程许可、从方案初设到施工图设计和竣工验收阶段，开发商往往采取层层逼近、步步为营的策略，在每一个环节对容积率进行所谓的"微调"，由于管理部门对于这种"微调"缺乏详细的跟踪监管，导致多个环节的累积，对容积率的调整就从量变形成了质变。另一方面，在后续处罚过程中机制也不够严格，如一些城市的管理部门对于开发商的容积率调整，多采取罚款了事，由于违法成本很低，对开发商难以形成应有的警示作用。此外，容积率的监管还缺乏相关利害关系人的有效介入。容积率的调整，尽管也有其公示程序，但这种公示往往是在不明确利害关系人或者大多数利害关系人不知晓的情况下展开的，因利害关系人无法有效介入因而难以形成应有的严格监管机制。

三、容积率问题产生的原因

（一）容积率确定的依据不足

在城市容积率的制定过程中，由于缺乏上位规划的定量依据，往往无法从宏观进行把握，因而导致实际确定过程中往往是以定性分析为主，定量分析为辅。

目前在确定容积率时常用的方法主要有四种：环境容量推算法、人口推算法、典型试验法、经验推算法。这些方法都有其优点和适用性，但都存在主观性较强和依据不足的缺点。在这种情况下，制定的容积率不够科学，难以有说服力，也影响了其实施的效果。

（二）城市发展客观存在的不确定性

在容积率的实际管理过程中，由于城市发展存在诸多的不确定性，客观导致了容积率调整现象的出现。

以当前为例，全国主要经济区的区域发展规划相继获得国家层面审批，大多面临全新的发展机遇。城市发展定位的提档升级，以及国家为了应对金融危机所布局的一系列重大项目的规划建设，对城市发展依托的外部环境带来重大变化，如天津的滨海新区、重庆的两江新区、海南的国际旅游岛的建设等，在推动相应城市的经济社会和城市建设以超常规的方式进行发展的同时，也促使原有城市功能进行完善和用地结构进行相应调整；再如大学城、科学城、大型会展中心、体育中心、博览展馆等大型公共设施建设引发的后续效应，也会引起城市局部区域的异军突起式发展。这些重大的不确定性因素，导致拟实施的建设项目与原控规确定的规划整体控制要求不符，从而产生相当数量的控规调整，规划的容积率也需要相应改变。

此外，在一些城市，由于社会经济的高速发展，以及原规划对城市产业结构升级和调整的预计不充分，大规模的"退二进三"、"退城进园"、"危旧房改造"等诸如此类的城市重大建设发展战略的实施，也会带来城市土地利用的性质和结构较规划出现较大变化，并常常由此引发对控规指标包括容积率的调整。

（三）以经济为导向的利益驱动

一些城市受以 GDP 考核为标准的政绩观驱使，为了吸引大的开发商进入城市进行房地产开发，往往迎合开发企业的要求，在提高规划容积率后，再进行土地的招拍挂，使得许多土地以较规划更高的容积率出让给开发商。

招拍挂后由开发商申请的容积率调整，不仅引起大量社会财富的非正常转移，也是引起容积率腐败的主要原因。受利益驱动，一些开发商通过各种手段千方百计地要求规划主管部门提高容积率，在达成自身利益最大化的同时，也向开发地区周边输出了边际负效应，导致城市整体环境价值下降。

（四）管理部门的短视行为

一些城市的土地一级开发机构往往背负着为城市建设发展积累资金的压力，希望在土地招拍挂前通过提高土地容积率，降低政府财政压力，往往因此提出容积率调增的诉求，如企业破产改制搬迁、"退二进三"、"退城进园"、旧城和城中村改造、城市居民和农民拆迁安置补偿、公益设施建设资金筹集等，各类依附于土地的矛盾日益突出，这些矛盾的焦点往往是寻求利益最大化，调增容积率则被视作解决问题的最直接有效和成本最低的手段。

为了表现出服务发展的姿态，规划部门常常难以拒绝同级政府和土地储备机构提出的容积率调增要求。长期以来，由于规划行业内部对城市总体容量控制的理论和政策手段准备不足，在容积率调增的博弈中，规划管理部门往往处于被动的地位，不得已同意对容积率的调增要求。此外，容积率作为一项技术性较强的评价指标，其调增引发的问题存在隐蔽性，使容积率调增可能引发的城市环境宜居水平下降问题不能像日照间距和建筑退让及绿地面积等指标一样直观明显。居住其中的居民会随着建筑容量的增加，人均公共空间资源占有水平下降，生活质量相应降低，问题会在城市建设和更新改造中逐步积累并爆发。

（五）公众参与不充分

容积率在既定的公共服务设施服务区域的调增，超过了平均容积率水平，实际上意味着该区域人均公共服务设施和公共空间资源占有量的减少，对原住民而言，意味着侵犯了他们既有的合法权益。在现行政策框架内，没有更多有效的救济措施保障原住民的相应权益，同时对利害关系人的界定也还不够清晰。目前，各地对容积率调增一般都按照有关规定进行公示，听取对此类行政许可行为的不同意见，利害关系人虽然拥有申请举行听证会的权力，由于容积率问题的专业性，使得非专业人士难以敏感了解容积率调整可能对自己产生的不良影响，所以较少使用听证申请权，真正因为公示有不同意见而不调增或少调增的情况少有所闻。

与此同时，《城乡规划法》要求的"征求规划地段内利害关系人的意见"，而赋予利害关系人的同意权，没有得到较好落实，"利害关系人"的范围不明确，即使提出否定意见，一般也不会影响容积率调增的决策，具体操作中大都以附具公示情况说明的方式上报审批。

四、对容积率管理的探讨

城市容积率管理的重要性是不言而喻的，就城市整体而言，容积率管理是保障城市健康运行的重要规划技术手段。容积率一旦失控，一方面可能造成城市空间资源的无序使用和浪费，城市集约化程度下降，土地利用效率降低；另一方面，过高的容积率往往会造成基础设施、公共服务设施配套能力不足，从而带来交通堵塞、空间环境拥挤、防灾能力减弱、环境品质下降、热岛效应等城市病，从而影响城市运行效率。

　　容积率的合理确定具有重要的经济、社会和环境意义。容积率的确定实质上还是对城市建设用地未来收益的预设，关乎政府、开发商和相关利益群体的未来收益，合理的容积率有助于维护业主的正当物权，实现空间资源配置的公平正义。

　　容积率管理还是促进社会和谐的重要手段。容积率不仅关系到实实在在的经济收益，也关系到身边可感知的城市环境；不仅关系到当代人的居住环境，还关系到子孙后代享有城市生活的品质。这属于公共利益和社会可持续发展的范畴，仅靠市场是难以实现的，必须在宏观调控层面予以严格管制。

　　总的来看，容积率不再是一个单纯的技术指标，而是关系到城市健康、收益公平、社会和谐的重要元素，因此有必要对其进行更深入的研究，探索合理制定和管理的措施和方法。结合国内目前在实际的规划与研究、管理过程中的相关经验，提出以下六个方面加强容积率管理的对策、措施。

（一）强化容积率的宏观研究与控制

　　对容积率的管理，必须从规划编制的源头就先行介入。传统的大中城市的城市规划编制体系，一般由城市总体规划—分区规划—详细规划三层次组成。但总体而言，宏观方面由于缺乏城市总体层面的容量把握，由分区规划直接过渡到详细规划，很容易导致局部地区的容量积累失控和无序的问题；在微观方面，则存在地块指标确定依据不充分的问题。但如果在规划编制体系中，引入容积率的宏观研究与控制，提出从宏观到微观容量分配的控制原则和方法，则能够促进容量总体控制目标由上至下的层层衔接和落实（图1）。

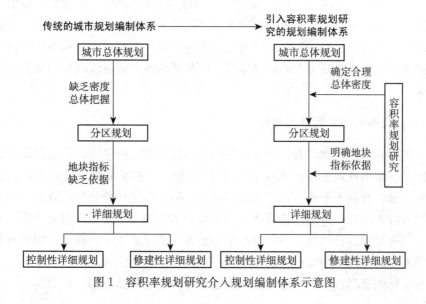

图1　容积率规划研究介入规划编制体系示意图

在我国，香港最早通过《香港规划标准与准则》，制定了全港密度分区制度，以此指导不同地区的发展容量控制。2003年以来，其他城市诸如深圳、上海、重庆等先后编制了城市密度分区规划，昆明、东莞等城市则正在或筹备开展相关研究。依据城市密度分区规划，重庆市从2009年开始，逐步对在内环区域要求调增居住规模的建设项目，提出原则上须在同一区域内平衡的要求。

从部分城市的实践来看，容积率的宏观研究与规划已经开始在城市规划编制体系发挥出了较好的作用，促进了城市总体规划—分区规划—控制性详细规划三阶段对城市容量在控制目标和依据上更好的衔接与协调。

（二）增强容积率指标制定的科学性

宏观上引入容积率的规划研究之后，有利于在微观控制性详细规划编制过程中制定适宜的容积率。宏观研究指引下的容积率，一般为一个推荐的"区段值"。这个"区段值"只是供控制性详细规划编制中在确定单个地块容积率时作为依据和参考，并不能完全直接生搬硬套。

事实上，在具体的地块容积率确定过程中，规划师还需要通过当时、当地的实际情况，有针对性地来确定合理的容积率。一方面，可以通过宏观研究确定的"区段值"，来抵制开发商对于高密度的无序追求；另一方面，要认真研究单个地块与所在区域的关系，体现地方特色，通过"区段值"来制定适宜的地块容积率指标。

对于单个地块而言，理想的容积率值是客观存在的，而基本的极限容积率值也是客观存在的。对于需要限高的区域，极限容积率往往体现为上限值；对于工业用地、城市低密度区域（比如别墅区），极限容积率则往往体现为下限值。规划师需要在理想容积率值与极限容积率值之间选取一个合理的容积率值。确定这个合理容积率值的过程，实际上就是规划师与涉及其中的不同的利益群体协商和博弈的过程，而最终确定下来的具体值，则是平衡各方利益情况后均能接受的一个结果。

（三）完善容积率管理的制度

从国内城市的实践来看，为了更好地推动容积率的依法管理，诸多城市制定并实施了《城市规划管理技术规定》，以此来作为容积率的重要管理手段。技术规定的实施，有利于平衡各方面利益诉求，有利于强化社会监督，有利于依法进行规划管理和决策，目前已成为诸多城市容积率管理公平公正的重要手段。具体而言，主要是通过技术规定中的容积率控制表，结合宏观研究或上位规划所确定的不同密度的分区，制定相应的基准容积率。

在实际的管理过程中，需要进一步细化容积率的计算规则，从而从根本上建立起公平公正的容积率管理手段。从目前城市规划管理技术规定设定的容积率指标来看，一些城市规定了容积率上限值，另一些城市则设定的是容积率区间值。在城市规划的实际管理中，同样面临着容积率值取舍的依据问题，即在什么情况下取容积率上限，而又是在什么情况下取容积率下限？此外，一些容积率规定中还出现了"旧城"、"新区"、"内环"、"外环"等不同的地域空间概念，这些不同地域的容积率管理，也有待建立起其科学严密的管理依据。上述问题，需要在公平公正的容积率管理制度建设过程中，进一步予以明确、细化。

（四）建立容积率的补偿和转移机制

在市场经济体制下，个体的利益追求是经济发展的强大动力，因此行为个体各自以私有利益为归依的建设行为都无可厚非。有鉴于此，西方发达国家很早就开始推行土地开发权补偿和转移制度，其前提就是将土地的所有权和开发权进行分离，承认每块土地平等地拥有开发权，开发权利可以用于市场交易。在我国现行的规划管理体系改革创新中，可以结合市场经济体制的需求和这些成熟与切实可行的经验，建立起容积率的补偿和转移机制，更有效地担负起利益协调的职能。

对于城市中的一些具体地块而言，因城市公共利益的需要，提供了公共设施的建设条件和公共开放空间等而降低了开发强度，应实行一定的建筑面积补偿。国内已有一些城市，如北京、上海、南京等地均采取了容积率补偿这一政策，并制定了相应的补偿前提和标准。条件成熟时，还可考虑设立"容积率银行"，为容积率异地转移创造平台。在具体地块开发强度不能得到公平满足的情况下，可以将相关需要补偿的建筑面积予以"存储"或"转让"于市场，以保障开发建设主体的正当权益。

（五）健全容积率调整的决策和监督机制

健全容积率调整的决策和监督机制，重点在于三个方面：

一是形成市场利益的制衡和监督机制。在容积率指标调整管理决策过程中，应当吸收一定数量的专家及公众参与决策，改变既有的组织编制规划、管理实施规划、决策调整规划的管理模式，对规划决策权和执行权进行合理分置。目前，一些城市已成立了专门的规划审批决策机构，如深圳市结合城市规划委员会制度，建立了规划委员会下设的法定图则委员会，专门负责控规指标调整的审查及决策，提高了控规指标调整管理决策的质量和效率。

二是实行容积率指标调整的政务公开。目前从技术层面讲，容积率指标调整工作自由裁量权较大，必须实施"阳光工程"，尤其是要加大利害关系人参与决策过程的力度。在容积率指标调整政务公开方面，要针对利害关系人设置专门的听证程序，进一步加强公众参与，让权利"在阳光下运行"，通过借助社会的监督力量来实现容积率调整的公平公正。

三是健全依法行政的法律法规。在目前城市规划法律法规逐步完善的过程中，应当进一步细化制定控规实施及调整环节的各项规定。在容积率指标调整的行政管理活动中，强化对控规实施情况及指标调整工作的跟踪检查，规划部门或其工作人员如果违反行政法律义务构成行政违法或行政不当，应当依法承担相应的法律责任。

（六）制定容积率管理的协同配套措施

如前所述，单个地块调增一定幅度的容积率值，往往并不能产生"立竿见影"的负面效应，难以引发公众和社会的关注。实际工作中，可以通过容积率管理的协同配套措施的建设，如加强对建筑日照间距、建筑物退让、建筑物层高等相关视觉敏感性要素的规划控制，来辅助实现对容积率的管理控制目标，间接支撑和减少容积率直接管理中所面临的压力。

具体而言，一是要强化建筑间距的管理。目前国内大多数城市对建筑间距控制多采用规定一个最小间距值，并随着建筑高度的增加按比例增大的方法，在确定民用建筑间距时，需要进行日照分析，同时还要重视朝向、区位和建筑类别等因素在确定相邻建筑物间距中的作用。间距控制对于有效降低城市密度，强化容积率控制具有重要和关键的作用。

二是要强化建筑物退让的管理。国内诸多城市已经明确了建筑物沿城市道路（红线）退让距离规定，但对比而言则深度各异。为了强化相关规定的可操作性，应尽量明确不同情况、不同类型的退让间距规定。同时，还要注重对山体、河道及公共绿地等离界距离的退让。上海明确规定了沿河道的建筑物退让间距，杭州和成都等城市则对建筑物后退城市公共绿地边界的距离作出了明确规定，这些经验应该在国内城市的规划管理中广泛推广。

此外，还要细化建筑物的层高控制管理。如天津、南京、成都等城市对各类建筑物的层高均制定了细化限制性规定，并且规定了相应的折算系数。这些城市的规定在逻辑表述上十分严谨，也便于管理上的操作。

五、结语

随着针对容积率制定、管理和实施问题研究和治理的开展，城市容积率问题正在得到有效的遏制。容积率的调整在许多城市都已上升至政府决策层面，规划部门在其中的作用更多体现为对决策后果的描述和前期论证。但总体来看，由于GDP在目前各地方政府发展考量中占据重要地位，以经济为导向的价值取向在许多地方短期内仍无法扭转，因此容积率调增的压力会一直持续存在。尽管本文从规划编制到规划管理均提出了诸多对策和措施，但仅从制度建设和管理手段的完善出发，远不足以彻底解决城市中出现的形形色色的容积率问题，容积率问题的真正解决和管理目标的实现，还有赖于全社会的共同努力与每一位公民和法人守法自律意识的全面提升。

参考文献

[1] 邹德慈．容积率研究 [J]．城市规划，1994 (1)：19—23．

[2] 葛京凤，黄志英，梁彦庆．城市基准地价评估的容积率内涵及其修正系数的确定——以石家庄市为例 [J]．地理与地理信息科学，2003，19 (3)：98—100．

[3] 邓凌云，尹长林．科学发展观下容积率的合理制定 [J]．山西建筑，2006，32 (20)：53—54．

[4] 蒋美荣．基于效益最大化的房地产项目容积率确定研究 [D]．重庆大学硕士论文，2008．

[5] 王世福，许松辉．效率导向中的基本判断：提高容积率的解读 [J]．规划师，2007 (9)：12—14．

[6] 郑国庆．关注房地产问题高发区——容积率 [J]．中国建设信息，2009 (7)：28—29．

[7] 周丽亚，邹兵．探讨多层次控制城市密度的技术方法——《深圳经济特区密度分区研究》的主要思路 [J]．城市规划，2004，28 (12)：28—32．

[8] 杨俊宴，吴明伟．奖励性管制方法在城市规划中的应用 [J]．城市规划学刊，2007 (2)：77—80．

[9] 郑萍．浅议城市建设中的容积率问题 [J]．上海城市规划，2002 (4)：28—29．

[10] 丁湘城，彭瑶玲，孟庆．国内建筑工程规划管理的比较及对重庆的启示 [J]．规划师，2008，24 (9)：72—75．

[11] 住房和城乡建设部．建规 [2008] 227 号文《关于加强建设用地容积率管理和监督检查的通知》，2008．

附：关于容积率的定义

《城市规划基本术语标准》（GB/T 50280—98）（以下简称"国标"）将容积率定义为："一定地块内，总建筑面积与建筑用地在规划管理中面积的比值。"即"净"地块上的总建筑面积/地块面积。容积率表达的是"净地块"，即是指为建筑所使用的场地，其面积不包括城市公用的道路、公共绿地、大型市政及公用设施用地、历史保护地段等。

国内部分城市相关规划管理技术规定对容积率的概念界定如下：

《北京市容积率指标计算规则》界定："容积率系指一定地块内，地上总建筑面积计算值与总建设用地面积的商"。

《上海城市规划管理技术规定》界定："建筑容积率指建筑物地面以上各层建

筑面积的总和与建筑基地面积的比值"。

《天津市城市规划管理技术规定》界定："容积率为用地范围内，地上各类建筑物建筑面积的总和与用地面积的比值"。

《重庆市城市规划管理技术规定》中提出建筑容积率的概念，其定义为："建筑容积率指地上建筑面积与建设用地面积的比值"。

《南京市建设项目容积率管理暂行规定》界定："容积率是指某一基地范围内，地面以上各类建筑的建筑面积总和与建设用地面积的比值"。

《成都市规划管理技术规定》中对容积率的补充解释为："容积率系指在规划项目建设用地内，计算容积率的建筑面积总和与规划项目建设用地面积的比值"。

（撰稿人：彭瑶玲，重庆市规划设计研究院副院长，教授级高级工程师；钱紫华，重庆市规划设计研究院研究所副所长，高级工程师；孟庆，重庆市规划设计研究院研究所副所长，工程师；曹力维，重庆市规划设计研究院研究所，工程师；王芳，重庆市规划设计研究院研究所，工程师）

动态篇

Trends

2009年中国城市规划协会动态

一、围绕住房和城乡建设部2009年的中心工作积极开展行业活动

2009年住房和城乡建设部城乡规划的总体思路是：贯彻落实十七届三中全会和中央经济工作会议精神，抓紧做好城乡规划相关工作，促进经济平稳较快增长；完善《城乡规划法》配套法规体系，强化城乡规划依法行政工作。改革城乡规划编制方法，将编制工作从注重理论转为注重实施操作。加强城乡规划的实施监督，保护生态和历史文化资源，避免低水平重复建设。注重城乡统筹工作，抓好城市带动郊区统筹发展的典型。

协会围绕部中心工作，以深入学习实践科学发展观活动为动力，贯彻落实科学发展观和中央经济工作会议精神，进一步贯彻《城乡规划法》，充分发挥城乡规划在扩大内需、促进经济平稳较快增长和统筹城乡、促进城镇化健康发展方面开展了许多有益活动，为加强城乡规划行业管理做了大量的工作，并取得了明显的进展和成绩。

（一）围绕《城乡规划法》的贯彻实施开展活动

图1 中国城市规划协会规划管理专业委员会年会暨深入贯彻落实《城乡规划法》研讨会

为深入落实《城乡规划法》，加强规划行业建设和发展，2009年8月，以贯彻落实《城乡规划法》为内容的研讨交流会，暨"中国城市规划协会规划管理专业委员会年会"在西安召开（图1）。姜伟新部长发来贺信。唐凯司长受仇保兴副部长委托，作了关于《我国城乡规划管理工作》的主旨报告（图2）。报告以对我国目前规划行业工作的认识、《城乡规划法》出台后在城乡规划管理中需要强调的内

容，以及对规划管理的监督制约三个方面为主，提出应从观念上端正城乡规划建设的指导思想，要根据《城乡规划法》加速完善城乡规划法规体系，要在逐步完善城乡规划体系的同时推动城乡规划管理体制的改革，要以建立监督检查制度为基础，加大力度搞好专项治理等工作，以及要利用各种先进手段积极推动我国城乡规划科学技术水平的提高。

图2 唐凯司长受仇保兴副部长委托作主旨报告、赵宝江会长讲话

中国城市规划协会会长赵宝江对近年来贯彻落实《城乡规划法》的基本情况和经验进行了总结。他指出，《城乡规划法》是城乡规划领域的最高法律，贯彻城乡规划法是规划行业义不容辞的任务。他强调，贯彻落实城乡规划法和贯彻落实科学发展观是高度一致、密不可分的；必须坚持先规划后建设的原则，坚持城乡统筹的原则，坚持生态文明建设的原则，维护城乡规划的严肃性；按照住房和城乡建设部、监察部下发的《关于对房地产开发中违规变更规划、调整容积率问题开展专项治理的通知》要求，一定要认真搞好专项整治工作。并对今后的工作提出了具体要求。

（二）完成了2007年度全国优秀城乡规划设计奖评选工作，组织开展2009年度评优工作

自1998年协会负责"全国优秀城乡规划设计奖"评选工作以来，得到了全国规划设计单位和广大规划设计工作者的积极响应，已相继组织并完成了六届优秀规划设计奖的评选工作，申报项目数量逐年上升，获奖项目数量也呈递增趋势。累计各届参选的规划设计单位近万个，参选人次近十万人，共评选出获奖项目537项（不包括表扬奖）（图3）。

协会在2009年完成了"2007年度全国优秀城乡规划设计奖"评选工作，共评出优秀城市规划项目174项，其中一等奖13项、二等奖41项、三等奖80项、表扬奖40项，于"2009年全国规划院院长会议暨2007年度全国优秀城乡规划设计颁

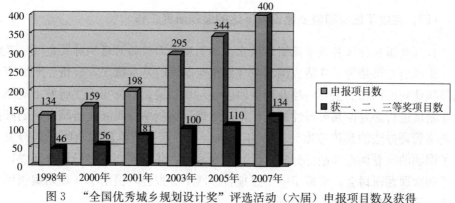

图3 "全国优秀城乡规划设计奖"评选活动（六届）申报项目数及获得一、二、三等奖项目数

奖大会"上对获奖项目进行了表彰并颁发了奖牌，并特设立最佳组织奖，共有20家单位获得。之后，编辑出版了《全国优秀城市规划获奖作品集（2007—2008）》。

在2007年度全国优秀城乡规划设计奖评选的基础上，2008年度全国优秀工程勘察设计奖评审工作也全面展开，经协会推荐并经评选，共评出金奖1项、银奖1项、铜奖3项。

2009年度全国优秀城乡规划设计奖评选工作于2009年7月份正式部署，截至2009年年底，已收到材料446项，是历年来收到材料最多的一届。2010年1月，协会成立了第二届全国优秀城乡规划设计奖评选组织委员会，之后，发布了新的《全国优秀城乡规划设计奖评选管理办法》和《全国优秀城乡规划设计奖评选组织委员会工作规则》。协会将在2010年完成2009年度的全部评优工作。

（三）围绕《历史文化名城名镇名村保护条例》的贯彻实施开展活动

为认真贯彻落实《历史文化名城名镇名村保护条例》，加强对历史文化名城名镇名村的保护与管理，根据住房和城乡建设部城乡规划司和部执业资格注册中心的有关要求，协会于2009年6月在泉州举办了《历史文化名城名镇名村保护条例》培训班。对贯彻实施《历史文化名城名镇名村保护条例》，提高城乡规划从业人员的历史文化名城名镇名村保护意识和依法行政起到了促进作用（表1）。

《历史文化名城名镇名村保护条例》培训班一览表　　　　表1

	时间	地点	学时	学员人数
第一期	2008年7月31日～8月2日	绍兴	40	69
第二期	2008年9月23日～9月27日	开封	40	104
第三期	2009年6月5日～6月9日	泉州	40	126
合计				299

（四）完成了住房和城乡建设部下达的课题研究工作

1.《我国实行注册城市规划师执业资格制度所面临的问题和对策建议》课题

该课题主要是为了弄清我国城乡规划执业制度的基本情况，分析注册城市规划师执业制度面临的主要问题及产生原因，对规划编制单位实施注册城市规划师执业制度进行必要性和可行性的论证，提出规划编制单位实施注册城市规划师执业资格管理办法的具体方案。2009年，协会与五家参研单位对全国规划行业进行了课题的问卷调查和赴部分省（区）实地调研，共收到300多份调查问卷，召开了四次课题研讨会，形成了一个总报告、两个分报告，提出了《规划编制单位实施注册城市规划师执业资格管理办法》的初稿和说明。

2.《争创一流规划设计院——国内部分规划设计院发展水平调研报告》课题

根据重庆市规划局党组部署，为提升重庆市规划设计研究院整体实力，不断向全国一流规划设计机构发展目标迈进，顺应现代化的需要，实现长期全面可持续发展，为地方政府更好地服务。为抓住城市发展新机遇、强化规划技术管理、培养高端技术人才、不断创造优秀规划设计成果，重庆市规划设计研究院于2008年启动了"创全国一流规划院行动纲领"的编制工作。为此，亟需对国内部分规划设计院的整体发展水平进行了解。通过对国内部分规划设计院的系统调研，吸取良好的经验，为重庆市规划设计研究院的发展提出建议。2009年4月，中国城市规划协会受重庆市规划设计研究院委托，组织开展国内部分规划设计院发展水平调研。协会拟在2010年完成该课题任务。

二、以纪念新中国成立60周年为契机，积极开展各项活动

2009年是新中国成立60周年的特殊年份，这60年是城乡面貌发生巨变的60年，是人民群众居住水平显著提高的60年，是人居环境持续改善的60年。在邓小平理论和"三个代表"重要思想的指引下，全国人民认真贯彻落实科学发展观，万众一心，锐意进取，使我国经济社会发展取得了举世瞩目的成就，城镇化进程进一步加快。

协会以纪念新中国成立60周年为契机，顺应我国城乡规划行业改革与发展的需要，本着为行业发展和会员单位服务、为政府决策服务的精神，重视履行代表、协调、服务、自律的职能，团结广大会员单位和规划工作者，围绕我国规划建设领域的中心工作、行业发展中出现的问题和会员诉求，开展了多项有益活动，为促进规划行业的不断改革和发展及技术进步，整合行业各专业资源，充分发挥了行业协会的特殊作用。

(一) 中国城市规划协会顾问委员会纪念新中国成立60周年座谈会

结合我国60年来城乡规划事业的发展历程、理论与实际、成就与经验，2009年9月，协会在聊城举办了"中国城市规划协会顾问委员会纪念新中国成立60周年座谈会"。

与会委员分别针对自己城市在新中国成立60年来的规划与发展，特别是改革开放以来产生的巨大挑战、冲击与变化对自己的影响，畅谈了任职经历、切身体会和工作经验，并进行了感慨万千的思想交流。尤其对科学发展观的提出和《城乡规划法》的颁布，在促进我国城市实现以人为本，全面、协调、可持续发展方面所发挥的巨大作用给了充分的肯定。同时，对我国目前及未来的城市规划发展问题进行了深入的讨论，并对如何促进我国城市规划建设和进一步发展提出了许多建设性意见。

期间，协会还举办了"顾问委员会聊城规划发展座谈会"。委员们对聊城市的规划建设成就，特别是对聊城的规划编制工作成果和名城保护成就作了肯定，并针对聊城市规划建设中出现的现实问题进行了深入讨论。这次会议发挥了顾问委员会专家们的积极作用，对促进地方工作、增进友谊，起到了良好的效果。

(二) 第二届"京津地区城市规划系统文艺汇演"

以纪念新中国成立60周年为主线，重点展现改革开放30年以来城市规划行业的发展历程及当代城市规划工作者的精神风貌，激发规划工作者的爱国热情。加强京津地区城市规划的联系，提高城市规划行业的凝聚力，在"首届京津地区城市规划文艺汇演"取得圆满成功的基础上，举办第二届"京津地区城市规划系统文艺汇演"活动。为筹备本次文艺汇演，协会同北京、天津两地规划部门共同组织召开了多次协调会。

汇演于2009年11月26日在天津市中华剧院隆重举行。北京市规划委员会、北京市城市规划设计研究院、中国城市规划设计研究院、北京清华城市规划设计研究院、天津市城市规划设计研究院、天津市建筑设计院、天津市勘察院等单位分别献上了鼓乐、大合唱、小合唱、独唱、对唱、京剧联唱、小品、歌伴舞、小舞剧、踢踏舞、音乐快板等17个精彩纷呈的文艺节目。近三个小时的演出反响非常热烈，现场气氛欢快、热情洋溢，淋漓尽致地展示了我国规划工作者的豪情励志和青春活力，激发了规划工作者的工作热情和爱国情怀。

三、以推进社会管理改革为目标,不断开拓服务领域

(一) 2009 年全国城市规划协会秘书长(扩大)会议

2009 年下半年,协会在贵州召开了"2009 年全国城市规划协会秘书长(扩大)会议"(图4)。各地方协会根据自身建设、面临的问题、工作状况和评优创优过程中出现的新情况进行了广泛交流和讨论。期间,会议部署了 2009 年度的评优工作,通过了"开展 2009 年度全国优秀城乡规划设计奖评选工作"和"全国优秀城乡规划设计奖最佳组织奖评定办法"两个方案。会议进一步推动了我国城乡规划行业协会自身发展建设,提高了城乡规划编制设计的工作水平。

图 4 2009 年全国城市规划协会秘书长(扩大)会议

(二) 2009 年全国规划院院长会议暨 2007 年度全国优秀城乡规划设计颁奖大会

协会协同上海市城市规划行业协会、上海市规划和国土资源管理局、上海市城市规划设计研究院共同召开了"2009 年全国规划院院长会议暨 2007 年度全国优秀城乡规划设计颁奖大会"。来自全国各地的规划院院长及香港特别行政区政府规划署的代表出席了会议(图5)。

图 5 开幕式盛况

在会议上，中国城市规划协会副会长兼秘书长王燕宣读了对 2007 年度全国优秀城乡规划设计获奖项目和全国优秀城乡规划设计评选活动最佳组织奖获奖单位进行表彰的决定，并举行颁奖仪式，颁发了奖牌。

会议还特别安排了对 2007 年度全国优秀城乡规划设计获奖项目的点评活动。邀请到住房和城乡建设部城乡规划司孙安军副司长以及中国城市规划设计研究院杨保军副院长以评审工作概况、分析获奖项目的变化趋势和谈论参加评审工作的感想，对 2007 年度全国优秀城乡规划设计获奖项目进行了深入点评（图6）。

图 6　孙安军副司长、杨保军副院长对获奖项目进行点评

住房和城乡建设部的有关领导作了主旨报告。上海市规划和国土资源管理局领导、人力资源和社会保障部有关领导作了专题报告。各地规划院院长们围绕会议主题分别进行了专题发言、交流座谈、规划成果创新交流论坛等活动。

四、以发挥专业委员会作用为推手，提高协会整体工作效能

（一）规划管理专业委员会

规划管理专业委员会各项交流和研讨活动以《城乡规划法》的贯彻实施问题为中心，于 2009 年 8 月下旬在西安召开了规划管理专业委员会第三届理事会年会暨深入贯彻落实《城乡规划法》研讨会。会议期间完成了规划管理专业委员会第三届委员会的换届工作。

（二）规划设计专业委员会

规划设计专业委员会在 2009 年协同协会召开了"2009 年全国规划院院长会

议"，并在会议期间结合当前城乡规划编制体制问题进行讨论，完成了第三届中国城市规划协会规划设计专业委员会的换届（图7）。

（三）信息管理工作委员会

信息管理工作委员会于2009年下半年在百色举行了"中国·百色城市规划会议"。这次会议对促进全国城市风貌特色规划与研究工作，推动百色城市规划和建设发展起到了积极的作用。组织开展行业性课题项目研究工作，承担了《城市规划信息资源的市场化与标准化研究》课题。与《规划师》杂志等专业媒体协同，跟踪行业动态、行业焦点，开展好行业咨询宣传工作（图8）。

图7　第三届规划设计专业委员会主任、北京市城市规划设计研究院院长施卫良

图8　"中国·百色城市规划会议"会场全貌

（四）城市勘测专业委员会

城市勘测专业委员会于2009年10月在济南召开了年会，结合最近施行的《基础测绘条例》内容，进行了深入的研究讨论、经验交流。组织完成了《城市基础地理信息系统建设工作手册》的编制工作，组织了《城市测量规范》（CJJ 8—99）的修订工作，完成了城市勘测工程评选工作（图9）。

（五）女规划师委员会

女规划师委员会作为全国妇联团体会员成员单位，就如何提高女干部的比例问题完成了中国妇女第十次代表大会调研任务，向全国妇联提交《中国妇女十大工作报告调研提纲》有关报告。2009年委员会积极开展了中西部等欠发达地区

图 9 2009 年中国城市规划协会城市勘测专业委员会年会

规划工作的调研、咨询与服务活动。

(六)地下管线专业委员会

地下管线专业委员会于 2009 年 11 月在成都召开了"地下管线专业委员会 2009 年年会"(图 10)。组织开展了《城市地下管线探测工程监理技术导则》和《城镇供水管网漏水探测技术规程》技术标准的编制工作,积极开展行业调研、技术交流、培训和技术咨询服务等工作。

图 10 中国城市规划协会地下管线专业委员会 2009 年年会

(七)规划展示专业委员会

规划展示专业委员会于 2007 年成立,目前已有委员单位 28 家。规划展示作为新兴行业,以宣传介绍城市规划建设管理工作与发展目标,吸引社会各界关心和参与城市规划,不仅搭建了公众了解、参与城市规划的平台,也极大地激发了市民热爱家乡、建设家乡的热情,是一项具有重要创新意义的城市规划手段。

2009年5月，规划展示专业委员会召开了主任委员会会议，并组织开展了"规划展示场馆的建设与科学管理理念"考察学习活动。10月份在北京召开了一届四次年会，北京市副市长陈刚发表致辞（图11），北京市规划委员会主任黄艳出席了会议。参会代表围绕"在科学发展背景下现代展示场馆面临的机遇与挑战"主题，展开了广泛交流。会议期间还举办了首届"规划展示之星"演讲比赛。本次会议在促进规划展示宣传、加强行业交流、推动规划公众参与等方面起到了重要作用。

图11　北京市副市长陈刚发表致辞

2009 年中国城市科学研究会动态

2009 年，中国城市科学研究会在住房和城乡建设部、中国科协的领导下，在胡锦涛总书记在纪念中国科协成立 50 周年大会讲话精神的指引下，围绕我国城镇健康协调发展目标，组织全体会员和理事，积极开展各项学术活动，在促进城市科学发展和科学规划、建设、管理城市等方面发挥了积极的作用。现综述如下。

一、学术研究工作

我国正进入城镇化快速发展时期，我会在 2009 年紧扣健康城镇化发展的战略目标，积极创造条件，开展各项课题研究工作。

（1）完成"2009 城市规划年度报告"编辑出版工作。该报告由本会、中国城市规划协会、中国城市规划学会、中国城市规划设计研究院共同组成编委，系统梳理回顾 2008 年城乡规划领域重点话题。从改革开放 30 年我国城镇化和城市发展的回顾前瞻、汶川地震灾后重建规划、住房政策与住房建设规划等三个方面以综述方式进行总结；并对城镇化、低碳生态城市、大城市连绵区、历史文化名城、交通规划等内容从现状、问题、展望等方面进行了年度盘点。结合"住房新政"、"城乡土地利用统筹"、"社区规划"等重点议题进行了评论梳理，反映规划作为社会经济活动的具体反映和对社会经济发展产生重大影响的公共政策，对促进社会经济的协调发展发挥的作用。

（2）完成"2009 中国绿色建筑年度报告"编撰出版工作。该报告由中国城市科学研究会绿色建筑与节能专业委员会组织编写，系统总结年度我国绿色建筑的研究成果与实践经验，指导我国绿色建筑的建设、评价、使用及维护，推动绿色建筑的发展与实践应用。主要从绿色建筑发展概况、技术研究进展、绿色建筑推广、奥运建筑评估体系、发展机遇与建议等五个方面全景记录中国绿色建筑的发展。

（3）继续组织协调"2009 小城镇和村庄建设发展"报告编撰工作。该报告从重要文件汇编、综合述评、统计分析、专题介绍、地方经验等几个方面反映解读我国小城镇和村庄建设的年度发展状况。

（4）组织完成"2009 中国城市公共交通发展报告"的编撰工作。该报告在对政府的政策和运营企业调研基础上，以数据指标、发展趋势、政策、经验交流等几个方面反映公共交通行业状况，旨在建立全国性公交行业的信息收集和发布系统，反映年度城市公交发展情况、公交企业经营状况、公交改革发展趋势、政府政策效果。

（5）积极组织完成住建部城乡规划司"区域空间开发管制模式研究——以珠江三角洲区域绿地规划管制研究为例"项目的研究工作。本会与广东省建设厅、广州市城市规划勘测设计研究院共同组织研究团队，以《珠江三角洲城镇协调发展规划（2004—2020）》为案例，从加强区域层面的生态环境建设的目标出发，结合规划提出的一级空间管制区中区域绿地的划定，研究区域绿地划定的技术方法，建立相应的技术平台，明确地域类型、管制手段、管理措施和分级管理责权，探索可供推广的空间开发管制规划分级管理模式经验。

（6）积极组织完成住建部城乡规划司"城市总体规划编制细则（市政工程、防灾减灾、生态环境保护规划编制细则；历史文化遗产保护规划编制细则）"的研究工作。本项研究工作由我会与北京市城市规划设计研究院共同组织完成。旨在进一步改进和规范城市总体规划的编制工作，对现行规划执行情况进行评估及要求，确定要素细则及规划对象。

（7）组织完成住建部城乡规划司"历史文化名城、名镇、名村保护监管体系"课题研究，旨在为实施《城乡规划法》、《文物保护法》和《历史文化名城名镇名村保护条例》，加强历史文化名城、名镇、名村保护流程中关键环节的工作，建立比较系统的监管制度、机制、途径和措施的框架。从申报监管、动态监管、专项监管、巡查监管、监督监管、问责监管等多方面构建体系。项目已针对历史文化名城进行广泛的调研工作，已完成报告撰写，近期将进行最终评审工作。

（8）组织开展住建部城乡规划司研究项目"《城乡规划法》配套制度研究——城乡一体化规划管理体制研究"，项目拟在总结各地城乡统筹规划方面政策经验和典型做法、探索建立城乡规划建设一体化的管理体制、明确城乡一体化概念的基础上，阐释城乡一体化规划管理体制与编制内容，从而归纳出相关政策建议。

（9）组织开展住建部城乡规划司研究项目"《城乡规划法》实施评估"，项目以我国中部地区（晋、豫、皖、鄂、湘、赣）为研究对象，对《城乡规划法》设计、实施和衔接配套中的问题分别进行客观分析，深入调查法律实施中各项制度设计的合法性、合理性和可操作性，与其他法律法规之间的协调性及立法技术问题，对实施效果进行评估，并提出政策性建议。

（10）组织开展住建部节能省地型和公共建筑专项研究项目"节能减排与低碳城市研究"。从建筑节能、可再生能源和节能产品制造与应用等领域，寻求城市低碳发展的解决方案，总结可行性模式，借鉴发达国家在创建低碳社会过程中的先行经验,从理论思考与政策体系构建方面提出我国应对气候变化、建立低碳型社会、提升国家整体竞争力的启示和建议。

(11) 组织开展住建部节能省地型和公共建筑专项研究项目"夏热冬冷地区绿色建筑技术的集成设计研究与技术规范"项目,根据夏热冬冷气候区的特点、经济条件、建筑设计特点和习惯,开展绿色建筑技术与建筑设计的集成研究与设计(计算机模拟技术辅助建筑设计、自然通风技术集成设计、建筑遮阳技术集成设计、屋顶绿化技术集成设计、雨水收集技术集成设计、自然采光技术集成设计、可再生能源利用技术集成),完成相关技术集成示范。

(12) 组织开展住建部节能省地型和公共建筑专项研究项目"国外推广绿色建筑政策研究"项目,对澳大利亚、新加坡、英国、美国、我国台湾等国家和地区推行绿色建筑的政策法规进行比较研究,为我国大陆地区推行制定相关政策法规,促进绿色建筑发展作理论积淀。

(13) 组织开展住建部节能省地型建筑专项研究项目"公共照明应用LED产品技术导则",拟通过对LED照明产品的性能特点、发展方向和技术水平进行调研,旨在规范和指导半导体照明产品在城市照明中科学正确地应用。

(14) 组织开展住建部村镇司研究项目"城市化过程中城镇新移民问题研究",与深圳市房地产研究中心合作,以先行城市(北京、深圳、重庆、苏州)为案例,全面掌握四市对城市新移民住房问题的政策体制,解析其制度性障碍,提出为完善住房制度、解决城市新移民住房问题的政策建议,深入研究城市新移民进入城市后遗留的相关问题,针对农村宅基地政策和制度提出相应对策建议。目前已完成报告初稿的写作并召开专家评审会。

(15) 完成中国科协决策咨询项目"未来中国城市发展模式研究",本课题力求在总结我国传统城市发展模式经验教训的基础上,探索科学发展观和建设和谐社会理念下中国城市发展的新模式,以及促进城市发展模式转型的规划技术和政策体系。该课题已于2009年11月通过中国科协结题验收,并获得好评。先期上报二期专报,从城市发展新理念与构建城市发展新格局两个方面提出我国未来城市发展的趋势与政策。并于年内从未来城市发展空间结构、影响城市模式的因素及构建创新型城市方面提炼三篇专报上报中国科协。

(16) 完成中国科协决策咨询项目"灾后重建规划选址相关问题研究"。项目已于11月通过中国科协项目结题验收工作,获得好评。并以"地震灾后城乡恢复重建应科学选址"、"国内外地震灾害历史经验对我国城镇建设的启示"、"汶川地震灾后山区乡镇恢复重建的对策建议"为题上报三篇研究专报。在对国内外地震灾害的经验、教训进行总结和反思的基础上,提出对于灾后重建规划选址的技术原则与相关政策建议,对未来地震灾后城乡重建规划选址等提供有益经验和技术指导。

（17）完成《中国低碳生态城市发展战略》项目研究，该项目在大卫与露茜尔·派克德基金会、威廉与佛洛拉·休利特基金会和能源基金会的联合资助下，由本会牵头，组织了中国科学院科技政策与管理科学研究所、国务院发展研究中心发展战略和区域经济研究部、同济大学建筑与城市规划学院、清华大学公共管理学院公共政策研究所、中国城市规划设计研究院国际合作发展部、环境保护部环境工程评估中心、清华大学建筑学院、国家发改委能源所、中国城市规划设计研究院城市交通研究所、住房和城乡建设部城市交通工程技术中心等单位共同开展研究工作。课题研究从2007年6月至2009年3月，共同形成1个主报告和10个分报告，即主报告：中国低碳生态城市发展战略，分报告一：中国城市化战略的低碳之路，分报告二：基于主体功能区的中国区域和城市发展战略研究，分报告三：可持续城市的规划策略研究，分报告四：中国城市化发展中的公共治理与政府职能转变研究，分报告五：生态城市规划原则与国际经验，分报告六：中国城市化进程中的环境问题及环境管理研究，分报告七：中国绿色建筑发展战略研究，分报告八：中国城市可持续发展背景下的工业发展道路研究，分报告九：中国公共交通引导城市发展策略研究和分报告十：中国BRT规划设计导则。项目成果已出版，并于10月召开了新闻发布会。

（18）与UTC（联合技术公司）合作，开展五年期的"生态城市指标体系构建与生态城市示范评价"项目研究工作。2009年为项目的试点年。旨在倡导建立适合我国国情的生态城市规划、建设和管理模式，通过对各种空间尺度和地域性的生态城市规划建设实例研究，开展不同层次、尺度的生态城市评价，遴选出优秀的城市范例。目前项目研究已完成第一年工作任务。

（19）与同济大学建筑与城规学院合作完成全国市长培训中心城乡规划建设管理系列教材之《低碳生态城市的理论实践》一书，目前已完成纲要编写工作。拟于近期完成编写，提交使用。

（20）与复旦大学中国经济中心合作完成中央财经办公室"十二五城镇化"专项研究工作。承担第二子课题"我国经济发展趋势与城镇化发展道路研究"专项。研究金融危机、工业化模式转型、产业结构变化对我国城镇化和城镇发展的影响，在对我国经济发展和结构调整趋势分析的基础上，结合我国资源环境条件和"十二五"经济社会发展目标，提出我国新型城镇化发展道路、发展模式的内涵。并赴河南、重庆进行专项调研，已完成报告写作。

二、学术交流活动

2009年，研究会围绕"科学发展观"与"节能减排"的主题，开展多渠道、全方位的学术交流活动，通过多层次、多类型的学术会议，积极推进城市科学的普及，更好地为会员服务、为城市服务、为建设工作服务。

（1）3月27～29日第五届国际智能、绿色建筑与建筑节能大会暨新技术与产品博览会在北京国际会议中心举行。我会作为承办单位参与了本次会议。大会以"贯彻落实科学发展观，加快推进建筑节能"为主题，分为研讨和展览两部分。研讨会围绕绿色建筑设计与评价标志、既有建筑节能改造、可再生能源建筑应用、大型公共建筑节能运行监管与节能服务市场、供热体制改革、住宅房地产业健康发展、应对气候变化等重大问题，安排了1个综合论坛和14个分论坛。展览会展示了国内外绿色建筑、智能建筑、建筑节能和绿色建材等方面的最新技术与应用成果。有10多个国家的160多个国际组织、跨国公司、研究机构、设计院所、生产厂商等展示了绿色建筑、建筑节能等方面的最新技术与产品。

（2）7月12日，由我会、中国城市规划学会、哈尔滨市人民政府共同主办的2009城市发展与规划国际论坛在哈尔滨召开。本次论坛主题为"和谐、生态：可持续的城市"，1000多名国内外知名专家学者，城市规划建设单位、设计研究机构的业内人士齐聚冰城，献计献策，集思广益，共同探讨在人与自然矛盾日益凸显、城市人居环境恶化以及全球金融危机多重挑战下一个全世界人口最多的国家应当如何规划我们的城市，如何实现城市的可持续发展以及如何实现城市转型健康发展。与会专家围绕国内外城市规划与可持续发展、中国城市化与城乡转型、城市生态、历史文化遗产保护、城市交通和安全、城市防灾减灾、城市基础设施规划建设、城市突发公共事件应急管理、绿色交通规划建设、低碳生态城市专项技术、城市总体规划先进案例与控制性详细规划编制办法等方面进行了专题学术研讨。

（3）9月1日，由本会与台湾都市计划学会共同主办的第十六届海峡两岸城市发展研讨会在河南郑州召开。来自海峡两岸的近百名专家学者齐聚郑州，就全球化时代的城市发展、城市生态与可持续发展、防灾减灾与城市规划等议题进行了热烈的讨论和交流，期间，两岸专家围绕两岸城市发展中的热点、焦点和难点问题展开激烈的辩论。台北大学都市计划研究所林祯家教授在"城市生态与可持续发展"方面充分分析了都市绿廊道网络期程规划模式；针对"防灾减灾与城市规划"遭遇的现实难点，台湾铭传大学都市规划与都市防灾学系洪启东教授以"由军事到观光的连江南竿"为例，阐述了"脆弱的岛屿城市发展状况"；大陆专家结合中国城市在建设发展方面的经验和缺陷也作了具体的论证。中国城市科学研究会副理事长赵宝江、史善新出席本次会议，并指出两岸城市科学、城市安全等领域的合作交流潜力巨大，大有可为。台湾都市计划学会理事长冯正民亦指出："城市安全与可持续发展是我们当前急需探讨的一个重要课题，未来两岸在相关领域有着广泛的合作前景。"会后两岸学者还就两岸城市规划常用名词进行了归类对比。

(4) 9月20日，由本会与河北省住房和城乡建设厅共同承办的2009河北省城博会生态宜居高端论坛在石家庄召开。会议特邀生态城市规划、建设方面知名的国内外专家，围绕生态城市规划实践、生态城市产业发展与整合策略、城市的生态化改造、城市景观与宜居环境创造、生态城市水景观、水环境营造、生态城市土地利用等多方面议题作精彩演讲和深入研讨。共有境内外的12位专家作了主题演讲。

(5) 10月19日，本会召开了《中国低碳生态城市发展战略》成果新闻发布会。本会副理事长、中国社会科学院副院长武寅研究员出席并发表了重要讲话。世界自然基金会全球气候变化应对计划主任杨富强和中国城市科学研究会秘书长李迅分别介绍了《中国低碳生态城市发展战略》研究成果的主要内容。来自新华社、中央电视台、中国国际广播电台、《人民日报》、《经济日报》、《中国青年报》、《中国建设报》、《中国环境报》以及日本共同社等媒体的50余名记者参加了发布会，并就有关问题进行了提问，项目研究人员作了详细解答。

(6) 为交流和探讨城镇供水排水、节水及污水处理方面的先进理念、技术与管理经验，提高我国城镇水务行业的技术和管理水平，推动城镇水务行业持续健康发展，本会和中国城镇供水排水协会于11月29日～12月1日在北京举办第四届中国城镇水务发展国际研讨会与技术设备展览会。本次会议主题为"改善水环境，保障水安全"。全国政协原副主席钱正英院士到会作主题演讲，住房和城乡建设部部长姜伟新致贺信，住房和城乡建设部副部长、中国城市科学研究会理事长仇保兴主持大会开幕式并在城镇水务综合论坛作了题为《我国城镇污水处理发展状况和面临的挑战》的演讲，北京市副市长夏占义、环境保护部副部长吴晓青到会致辞，中国城镇供水排水协会会长李振东作主题报告。会议围绕保障城市水安全、改善城市水环境、加强水资源节约和再生利用、促进城市供水排水事业改革与发展等议题，在城市水行业改革、水处理技术、水质监测、再生水利用、污泥处理处置、节水管理、给水排水系统的运行管理等方面展开专题研讨与广泛交流。会议邀请来自国内外水业的行政管理人员、专家学者和专业技术人员作主题演讲和专题研讨，同期举办给水排水新技术与设备展览会、《中国城镇供排水蓬勃发展60年》纪念册发行仪式。

(7) 按照中国科协要求，拟于12月15日开展会员日专题活动。

(8) 由我会、河北省住房和城乡建设厅、唐山市人民政府主办，唐山市规划局、唐山市建设局、深圳市建筑科学研究院承办的绿色城市中国行系列活动——从绿色建筑到绿色城市论坛在唐山举办。住房和城乡建设部副部长仇保兴出席会议并以"生态城市使生活更美好"为题作了主题演讲。河北省副省长宋恩华、唐山市市长陈国鹰等出席会议。此次论坛为绿色城市中国行系列活动第一站。河北省住房和城乡建设厅、唐山市城乡规划局、深圳市建筑科学研究院的有关人员分别围绕河北省住房和城乡建设厅办公楼建筑节能案例、曹妃甸生态城案例、可再生资源与建筑一体化应用等话题进行了主题演讲。

三、分支机构重要活动

(一) 中小城市分会

2009年8月22~23日中小城市分会四届六次常委（扩大）会议在河北省磁县召开，来自全国18个省、直辖市、自治区的50多个市、区、县的130多位代表参加了会议。秘书处通报了年度工作；钟祥市人民政府李永志副市长向会议报告了第二十次年会的筹备情况；聊城市人民政府副市长蔡同民作了申办2010年第二十一次年会发言。在专题报告会上，磁县县委书记李德进作了"对接、同城、跨越——磁县城镇化的阶段性特征和战略选择"、同济大学教授杨贵庆博士作了"新时期我国中小城市滨水公共空间的规划策略"的报告。会议原则通过专家咨询委员会支持单位变更和组织机构推荐人选的议案、三个研究学组召集人推荐人选的议案、第四届委员会推迟换届工作的议案等待议文件。

2009年10月23~25日在湖北省钟祥市召开中小城市分会的第二十次年会，来自全国21个省、市、区的50个城市和单位的代表共计180余人参加了会议。本次年会以"低碳·文明·发展"为主题，提交会议论文和交流材料27篇，共计15余万字，并汇编成《中国城市科学研究会中小城市分会第二十次年会文集》，提供给与会代表交流研讨。中国城市科学研究会副秘书长徐文珍参加会议并宣读了理事长仇保兴给第二十次年会发来的贺信；并特邀请清华大学建筑学院顾朝林教授、中国城市规划设计研究院顾问总规划师王景慧教授、北京市城市规划设计研究院副总规划师石晓冬教授、泛华建设集团总裁杨天举教授分别作了"气候变化与低碳城市"、"历史文化名镇名村的保护"、"北京新城高品质发展的探索"、"中国城市发展创新模式"的专题学术报告。

(二) 绿色建筑与节能专业委员会

①督促、协助尽快完成地方绿色建筑机构的组建并启动推进绿色建筑工作。②年内新成立绿色建筑规划和设计、人文绿色、绿色公共建筑、绿色建材、绿色产业、绿色结构和绿色建筑理论与实践学组、绿色基础设施学组，目前已先后成立13个学组。③继续修改完善相关规章制度，制定有关学组的管理规定。④11月于杭州召开绿委会会员大会，组织学组和地方绿色建筑机构工作交流，沟通信息。⑤启动中美英三国绿色建筑评价标准对比研究课题。⑥受新加坡建设局邀请，中国城市科学研究会秘书长李迅、中国城市科学研究会绿色建筑与节能专业

委员会（简称中国绿建委）主任委员王有为、副秘书长邹燕青等参加了10月26～27日由联合国环境署主持的"建筑与气候变化圆桌会议"。在新加坡期间，会同清华大学朱颖心教授、林波荣副教授和我国广东、广西、福建、深圳、厦门等省市的绿色建筑协会与设计院的参会代表共30多人还参加了10月28～30日由新加坡建设局主办的"2009国际绿色建筑大会"。⑦召开中国—新加坡推广绿色建筑研讨会；组织中英绿色建筑和建筑节能培训活动。⑧接待台湾地区绿色建筑研究所一行，进行学术交流。⑨与香港大学开展学术交流与技术合作。⑩以同济大学吴志强教授任团长、现代建筑设计集团沈迪副总裁为副团长的中国绿色建筑代表团一行12人，于2009年11月9日参加了在美国凤凰城召开的世界绿色建筑大会。⑪12月7～12日，中国绿建委委员、自然资源保护委员会中国办公室（NRDC中国）的可持续建筑资深专家莫争春博士，和中国绿建委委员、康奈尔大学的助理教授华颖博士参加了在哥本哈根召开的全球气候变化大会，出席了联合国环保署向大会提交建筑碳排放标准草案的会议。

（三）生态城市研究专业委员会

（1）2009年7月11日，生态城市研究专业委员会成立大会暨一届一次常委会议在哈尔滨市召开。来自全国城市科学研究相关领域的专家、学者，部分生态技术与产品的企业代表、相关城市政府领导、相关国际组织代表等共计80余人出席本次会议。会议宣布了专业委员会组织框架及人员构成。本届专业委员会由顾问、主任委员、常务副主任委员、副主任委员和委员组成。仇保兴理事长出席会议并对专业委员会下一步工作提出三个主要方向：一是对中国特色的生态城市学术体系的建立展开讨论，探索建立生态城市研究的学科体系；二是基于生态城市复杂的系统结构，对于其重要的子系统：交通、水系统、能源结构、循环经济、建筑等关键技术要实施集成攻关；三是提出中国特色的生态城市气候分区的标准、规范，适时地开展生态城建设的咨询及设计。与会委员围绕委员会工作规则及计划安排，对于专业委员会的工作开展讨论，提出促进专业委员会工作的对策建议。

（2）2009年11月21～22日在山东德州市召开"生态城市专业委员会青年学组成立会议暨首届生态城市发展论坛"，届时将举行青年学组成立会议及相关学术交流研讨活动。

根据中国城市科学研究会2009年度理事、会员单位暨秘书长工作会议决议，年内成立了绿色建筑研究中心、生态技术中心、低碳照明研究中心等研究实体机构。三个研究实体机构的运转正常。

四、宣传出版工作

《城市发展研究》杂志2009年紧密围绕新中国成立60周年及健康城镇化主题，在城镇化、低碳生态城市、城乡统筹、城市交通、景观设计、区域经济发展、中小城镇发展规划、纪念汶川地震一周年、社会保障方面设置专题栏目，积极邀稿约稿。2009年是杂志由双月刊改月刊的第一个年度，在保证出版日期、提高印刷装帧质量、扩大发行和杂志容量上下了不少功夫。按时完成出版任务，全年共出版12期。共刊发论文290余篇，共计230万字。共出版发行增刊2期，均为相关学术会议论文集。发行量比2008年同期增长8%。在此基础上，利用彩面刊登部分协办单位的优秀稿件，对于扩大杂志宣传面与受众度、拓宽杂志办刊经费渠道进行了尝试。

《低碳生态城市》杂志创刊号出版。目前已出版2期，适时争取刊号。

五、队伍自身建设

本年度完善中国城市科学研究会内部组织建设，紧抓专职从业人员的专业建设，继续招聘高学历人员、研究型人才，构建学习型团队；确定周二定期例会及专业业务学习制度、组织生活制度；积极配合主管部门，做好有关社会活动；建立、修改、完善相关规章制度；起草讨论修改关于分支机构的管理办法。

2009年中国城市规划学会动态

中国城市规划学会按照《章程》的规定，在主管部门的大力支持下，围绕城市规划行业的中心工作和以学科建设为重点，广大理事和会员共同努力，团结广大城市规划科技工作者，积极开展形式多样的城市规划学术活动，充分发挥知识密集、智力密集、人才济济的优势。学会2009年的各项工作得到全面发展，队伍不断壮大，学会在国内外的影响力进一步提高，充分发挥了专业学术组织的积极作用。

一、加强学会建设，发挥学会在促进学科发展中的作用

2009年，中国城市规划学会充分发扬民主，调动学会各级领导和广大会员的积极性，为学会的发展献计献策，规范了学会工作程序，进一步提高了学会工作效率，在组织建设和学科建设方面取得了良好进展。

9月12日召开第四次全国会员代表大会，会议选举产生了中国城市规划学会第四届理事会，选举产生了常务理事会，新一届理事会理事长、副理事长、秘书长、副秘书长，顺利完成了换届选举工作（图1）。

图1　中国城市规划学会第四次全国会员代表大会

分别于2009年8月20日（上海）和9月11日（天津）召开了中国城市规划学会第三届八次常务理事会和九次常务理事会扩大会。

学会常务理事积极为学会的发展出谋划策，提出了大量建设性建议，并审查制订了一系列学会管理文件，作出了一系列促进学会发展的决定，使学会的工作

进一步走向规范发展,对学会发展发挥了重要的作用。

同时学会积极促进各专业委员会的换届改选工作,部分专业委员会完成了换届工作,专业委员会补充了新生力量,工作充满了朝气,学术交流进一步加强,形成助力,促进学会的学术活动全面发展。

召开了每年一次的全国规划学会秘书长工作会议,对一年的工作进行统筹安排,交流学会工作经验。

随着我国城市规划行业的发展,城市规划工作人员迅速增加,学会积极采取措施发展新会员,到2009年年底,中国城市规划学会单位会员46个,个人会员3372人,达到历史最高水平。新会员的加入,为学会建设注入了新活力。

9月7日中国城市规划学会通过中国科协的审查批准,成为中国科协的团体会员。在中国科协的大力支持和领导下,学会2009年工作取得了全面进展,奠定了持续快速发展的基础。

二、创新学术活动形式,提高学术交流水平

2009年学会坚持以"中国城市规划年会"为龙头,以学科建设为核心,为广大规划师搭建学术交流平台,营造学术环境,积极开展各种学术活动,发挥了重要的学术交流作用。在进行学术交流的同时,结合不同层次的需求,积极创新交流模式,取得了重要的经验和成果。

(一)以一年一度的中国城市规划年会为契机,积极开展学术交流

2009中国城市规划年会于9月12~14日在天津滨海国际会展中心召开(图2)。年会突出学术性强、信息量大、参与度高的特点,通过全体大会、专题会议、自由论坛、特别论坛、主题展览和工作会议等形式,系统交流了一年来全国各地在城市规划研究、规划管理、规划设计和规划教育等领域的最新成就,探讨了当前城市规划工作中面临的一系列热点和难点问题。来自中国内地的会议代表2200多人以及香港、澳门和台湾地区的规划同行参加了会议。

全体大会由王静霞副理事长主持,熊建平致欢迎词。围绕"城市规划和科学发展"的主题,仇保兴、周干峙、邹德慈、陈全生、吴志强五位专家分别作了题为我国城镇化中后期的若干挑战与机遇——城市规划变革的新动向、60年规划的回顾与展望、发展中的城市规划、宏观经济形势的几点分析和中国2010世博会可持续规划的学术报告。

 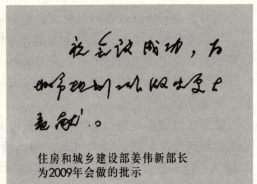

住房和城乡建设部姜伟新部长
为2009年会做的批示

图2 2009中国城市规划年会

会议从全国各地征集到学术论文1127篇,其中164篇在各专题会议上发言交流。会议出版了论文集《城市规划和科学发展》。

学会向天津市规划局等9家单位颁发了"2009中国城市规划年会优秀组织奖"。向同济大学张立等12位青年作者颁发第五届中国城市规划学会青年论文奖。向赵知敬等49位专家颁发第五批资深会员证书。向周干峙、邹德慈院士颁发学会最高荣誉"突出贡献奖"(图3)。

图3 学会颁奖

年会期间组织了12个专题会议,分别是:住房建设与社区规划、城市生态规划、区域研究与城市总体规划、法制建设与规划管理、历史文化保护与城市更新、小城镇与村庄规划、园林绿化与风景环境、城市土地与开发控制、工程规划与防灾减灾、详细规划与城市设计、产业发展与园区规划和城市交通规划。会议共组织了5个自由论坛,分别是:什么是好的规划、城乡统筹怎么统、"低碳"对规划的冲击有多大、总体规划批什么和控规控什么。作为本届年会的一个亮点,学会还分别与世界银行、香港规划师学会合作,组织了两个特别论坛,邀请境外的专家学者,专门介绍国际上最新的学术研究成果。

年会主题展览"城市规划和科学发展暨新中国成立60周年城市规划建设成就展"9月12日下午正式开幕，中国城市规划学会和天津市规划局的领导为展览剪彩，为期三天的展览共展出了来自全国52家城市规划管理、设计、咨询、服务单位的最新成果，展示了新中国成立60周年，特别是在科学发展观引领下我国城市规划建设所取得的成就。

（二）与相关单位联合主办学术活动，促进学科交叉融合

创新是行业进步与发展的灵魂。开展跨行业、跨学科的合作研究是促进学科交叉融合、实现创新的重要措施，也是城市规划学科发展的重要途径，对于提高我国的科学技术创新能力具有十分重要的意义。

1. 2009城市发展与规划国际论坛

由中国城市规划学会、中国城市科学研究会和哈尔滨市人民政府联合主办的"2009城市发展与规划国际论坛"于7月12~13日在哈尔滨召开，论坛的主题是"和谐生态，可持续的城市"，来自全国各地的专家学者、有关部门负责人和国际同行600多人参加了本次论坛。与会者围绕国内外城市规划与可持续发展、中国城市化与城乡转型、城市生态、历史文化遗产保护、城市交通安全、城市防灾减灾、城市基础设施规划建设、城市突发公共事件应急管理、绿色交通规划建设、低碳生态城市专项技术、城市总体规划先进案例与控制性详细规划编制办法等方面进行了专题学术研讨。

2. 中国城市规划信息化年会

中国城市规划学会、中国城市规划协会、石家庄市政府主办，中国城市规划学会新技术学术应用委员会、中国城市规划协会规划管理专业委员会及石家庄市规划局共同承办的2009年中国城市规划信息化年会8月17日在石家庄召开，周干峙、邹德慈、陈晓丽等专家和领导以及来自全国50余个城市和地区的规划局、规划信息中心、规划院、高等院校的210余名代表参加了会议。本次会议的主题是"新技术在城乡统筹和新农村建设中的应用；信息化技术在城乡规划编制中的辅助决策作用"，17家单位代表在大会上作了报告。会议还深入探讨规划信息化建设的任务和难点，围绕如何制定省级"数字规划"方案、当前行业内需要制定哪些数据标准、如何在城市规划中更好地应用信息技术以提高城市规划的科学性、如何使信息技术专业人员转变为具有城市规划和信息技术两个专业的复合型人才、市—区—街（镇）各级城市规划管理部门之间如何更好地进行数据共享和联动管理等问题开展了广泛而深入的讨论交流。

3. 北川新县城抗震纪念园系列会议

2009年9月22日，中国建筑学会、中国城市规划学会、中国城市规划设计研究院在北京组织召开了北川新县城抗震纪念园概念性方案专家评审会，会

动态篇

议邀请多名著名专家组成了评审组（图4）。与会专家认真审阅了设计单位的成果，听取了演示文件汇报，经过充分讨论后，对进一步的方案调整提出了意见。

图4　北川新县城抗震纪念园概念性方案专家评审会

2009年12月25日，中国建筑学会、中国城市规划设计研究院、中国城市规划学会在北京召开北川新县城抗震纪念园方案征集构思梳理与方案整合专家咨询会，中国城市规划学会名誉理事长邹德慈等著名专家和北川新县城工程建设指挥部领导出席会议。与会领导和专家认真听取了中国城市规划设计研究院关于抗震纪念园征集方案梳理和整合方案的汇报，充分肯定了中规院对前阶段数轮征集方案的解析和梳理，原则同意方案对抗震纪念园性质、职能和空间布局的基本思路。

4. 将圆明园建成人类文明和谐纪念地暨圆明园国际文化日活动

中国城市规划学会、中国圆明园学会、中国建筑学会、中国风景园林学会等共同主办的"将圆明园建成人类文明和谐纪念地暨圆明园国际文化日活动"，于10月18日在圆明园遗址举行。文化部、国家文物局、北京市文物局、海淀区政府、北京大学、清华大学、北京林业大学、国际家睦和平中心等十余家单位共计百余位中外人士参加了文化日活动。

5. 第三届21世纪城市发展国际会议

由中国城市规划学会、华中科技大学、《新建筑》杂志社联合举办的第三届21世纪城市发展国际会议11月20～21日在湖北武汉华中科技大学举行。会议的主题是"城市规划学科发展与专业教育"，来自国内外的27位教授、专家就我国城市规划面临的新形势、城市规划学科体系建设及城市规划专业教育改革、城市规划职业教育等进行了研讨。会议还特别讨论交流了资源与环境约束给城市化发展及城市规划带来的挑战、"低碳、生态、宜居"的城市发展目标及城市规划的应对、土地使用及管理制度改革、城乡统筹规划理论及实践探索、城市设计的新维度、新方法、城市规划社会功能转变等热点问题。

6. 城市规划历史与理论高级研讨会

图5　城市规划历史与理论高级研讨会

城市规划历史与理论高级研讨会于2009年12月11～12日在东南大学举行（图5），会议由中国城市规划学会和东南大学建筑学院联合主办，南京市规划设计研究院有限责任公司协办。来自清华大学建筑学院、北京大学环境学院、天津大学建筑学院、同济大学城规与建筑学院、重庆大学建筑学院、华南理工大学建筑学院、西安建筑科技大学建筑学院、东南大学建筑学院的代表以及西安市规划局、苏州市规划局、南京市规划设计研究院、东南大学城市规划设计研究院的代表30余人参加了会议。与会代表就中国城市规划重实践、轻理论的局面展开讨论，认为城市规划历史与理论研究应该立足中国、接轨国际，成为当代国际城市规划研究领域的主流话题。规划行业应该从科研投入、机构建设等方面，为城市规划历史与理论研究提供支撑，吸引和凝聚各方面的专家学者形成高水平的研究队伍，力求产生具有国际影响的理论研究成果。

（三）发挥专业委员会作用，积极开展学术交流

专业委员会是学术交流的重要机构，学会共有11个专业委员会，2009年各专业委员会工作积极认真，学术活动活跃，围绕各自专业的发展方向，积极开展各种类型的学术活动，产生了良好的效果。

1. 历史文化名城学术委员会

由中国城市规划学会历史文化名城学术委员会与周庄镇人民政府联合主办的"第二届古镇保护与发展（周庄）论坛"于2009年4月25～26日在周庄举行。会议讨论了古镇发展与保护措施，并发表了《中国古镇的保护与发展倡议书》，倡导因地制宜，加强对《历史文化名城名镇名村保护条例》的贯彻落实工作，促进古城、镇、村依法保护和管理。

7月18～21日，历史文化名城学术委员会与福州市人民政府联合举办"老城保护与整治——'三坊七巷'国际学术研讨会"，来自多个国家和地区的学者集聚一堂，交流国际经验，并发表《三坊七巷宣言——关于城市历史文化与城市整治》。对于历史文化街区的保护，与会者达成共识，强调在历史文化街区的保护实践中应坚持保护"真实性"、"完整性"和"生活延续性"等原则，在实践过程中强调保存城市文化的地域性特征，妥善处理整治手段与传统文化的相互关

系，重视广大普通市民的支持和参与，加强规划师与民众的深度合作交流，整合好社会各个方面的力量共同参与到历史文化街区的保护中。

由中国城市规划学会历史文化名城学术委员会、中国城市规划设计研究院、清华大学建筑学院、挪威科技大学、东南大学、西安建筑科技大学联合主办的历史村镇保护与发展学术研讨会于10月8～9日在清华大学举行，研讨会后进行了太行山麓的历史村镇的实地考察。

2. 风景环境规划设计学术委员会

中国城市规划学会风景环境规划设计学术委员会2009年年会于6月11～12日在河南省开封市举行，会议由开封市城乡建设委员会承办，开封市规划勘测设计院协办。中国城市规划学会副理事长石楠、河南省建设厅副厅长郭凤春、风景环境规划设计学术委员会主任委员谢凝高以及来自各省市的40余位会员参加了会议。本次年会共征集到论文25篇，会议交流13篇。会议以"风景、园林、旅游与古城镇建设"为主题，进行了广泛的学术讨论，内容涉及城市水系景观规划与设计、世博园重要园区、节点规划和设计、风景区控制性详细规划、乡村公园概念等方面。

中国城市规划学会风景环境规划设计学术委员会和张家口市政府于9月4日联合主办张家口城市发展前景展望高层学术论坛。论坛针对张家口特定的地理环境和战略地位，以及城市建设起步较晚而目前发展明显加快的特点，对于未来城市发展的基本定位、空间形态等重大战略问题进行了研讨，为城市总体规划修编提供了积极的参考意见。

3. 城市生态规划建设学术委员会

中国城市规划学会城市生态规划建设学术委员会2009年年会于7月3～4日在深圳举行，会议由光明新区管委会、深圳市规划局承办（图6）。住房和城乡建设部副部长仇保兴到会致辞并发表主题演讲，广东省建设厅厅长房庆方、深圳市副市长唐杰、中国城市规划学会副理事长石楠到会致辞。中国城市规划学会副理事长、城市生态规划建设学术委员会主任委员张泉、学术委员会副主任委员沈清基、扈万泰、许重光，来自中国香港、澳大利亚的境外专家学者、各省市的委员以及珠三角规划局、深圳市各政府职能部门、各区代表等150多人参加了会议。与会

图6　中国城市规划学会城市生态规划建设学术委员会2009年年会

专家探讨交流了国内外生态城市建设的最新理念与实践，并对深圳光明新区的生态城市实践进行了探讨。

4. 青年工作委员会

中国城市规划学会青年工作委员会2009年年会于7月24～25日在云南建水召开，会议由中国城市规划学会青年工作委员会主办，昆明市城市规划设计院承办。本次会议以"跨境地区城市发展"为主题，邀请多位青工委专家作了专题讲座，包括"珠江三角洲：从分权竞争到一体化"、"内生发展模式下的城市产业发展战略"、"可持续城市设计与城市协调发展"、"美国历史遗产保护"、"云南省建立沿边口岸跨境合作区的现实意义和实施对策"等，各位委员还就"紧凑城市"展开了热烈的讨论。

5. 居住区规划学术委员会

9月18～20日，居住区规划学术委员会与住房和城乡建设部执业资格注册中心、中国建设教育协会、中国房地产业协会产业协作专业委员会、北京百年建筑文化交流中心共同主办了《第七届中外建筑师创作与执业论坛》及《第二届中外商业建筑规划与开发高峰论坛》。原商务部部长胡平、原建设部副部长杨慎出席了会议，来自国内外的400余名代表参加了会议。

6. 国外城市规划学术委员会

中国城市规划学会国外城市规划学术委员会2009年年会于12月4～6日在重庆召开，邹德慈名誉理事长书面致辞，王静霞、李晓江、石楠副理事长出席了会议。重庆市规划局党组书记张远林、局长扈万泰、学术委员会的领导和委员参加了会议。会议以"跨界与融合"为主题，共收到国内外论文80多篇，经评审后有50多篇入选会议论文集。会议围绕城乡统筹与规划改革、民生优先与社区构建、市民参与与公共治理、旧城更新与内生发展、区域协作与宜居城市、因地制宜与集约发展、生态安全与防灾减灾、学科交融与多值决策等8个议题，展开深入研讨。王凯、萨斯基娅·萨森、梁鹤年、陶松龄、张勤等作了精彩的学术报告。

7. 区域规划与城市经济学术委员会

中国城市规划学会区域规划与城市经济学术委员会2009年年会于2009年12月10～11日在北京举行。年会的主题为"探讨'三规合一'的新方法、新途径"。学委会主任周一星教授简要回顾了区域规划与城市经济学术委员会的发展历程，指出当前区域规划与城市经济发展处在一个"百花齐放、百家争鸣"的时期，政府和学术界推动区域规划的热情高涨；但同时也指出当前我国的区域规划理论研究不足，未来仍需要拓宽视野，加强交流。会议选举产生了新一届学委会领导班子，讨论了学委会今后的重点工作。

（四）举办各种类型的比赛

1. 第五届中国城市规划学会青年论文奖

由中国城市规划学会主办，学会青年工作委员会和《城市规划》杂志社承办的第五届中国城市规划学会青年论文奖于2009年7月29日揭晓。本次共有43篇论文参加评选，由主办单位聘请的6位专家采用匿名评审方式，对论文进行了3轮认真评选，最终有12篇论文获奖。

2. 2009年金经昌中国城市规划优秀论文奖

由学会和金经昌城市规划教育基金会联合主办的2009年金经昌中国城市规划优秀论文奖评选活动邀请8家具有正式刊号并在国内城市规划研究领域内具有较强影响力和代表性的学术期刊共同参与，评选出获奖论文21篇，代表了国内规划学术领域的最高水平。

（五）组织多种形式的专题研讨会、论坛

学会举办的专题研讨会、论坛等具有选题新颖、反馈迅速、实用性强的特点，满足从业人员知识更新的需求，从科技进步的角度，致力于提高行业的知识水平，推动了规划界形成良好的学术氛围。

1. 低倍聚光的光伏光热在建筑中的应用学术报告研讨会

1月20日，中国城市规划学会主办的"低倍聚光的光伏光热在建筑中的应用学术报告研讨会"在住房和城乡建设部举行，中国科学院理论物理所陈天应教授在会上介绍了其关于太阳能在建筑中应用的最新研究成果，认为目前全球能源短缺、环境污染加剧的条件下，在建筑中应用低倍聚光的光伏（LCPV）光热（LCSP）技术以节约常规能源、减少环境污染不仅十分必要，而且技术、经济条件已经成熟。中国科学院理论物理所何祚庥院士在其后的发言中呼吁国家有关部门在政策上对LCPV、LCSP等建筑节能减排技术的应用予以切实的扶持。与会的领导和专家对LCPV、LCSP技术在建筑节能中的应用高度重视，对相关问题进行了热烈讨论。

2. 首届规划理论年聚

由著名规划教育家梁鹤年教授倡议和发起、中国城市规划设计研究院和中国城市规划学会主办的首届规划理论年聚活动于2月20～22日在北京举行（图7）。

本次活动的目的是促进中国城市与城市规划理论特别是基础理论的建设。活动邀请来自其他学科的理论家，介绍其本人或本学科的理论精华，通过隐喻、比拟和联想的头脑风暴来激发城市规划理论工作者的思维，再经参与者返回各自单位组织理论沙龙，倡导理论风气和建立研究队伍。活动由梁鹤年教授主持，共有来自各地的20多位青年规划师和规划教育工作者参加。

图 7　首届规划理论年聚

3. 黑河市城市未来发展研讨会

由黑河市人民政府和中国城市规划学会组织召开的"黑河市城市未来发展研讨会"于 3 月 1 日在黑河举行，来自中国城市规划学会、北京大学、中国人民大学、清华大学、中国城市规划设计研究院的专家学者围绕黑河城市风貌规划及城市中心区发展定位等方面内容进行了专题研讨。

4. 衡阳"三江六岸风光带规划"国际招标专家评审会

6 月 8 日，衡阳"三江六岸风光带规划"国际招标专家评审会在衡阳市雁城宾馆举行。此次招投标由衡阳市委托中国城市规划学会咨询部负责具体代理组织，学会咨询部在招标文件的制定、设计单位的遴选、评审会专家的邀请等各环节均采取了规范和系统的操作，其高效和专业化的服务得到衡阳市的高度评价。

（六）举办和参与境外的学术会议，促进学术交流

加强与境外同行的合作与交流是中国城市规划学会的重要工作。中国城市规划学会是我国在国际城市与区域规划师学会的官方代表，学会与英国、美国、日本、韩国等国的国家规划组织保持着良好的业务联系，国际学术交流活动日益频繁。

1. 2009 年内地与香港建筑业论坛

2009 年内地与香港建筑业论坛 4 月 9 日在成都召开，论坛的主题是"可持续城市形态：防灾减灾与优质建设"，住房和城乡建设部副部长齐骥、四川省人民政府副省长黄彦蓉、香港特区政府发展局局长郑月娥等官员和来自内地与香港的 300 多名专家参加了论坛，交流了灾后重建规划的经验，并围绕城市灾害的启示、城市防灾减灾和建设优质城市 3 个议题进行专题探讨。

住房和城乡建设部与香港特区政府发展局每年在不同内地城市联合举办研讨会，促进两地建筑业界的交流和合作。中国城市规划学会为此论坛的协办单位，协助政府举办本论坛。

2. "共建低碳都市"国际研讨会

5 月 22 日，由中国城市规划学会及香港规划师学会联合举办的"共建低碳都市"国际研讨会在香港诺亚方舟酒店举行（图 8）。250 余位来自内地、香港、澳门、台湾以及海外的规划师参加了会议。会议围绕"共建低碳都市"的主题展

开讨论，探索低碳能源技术、低碳经济发展模式和低碳社会消费模式的新途径。会上还举行了内地与香港城市规划师专业资格互认证书颁发仪式，石楠秘书长代表内地主管部门向凌嘉勤等7位获得内地注册城市规划师资格的香港规划师颁发了资格证书，香港规划师学会谭宝荣副会长向5位内地规划师的代表颁发了资格证书。会议本身同时是香港规划师学会成立30周年系列庆祝活动之一。为表示祝贺之意，中国城市规划学会理事长周干峙院士专门题写了"南天一柱，接轨世界"的条幅，赠给香港规划师学会。

图8 "共建低碳都市"国际研讨会

3. 第三届城市再开发专家亚洲国际交流会

2009年9月11～13日，第三届城市再开发专家亚洲国际交流会在天津市召开，来自日本社团法人再开发协调者协会、韩国鉴定院、中国台湾都市更新研究发展基金会和中国城市规划学会的约110位专家参加了会议。会议研讨了各国/地区城市再开发的现状和经验，以及再开发制度的变化和案例。

城市再开发专家亚洲国际交流会是由日本和韩国的再开发组织发起的，由分别来自日本、韩国、中国大陆和台湾地区的四个城市再开发组织参加的，旨在研讨不同国家或地区的城市再开发政策，交流和讨论城市再开发项目的经验和问题的交流会，每两年轮流在不同的国家或地区召开。此前，第一届交流会在日本召

图 9　第三届城市再开发专家亚洲国际交流会在天津召开

开，第二届在韩国召开。

4. 澳门总体城市设计项目第二次工作会议

澳门总体城市设计项目工作组 10 月 10～11 日在珠海召开第二次工作会议。参加会议的有中国城市规划学会副理事长兼秘书长石楠、副秘书长耿宏兵、城市设计学术委员会秘书长朱子瑜、城市设计学术委员会委员朱荣远、澳门城市规划学会会长崔世平等专题组成员共 20 人，会议由石楠副理事长主持。

与会人员对各专项研究的内容、方法、深度、理念等问题，各专题相互衔接关系等进行了认真讨论，提出了完善意见。结合专题研究进展，对本次设计的总体思路框架进行了修改和完善，并对下一阶段的工作重点进行了研究。该项目是由澳门特别行政区政府运输工务司委托中国城市规划学会承担的。

5. 国际城市与区域规划师学会第 45 届国际城市规划大会

国际城市与区域规划师学会第 45 届国际城市规划大会 10 月 18～22 日在葡萄牙波尔图市举行，本届大会的主题是"低碳城市"。来自北京、上海、江苏、武汉、深圳等省市的 20 多位规划师参加了会议，在大会的 5 个论坛中，有 15 篇来自中国的论文入选发言。会上还举办了该学会新任理事长的就职仪式，来自墨西哥的伊斯梅尔·费尔南德斯·梅霍（Ismael Fernadez Mejia）就任。中国城市规划学会石楠副理事长参加了大会和理事会会议，并与国际学会的理事长和秘书长等进行了工作商谈。

6. 第十二届国际地下空间联合研究中心年会

第十二届国际地下空间联合研究中心年会于 2009 年 11 月 18～19 日在深圳市召开，主题为"建设地下空间使城市更美好"。会议由国际地下空间联合研究中心（ACUUS）、深圳市政府、中国土木工程学会、中国岩石力学与工程学会、中国城市规划学会联合主办；中国岩石力学与工程学会地下空间分会等承办。来自世界各地的专家学者约 300 余人参加了会议。大会除主会场报告外，还就地下空间利用与地下交通、地下建筑与地下空间规划、地下空间的安全管理与立法、地下项目技术等进行了分会场研讨。

三、加强与境外的合作与交流，促进规划行业发展

近年来，随着与国际组织和社会团体交流日益频繁，中国城市规划学会的国际地位和国际影响显著提高，在此基础上，学会进一步加强和巩固学会与世界各国和地区的联系，进一步加强广泛的国际合作，促进我国城市规划学走向世界。

（一）赴澳门考察

应澳门特别行政区运输工务司的邀请，以中国城市规划学会副秘书长耿宏兵为组长的内地专家组一行7人，于5月24～27日赴澳门考察。专家组听取了澳门土地公务运输局、交通事务局、文化局、旅游局、建设发展办公室、运输基建办公室等部门的详细介绍，并围绕澳门城市发展、文化遗产保护、旅游推广、大型基础设施建设等方面进行了深入座谈。在澳门运输工务司相关人员的陪同下，专家组重点考察了澳门的历史城区、旧城区、滨海区和填海区。作为落实原建设部与澳门特别行政区运输工务司2007年12月签署的《建设部与澳门特别行政区运输工务司合作纪要》的一项重要工作，澳门特别行政区运输工务司表示，希望在《合作纪要》的框架下，由中国城市规划学会组织内地专家与澳门共同开展"澳门总体城市设计研究"项目，此次是专家组针对该项目的前期考察。

11月15～18日，中国城市规划学会澳门总体城市设计研究项目组一行13人赴澳，与澳门有关方面进行设计方案的沟通交流。

在项目组负责人石楠副理事长与澳门政府运输工务司办公室主任黄镇东主持下，项目组专题负责人耿宏兵、蒋朝晖、镇雪锋、张若冰、梁浩、韩佩诗（澳门）等分别向澳门运输工务司城市规划厅介绍了澳门稀缺空间资源保护与利用、城市特色、历史性城市景观保护、重大基础设施的城市设计对策、滨水地区与夜景、城市设计实施制度与政策建议六个专题研究内容，听取了土地工务运输局、交通事务局、运输基建办公室、建设发展办公室、环境保护局、港务局等六家单位介绍最新研究进展情况，与规划厅的同行就项目方案、下一步工作安排，特别是总报告等进行了深入讨论。澳门特区政府运输工务司刘仕尧司长与项目组石楠、朱子瑜、朱荣远等交换了意见。

在澳门期间，项目组就绿化空间与设施、轨道交通、新城填海区内容等与民政总署等有关方面进行专题深入交流；对重点地区进行了补充踏勘。

（二）推荐会员加入国际城市与区域规划学会

中国城市规划学会于年初就其会员加入国际城市与区域规划学会的事宜与该

国际组织达成一致意见：由中国城市规划学会推荐，享受特别优惠的会费标准。加入国际学会，是对城市规划师专业技术水平的肯定，作为国际学会的会员，将有机会和该组织70多个国家的成员进行交流，享有诸多的会员权利，包括选举权和被选举权，以优惠注册费参加国际学会组织的各种活动，以优惠的价格购买其出版物，定期收到活动通讯和访问其网站的会员专区等。

截至2009年5月底，中国城市规划学会共推荐33位会员加入国际城市与区域规划师学会（ISOCARP），成为国际规划学会会员，至此，我国共有41位国际学会会员。

中国城市规划学会是我国在国际规划学会的唯一官方代表，曾协助国际规划学会2008年9月在大连成功举办了第44届国际规划大会。此外，作为两个学会《合作备忘录》的具体落实措施，国际规划学会即将在中国城市规划学会设立其中国项目办公室，全面负责在中国的业务。

（三）与澳门城市规划学会签订友好合作协议

9月12日，中国城市规划学会与澳门城市规划学会签订友好合作协议。邹德慈院士和崔世平博士分别代表双方在协议书上签字，住房和城乡建设部城乡规划司司长唐凯、计划财务与外事司司长何兴华、中国城市规划学会领导周干峙、王静霞、陈为邦、周一星、朱嘉广、张泉、李晓江、吴志强、尹稚、石楠等出席并见证了签字仪式。根据协议，双方将以"相互交流、广泛合作、优势互补、促进科研"为原则，在充分发挥各自优势的基础上，建立联合开展培训、交流和研究等活动的机制。

四、积极开展技术咨询，为地方政府提供技术服务

2009年1~12月，学会承担了《大连城市总体规划2009—2020》有关城镇体系规划和城乡统筹专题方面的研究。项目组认为在新的历史时期，大连必须从区域视角明确自身定位，进而制定城镇空间发展策略。研究表明，在复合型区域视角下，大连将成为东北经济圈中的"区域核心和龙头"、环渤海经济圈中的"协作平台"、东北亚经济圈中的"战略节点"。与之相呼应，在保护本地资源的基础上，确定大连市域的空间发展策略为"打造核心、强化中轴、扶持两翼、联动各城"，同时依据半岛空间资源的特殊规律，将大连市域各城镇组团按照南北向分层进行职能分工，推动城市功能的梯度推移。项目从2008年5月启动，至2009年年底，已完成规划纲要。城市总体规划纲要已通过住房和城乡建设部专家组、辽宁省专家组审查。

2009年1~12月，作为哈尔滨市政府《哈尔滨松花江沿江产业带规划》的

组成部分，中国城市规划学会承担该项目的空间布局研究专题。本专题采用问题导向和目标导向的技术路线，对哈尔滨沿江产业带空间发展现状进行充分调研，同时吸收国内外空间规划的先进理念与实践经验，切合实际地提出沿江产业带空间的发展目标。针对这些发展目标，在借鉴国内外城市沿江开发的经验教训并对已有相关规划的继承和深化基础上，提出相应的空间发展策略，最后对哈尔滨沿江产业带空间进行空间布局指引。为了加强成果的可操作性，还对空间发展的时序和具体规划建设措施提出建议。

2009年5~12月，根据2007年12月建设部与澳门特别行政区运输工务司签署的《建设部与澳门特别行政区合作纪要》（图10），2009年4月，澳门特区政府运输工务司在《合作纪要》的框架下，委托中国城市规划学会组织内地专家进行"澳门总体城市设计研究"。自2009年5月开始，学会联合中国城市规划设计研究院、同济大学、澳门城市规划学会等单位，组成了包括学会副理事长石楠、副秘

图10 中国城市规划学会与澳门特区政府运输工务司合作"澳门总体城市设计研究"

书长耿宏兵和多个专业委员会负责人在内的项目组，对澳门半岛、氹仔和路环的自然环境、历史遗产、基础设施、公共服务、建筑环境、城市景观等进行了系统深入的实地勘察和调查研究，访问了澳门特区政府诸多部门，特别是与运输工务司的同行深入研讨、反复磋商，提出了"建立一个兼顾保护与发展的、促进社会和谐的澳门城市公共空间系统"的总体城市设计目标。11月15~18日，学会澳门总体城市设计研究项目组与澳门有关方面进行设计方案的沟通交流，得到澳门方面的充分肯定。研究工作预计于2010年中完成。

2009年5~12月，学会联合德国ISA意厦国际设计集团、北京国城建筑设计公司承担了江阴市总体城市设计研究，在充分调查和收集现状资料的基础上，研究城市形态与结构，根据城市整体发展格局，提炼城市意向和特色；组织自然、人文环境组成的城市景观体系和城市公共活动空间体系等其他构成系统的设计框架，同时还针对各分区域（段）的特色，确定城市特色分区和城市重要地段，整合与强化特色资源，彰显城市个性，综合整治与合理建设城市环境，提高环境品质，为下一阶段的局部城市设计研究奠定基础。2009年年底已完成中间研究成果。

五、积极开展宣传和科普活动，组织编写专业书刊，为推动学科建设和技术成果交流提供服务

学会始终把向全社会宣传城市规划科学知识，推动规划科普事业发展作为重要任务之一。学会与《中国建设报》合作，以人物专访的方式，通过著名规划大师的切身经历，讲述城市规划工作的重要性，介绍城市规划的基础知识，传授城市规划的基本原理，讲解党和国家有关城市规划工作的方针政策，受到了广大读者的热烈欢迎（图11）。

图11 学会积极开展宣传和科普活动

在编辑和编委会的共同努力下，中国城市规划学会会刊《城市规划》连续多年荣获国家中文核心期刊、中国科技核心期刊、中国人文社会科学核心期刊的称号，保持了较高的学术质量和影响力，较好地反映了城市规划学术领域的研究进展，具有较强的学术敏感性，成为我国规划界学术交流的载体。2009年期刊每期平均发行量达到16000本，并出版增刊两期，以重大节事和热点问题为切入点，探讨了城市规划的相关问题，显示了期刊的时效性和学术敏感度。

中国城市规划学会会刊《城市规划（英文版）》2009年按计划出版四期，无论是刊登的学术内容、刊物的装帧设计，还是印刷质量，都达到较高水平，受到国内外学者和同行的一致好评。

（撰稿人：曲长虹，中国城市规划学会副秘书长，高级工程师；刘静静，中国城市规划学会）

附 录

Appendix

2009年度大事记

2009年1月1日，由中华人民共和国国家旅游局、海南省人民政府主办的2009年中国生态旅游年启动仪式在海南三亚举行。国家旅游局将2009年确定为"中国生态旅游年"，主题年口号为"走进绿色旅游、感受生态文明"，该活动有利于满足全球范围内日益增长的生态旅游需求，也是推广环境友好型旅游理念和资源节约型经营方式、倡导人与自然高度和谐的重大举措。

2009年1月1日，我国《工业项目建设用地控制指标》和《全国工业用地出让最低价标准》统一按国土资源部发布的调整后土地等别执行。

2009年1月2日，国务院同意将江苏省南通市列为国家历史文化名城。至此，我国的国家历史文化名城达到110个。

2009年1月2日，武汉城市圈"两型社会"综合配套改革试验空间、产业发展、综合交通、社会事业、生态环境规划纲要等五个专项规划，经湖北省省委、省政府审议通过后，由省政府正式印发实施。这五个专项规划是根据武汉城市圈"两型社会"综合配套改革试验总体方案制定的，是试验区建设的主要实施内容。由湖北省建设厅负责编制完成的空间规划包括规划、建设、管理、各城市功能定位、主体功能区规划、城乡规划和土地利用规划；产业发展规划包括先进制造业规划、现代服务业规划和现代农业规划，突出城市之间的产业分工与合作、主导产业的壮大、产业集群的形成、三次产业的联动发展等；综合交通规划包括铁路、水路、公路、航空和信息化规划，突出通过点、线、面，以及各种运输方式相互衔接，形成把城市圈有机联系在一起的综合性大交通系统和信息系统；社会事业规划包括文、教、卫、体等社会事业的发展总体规划，突出在城市圈内形成核心层、辅助层之间的分工合作和资源共享；生态环境规划包括退耕还林、水土保持、湿地保护、水污染防治、节能减排等，突出城市圈生态功能和生态资源承载力的整体提升。（中国建设报2009年2月4日）

2009年1月4日，湖南省举行长株潭"两型办"成立授牌暨国务院批准试验区总体方案新闻发布会。长株潭试验区改革总体方案和城市群区域规划获得国务院批准，这在全国改革试验区是第一例。指导思想的核心要求是两条：①全面推进各个领域改革，在重点领域和关键环节率先突破，尽快形成有利于资源节约和生态环境的体制机制；②加快转变经济发展方式，切实走出一条有别于传统模式的工业化、城市化发展新路。主要目标、总体要求是"三个率先"，即：率先形成有利于资源节约、环境友好的新机制,率先积累传统工业化成功转型的新经验,率先形成城市群发展的新模式。具体目标是"四个定位",即:把长株潭城市群建设成为全国"两型"社会建设的示范区、中部崛起的重要增长极、全国新型工业化、新型城市化和新农村建设的引领区、具有国际品质的现代化生态型城市群。

2009年1月8日,国家发改委发布《珠江三角洲地区改革发展规划纲要(2008—2020年)》。提出了珠江三角洲地区与香港、澳门和台湾地区进一步加强经济和社会发展领域合作的规划,到2020年把珠江三角洲地区建成粤港澳三地分工合作、优势互补、全球最具核心竞争力的大都市圈之一。纲要指出,保持珠江三角洲地区经济平稳较快发展,为保持港澳地区长期繁荣稳定提供有力支撑;支持粤港澳合作发展服务业,巩固香港作为国际金融、贸易、航运、物流、高增值服务中心和澳门作为世界旅游休闲中心的地位。

2009年1月11日,住房和城乡建设部部长姜伟新表示,2009年要加强地方政策的严肃性和合法性,地方政府不许再越权出台税收、财政等刺激房市的政策。他说,自去年下半年以来,随着一些城市商品房价格及成交量的下降,一些地方政府便坐立不安,纷纷采取相应救市政策,其中不少更属越权出台。他强调"地方政府不许再越权出台救市政策",既是在纠正一些地方政府曾经出现的偏差,同时也是一道"降价令":要求开发商降价销售,否则将面临更加严重的后果。(经济日报2009年1月12日)

2009年1月12日,2009年全国环境保护工作会议在京召开,强调要坚持以科学发展观为统领,积极探索中国特色环境保护新道路,为促进经济平稳较快发展作出更大贡献。

2009年1月16日,全国文物保护标准化技术委员会2008年年会在北京召开。会议审议并通过了文标委2008年度工作报告及2009年工作要点,复议《文物运输包装规范》等2项国家标准和《馆藏文物保存环境质量检测技术规范》等11项行业标准,标志着我国文物保护按照标准规范开展工作的时代正式到来。

2009年1月26日,国务院下发《关于推进重庆市统筹城乡改革和发展的若干意见》(国发〔2009〕3号),对重庆市统筹城乡改革和发展提出10大项、37条意见和要求,包括:①推进重庆市统筹城乡改革和发展的总体要求;②促进移民安稳致富,确保库区和谐发展;③发展现代农业,推进新农村建设;④加快老工业基地改造,大力发展现代服务业;⑤大力提高开放水平,发展内陆开放型经济;⑥加快基础设施建设,增强城乡发展能力;⑦加强资源节约和环境保护,加快转变发展方式;⑧大力发展社会事业,提高公共服务水平;⑨积极推进改革试验,建立统筹城乡发展体制;⑩加强组织领导,落实各项任务。《意见》明确重庆市统筹城乡改革和发展的指导思想、基本原则、战略任务和主要目标。

2009年2月1日,《中共中央国务院关于2009年促进农业稳定发展农民持续增收的若干意见》公布。意见要求建立健全土地承包经营权流转市场。意见指出,土地承包经营权流转,不得改变土地集体所有性质,不得改变土地用途,不得损害农民土地承包权益。坚持依法自愿有偿原则,尊重农民的土地流转主体地位,任何组织和个人不得强迫流转,也不能妨碍自主流转。按照完善管理、加强服务的要求,规范土地承包经营权流转。鼓励有条件的地方发展流转服务组织,为流转双方提供信息沟通、法规咨询、价格评估、合同签订、纠纷调处等服务。(中国新闻网2009年2月1日)

2009年2月5日,北川新县城建设征地拆迁工作动员大会在安昌镇举行,北川新县城建设征地工作正式拉开序幕。据了解,北川新县城将于2月底开工建设,近期建设区域规划为3km^2。此次北川新县城建设征地范围主要包括开茂水库、北川—山东产业园以及北川新县城所在地6个村(安昌江北岸的顺义、红旗、东鱼、温泉4个村和南岸常乐、红岩2个村)的土地,总征地面积在10km^{2}左右。为搞好此次拆迁征地工作,北川羌族自治县县委、政府已经从县机关单位和安昌镇、黄土镇抽调了80多名干部,组成拆迁动员工作组,入村进户向老百姓宣传拆迁补偿政策,以及清理田亩、青苗、房屋面积等,拆迁征地费用估计在40亿元左右。(成都商报2009年2月5日)

2009年2月9日,北川新县城总体规划向社会公布主要内容,并公开征集群众意见。《北川羌族自治县新县城灾后重建总体规划》经中国城市规划设计研究院编制完成,在正式上报之前,将充分听取社会公众的意见和建议,力求新县城规划能够更加科学、合理,具有可操作性。征集群众意见的截止时间为2月28日。据介绍,规划中的北川县城,将采取新老结合的方式,由安昌镇和新县城两部分组成,其中安昌镇以居住和商贸为主,新县城则全面完善城市功能,包括行政、文化、居住、商贸、工业、旅游、休闲和各项公共服务等。根据规划,至2010年,北川县城将有5.8万人,其中新县城3万人,安昌镇2.8万人;至2020年,北川县城将有11.1万人,其中,新县城7万人,安昌镇4.1万人。(新华网2009年2月10日)

2009年2月11日,国土资源部在其官方网站上发布了《土地利用总体规划编制审查办法》。该办法自发布之日起施行。1997年10月28日原国家土地管理局发布的《土地利用总体规划编制审批规定》同时废止。为规范土地利用总体规划的编制、审查和报批,提高土地利用总体规划的科学性,根据《中华人民共和国土地管理法》和《中华人民共和国土地管理法实施条例》等法律、行政法规,2009年1月5日,国土资源部第1次部务会议审议通过了《土地利用总体规划编制审查办法》。(人民网2009年2月11日)

2009年2月14日,水利部部长陈雷在全国水资源工作会议上表示,我国将实行最严格的水资源管理制度，建立健全流域与区域相结合、城市与农村相统筹、开发利用与节约保护相协调的水资源管理体制，划定水资源管理的"三道红线"，以应对严峻的水资源形势，保障经济社会全面协调可持续发展。陈雷强调，实行最严格的水资源管理制度，就是要不断完善并全面贯彻落实水资源管理的各项法律、法规和政策措施，划定水资源管理"红线"，严格执法监督。当前，要围绕水资源的配置、节约和保护，明确水资源开发利用"红线"，严格实行用水总量控制；明确水功能区限制纳污"红线"，严格控制入河排污总量；明确用水效率控制"红线"，坚决遏制用水浪费。（新闻晨报2009年2月15日）

2009年3月1日，江苏省环保厅正式公布《江苏省重要生态功能保护区区域规划》，这就给江苏生态功能保护区的开发利用划上了"红线"。据介绍，江苏共划分出12类重要生态保护类型共计569个重要生态功能保护区，分别明确其功能分区和保护措施。12种类型分为自然保护区、风景名胜区、森林公园、地质遗迹保护区（公园）、饮用水源保护区、洪水调蓄区、重要水源涵养区、重要渔业水域、重要湿地、清水通道维护区、生态公益林和特殊生态产业区。其中，重要生态功能保护区分为禁止开发区和限制开发区。禁止开发区内禁止一切与保护维护主导生态功能无关的开发活动；限制开发区内，在不影响其主导生态功能的前提下，可以开展一些对生态环境影响不大的建设和开发活动。（文汇报2009年3月2日）

2009年3月2日，国土资源部正式颁布《城乡建设用地增减挂钩试点管理办法》（下称《办法》）并于即日起实施。该办法明确规定，挂钩试点项目区内建新地块总面积必须小于拆旧地块总面积，对于擅自扩大试点范围、突破下达周转指标规模的，将停止该省市的挂钩试点工作，并相应扣减年度用地指标。根据《办法》规定，建新拆旧项目区选点布局应当举行听证、论证，严禁违背农民意愿大拆大建。对于擅自扩大试点范围、突破下达周转指标规模的，将停止该省（区、市）的挂钩试点工作，并相应扣减年度用地指标。《办法》规定，挂钩试点工作实行行政区域和项目区双层管理，以项目区为主体组织实施。项目区应在试点市、县行政辖区内设置，优先考虑城乡结合部地区；项目区内建新和拆旧地块要相对接近，便于实施和管理，并避让基本农田。《办法》指出，城乡建设用地增减挂钩周转指标，专项用于控制项目区内建新地块的规模，同时作为拆旧地块整理复垦耕地面积的标准，但不得作为年度新增建设用地计划指标使用。（经济日报2009年3月3日）

2009年3月5日，据国家发改委介绍，为有效应对国际金融危机，促进资源型城市可持续发展和区域经济协调发展，国务院日前确定了第二批32个资源枯竭城市。据中国政府网报道，32个城市包括9个地级市、17个县级市和6个市辖区。9个地级市包括山东省枣庄市、湖北省黄石市、安徽省淮北市、安徽省铜陵市、黑龙江省七台河市、重庆市万盛区（当作地级市对待）、辽宁省抚顺市、陕西省铜川市、江西省景德镇市。此前，国务院确定的第一批资源枯竭城市共12个。中央财政将给予这两批城市财力性转移支付资金支持。近年，暂不审定新的资源枯竭城市。（人民日报海外版2009年3月6日）

2009年3月12日，《拉萨市城市总体规划（2009年—2020年）》获得国务院批复。批复说，拉萨市是西藏自治区首府、国家历史文化名城、具有高原和民族特色的国际旅游城市。要以科学发展观为指导，坚持经济、社会、人口、环境和资源相协调的可持续发展战略，统筹做好拉萨市城市规划、建设和管理的各项工作。要有重点地发展特色产业，按照合理布局、集约发展的原则，不断完善公共服务设施和城市功能，逐步把拉萨市建设成为经济繁荣、社会和谐、生态良好、富有鲜明历史文化特色和浓郁民族风貌的现代化城市。批复要求科学引导城市空间布局、合理确定城市人口和建设用地规模、完善城市基础设施体系、建设资源节约型和环境友好型城市、创造良好的人居环境、重视历史文化和风貌特色保护、严格实施《总体规划》。据悉，该"总体规划"确定拉萨 $1480km^2$ 的城市规划区范围，到2020年，中心城区城市人口控制在45万人以内，城市建设用地控制在 $75km^2$ 以内。（文汇报2009年3月16日）

2009年3月16日，《无锡市城市总体规划（2001年—2020年）》获得国务院批复。《总体规划》确定，无锡市是长江三角洲的中心城市之一、国家历史文化名城、重要的风景旅游城市，城市规划区范围 $1622km^2$，到2020年，主城区常住人口控制在200万人以内，建设用地控制在 $190km^2$ 以内。

2009年3月17日，2009年中华环保世纪行宣传活动启动仪式在京举行。今年迈入第16个年头的中华环保世纪行宣传活动，以"让人民呼吸清新的空气"为主题，大力宣传我国环境资源法律法规实施进展情况、取得的积极成效和典型，大力宣传"十一五"规划确定的节能减排目标、完成情况和取得的可行经验，进一步提高全社会保护环境资源的意识和法制观念。

2009年3月22日，我国举办第十七届"世界水日"纪念活动，3月22～28日开展第二十二届"中国水周"宣传活动。联合国确定2009年"世界水日"的宣传主题是"跨界水——共享的水、共享的机遇"，我国的宣传主题为：落实科学发展观，节约保护水资源。

2009年3月22日，国务院在落实《政府工作报告》重点工作部门分工的意见中要求住房和城乡建设部牵头做好促进房地产市场稳定健康发展的工作，包括：①落实支持居民购买自住性和改善性住房的信贷、税收等政策，加大对中小套型、中低价位普通商品房建设的信贷支持；②积极发展公共租赁住房，加快发展二手房市场和住房租赁市场；③继续整顿和规范房地产市场秩序；④帮助进城农民工解决住房困难问题。同时，负责加强节能减排和生态环保工作实施，以及

附 录

全国中小学校舍安全工程，推进农村中小学校舍标准化建设。

2009年3月23日，环境保护部发布《2009—2010年全国污染防治工作要点》。《要点》以全面改善环境质量作为污染防治的根本任务，将以防为主、防治结合作为污染防治的根本方针，将全面推进重点突破作为污染防治的根本方法，将减少污染物产生作为污染防治的根本途径，将综合运用法律、经济、技术、行政和信息公开等措施作为污染防治的根本手段。

2009年3月23日，国家旅游局公布了《中国国家旅游线路初步方案》，并公开征求意见。按照典型性强、知名度大、交通通达、跨越多省等条件，"丝绸之路"、"香格里拉"、"长江三峡"、"青藏铁路"、"万里长城"、"京杭大运河"、"红军长征"、"松花江—鸭绿江"、"黄河文明"、"长江中下游"、"京西沪桂广"、"滨海度假"12条线路入选首批中国国家旅游线路的备选名单。据了解，为形成若干具有统一、清晰、明确形象的国家旅游线路品牌，并作为中国国家旅游总体形象的有力支撑，国家旅游局组织推出了国家旅游线路，借此进一步加强国际国内宣传促销和市场推广，引导海内外游客旅游流向，打造一批旅游热点线路、热点地区和热点产品，形成若干新的旅游消费热点。（人民网2009年3月24日）

2009年3月24日，中央文明办、住房和城乡建设部、国家旅游局3部门联合公布了第二批全国文明风景旅游区和全国创建文明风景旅游区工作先进单位的名单，15家单位获得"全国文明风景旅游区"称号，55家单位获得"全国创建文明风景旅游区工作先进单位"称号。

2009年3月26日，《淮河流域防洪规划》获得国务院批复。《规划》确定，力争到2015年，淮河干流上游防洪标准达到10年一遇以上，中游淮北大堤防洪保护区和沿淮重要工矿城市的防洪标准达到100年一遇，洪泽湖及下游防洪保护区的防洪标准达到100年一遇以上。到2025年，建成较为完善的防洪排涝减灾体系，与流域经济社会发展状况相适应。

2009年3月27日，环境保护部与湖北省人民政府在武汉签署共同推进武汉城市圈"两型"社会建设合作协议。根据协议，双方将进一步贯彻落实中央促进中部地区崛起的战略部署和实施武汉城市圈资源节约型和环境友好型社会建设综合配套改革试验区的总体要求，通过开展环境经济政策改革试点，实施武汉城市圈"碧水工程"，加强农村环境保护工作，推进环境监管能力建设，实施环保科技示范工程，加强鄂西生态文化旅游圈环保工作等方面的合作，共同推进武汉城市圈生态环境保护与经济协调发展，使武汉城市圈率先在中部地区走出一条低投入、高产出，低消耗、少排放，能循环、可持续的城市群发展道路。同时，通过合作和试点工作，在建立全防全控的防范体系、高效的环境治理体系、与经济发展相协调的环境政策法规标准制度体系以及完备的环境管理体系等方面进行积极的探索和尝试，为进一步完善环境保护体制机制，探索中国特色环境保护新道路

积累经验、创造模式。(中国环境报 2009 年 4 月 1 日)

2009 年 3 月 28 日,《辽阳市城市总体规划(2001 年—2020 年)》获得国家批复。《总体规划》确定,辽阳市是以石化产业为主的现代工业城市、辽中南地区的中心城市之一,城市规划区范围 586km^2,到 2020 年,中心城区城市人口要控制在 100 万人以内,城市建设用地控制在 105km^2 以内。

2009 年 3 月 28 日,由国家发改委小城镇改革发展中心、上海市发改委和宝山区人民政府联合主办的《2009 美兰湖中国城镇发展论坛》在上海举行。论坛主要探索小城镇和推进城乡经济社会一体化发展的新途径。

2009 年 4 月 10 日,中华人民共和国住房和城乡建设部、监察部联合发布《关于召开治理房地产开发领域违规变更规划调整容积率问题专项工作电视电话会议的通知》(建规 [2009] 53 号),要求各地要深入开展专项治理工作,坚决遏制房地产开发领域腐败问题易发多发势头。《通知》明确了专项治理的三项主要任务:①抓紧完善变更规划、调整容积率的相关政策、制度;②加强对控制性详细规划修改特别是建设用地容积率管理情况的监督检查;③建立健全违法违纪行为的责任追究机制,加大查办案件力度。

2009 年 4 月 11 日,"中国文化遗产保护无锡论坛"公布《关于文化线路遗产保护的无锡倡议》,各国文物保护界专家一致认为,文化线路近年来作为国际文化遗产保护的新载体被世界各国接受,世界文化遗产将在人类更理性的多维度保护中得以延伸拓展。文化线路是指拥有特殊文化资源结合的线形区域内的物质和非物质文化遗产族群。2008 年 10 月,国际古迹遗址理事会第 16 届大会在加拿大古城魁北克通过了《关于文化线路的国际古迹遗址理事会宪章》,标志着文化线路正式进入世界遗产保护的视野。作为历史悠久的文明古国,中国拥有丰富的文化线路遗产资源。国家文物局局长单霁翔在会上透露,国内一些重要的文化线路遗产已相继列入各级文化遗产保护名录,其中丝绸之路(中国段)、大运河等进入中国申报世界文化遗产预备名单之列。(中青在线 2009 年 4 月 13 日)

2009 年 4 月 15 日,鄱阳湖生态经济区规划与国家部委联合调研活动启动。鄱阳湖生态经济区建设始于 2008 年 3 月 8 日,联合调查组实地考察九江、南昌、抚州等地。

2009 年 5 月 1 日,《中华人民共和国防震减灾法》修订案施行,中国地震局和国务院法制办公室、国家发展和改革委员会、住房和城乡建设部、民政部、卫生部、公安部等 6 部委 4 月 22 日为此联合召开贯彻实施《防震减灾法》电视电话会议,对全国贯彻实施《防震减灾法》进行部署。国务院法制办公室副主任张穹在电视电话会议上指出,修订后的《防震减灾法》确立了防震减灾领域的基本法律制度,主要体现在以下几个方面:一是完善防震减灾规划,二是强化地震监测预报,三是加强地震灾害预防,四是完善地震应急救援,五是规范地震灾后过渡性安置和恢复重建，六是明确了政府及其有关部门的监督检查职责。中国地震局局长陈建民在讲话中强调，全面推进《防震减灾法》的贯彻实施，要着重做好以下几个方面的工作：一是完善配套法规规章和技术标准；二是加强行政执法力度；三是全面推进依法行政；四是依法加强建设工程抗震设防监管；五是依法健全地震应急响应机制；六是加强部门协调与沟通，增强工作合力。

2009年5月9日，北京土地利用规划在北京规划展览馆进行公示，为期三个月，市民可以免费参观并提出意见和建议。规划指出，北京目前土地利用的现状与问题包括：海淀、朝阳、丰台、石景山4个近郊区的城镇用地增长迅速，对绿色空间侵蚀严重，导致绿化隔离带的生态功能和景观美化功能下降，人居环境日益恶化。昌平平原、通州等则存在居住用地面积比重过大，土地利用效率不高等问题。未来，北京将继续推进建设用地的节约集约利用，全市常住人口每增长1%，城乡建设用地增长速度将控制在0.74%以内。同时，到2010年和2020年，北京耕地保有量要分别保持在$2260km^2$和$2147km^2$。北京土地利用规划的核心内容是结合北京的城市空间结构，构建首都"三圈九田多中心"的土地利用总格局。"三圈"是指围绕城市中心区的三个"绿圈"，作用是有效控制城市的无序蔓延。环城绿化隔离圈：以第一道绿化隔离带和第二道绿化隔离地区为主体，将优先保障绿化用地，严控新增建设用地规模。平原农田生态圈：以9个基本农田集中分布区为基础，将集约建设新城和开发区，逐步腾退宅基地和工业大院。山区生态屏障圈：以燕山、太行山山系为依托，将严格保护自然生态系统和历史文化遗迹，发展旅游休闲产业，适当配置一定比例的低密度高档居住区。（中新网国内新闻2009年5月11日）

2009年5月11日，国务院新闻办公室发表《中国的减灾行动》白皮书，介绍中国减灾事业的发展状况。白皮书提出了中国减灾的战略目标和九大任务。《中国的减灾行动》白皮书称，中国政府在《国家综合减灾"十一五"规划》等文件中明确提出"十一五"期间（2006～2010年）及中长期国家综合减灾战略目标，即：建立比较完善的减灾工作管理体制和运行机制，灾害监测预警、防灾备灾、应急处置、灾害救助、恢复重建能力大幅提升，公民减灾意识和技能显著增强，人员伤亡和自然灾害造成的直接经济损失明显减少。白皮书提出中国减灾的主要任务是：①加强自然灾害风险隐患和信息管理能力建设。②加强自然灾害监测预警预报能力建设。③加强自然灾害综合防范防御能力建设。④加强国家自然灾害应急抢险救援能力建设。⑤加强流域防洪减灾体系建设。⑥加强巨灾综合应对能力建设。⑦加强城乡社区减灾能力建设。⑧加强减灾科技支撑能力建设。⑨加强减灾科普宣传教育能力建设。（中新网国内新闻2009年5月12日）

2009年5月13日，住房和城乡建设部仇保兴副部长在2009年农村危房改造试点工作会上发表讲话，强调必须充分认识农村危房改造工作的重大意义，做好农村危房改造及试点工作。具体把握好以下五个原则：①一定要按照最贫困、最危险的原则来严格确定补助改造对象。要把农村危房补助改造的对象框定在比较小的范围之内。②按照最基本的原则严格控制建设标准。③结合当地的实际确立改造的方式。④坚决贯彻原址就近就地改造的方式。⑤三北地区一定要高度重视建筑节能示范工作。下一阶段要抓紧做好四项工作：①抓紧编制本年度农村危房改造规划。②抓紧落实配套资金。③抓紧落实技术服务工作。④加强对农村危房改造的督促检查。

2009年5月13日，国土资源部发出《国土资源部关于切实落实保障性安居工程用地通知》，要求各地从保增长、保民生、保稳定高度出发，加快保障性住房用地供应计划的落实，加强保障性住房用地的供应管理，做好监督检查，把党和政府对人民群众的庄严承诺落到实处。实施保障性安居工程，是党中央、国务院作出的保持经济平稳较快发展、保障和改善民生的重大举措。中央已经确定，争取用三年时间解决750万户城市低收入住房困难家庭和240万户林区、垦区、煤矿棚户区居民的住房问题，同时扩大农村危房改造试点。据国土资源部介绍，今年上述三项分别完成260万户、80万户、80万户。各地区各部门要统筹规划，综合考虑，确保保障性安居工程顺利落地，真正惠及广大人民群众。保障性安居工程要保障的不仅是住房，还有工作机会，教育、医疗机会以及后代的成长环境。国土资源部特别强调指出，在城市规划区范围内建设廉租住房、经济适用住房，应按照城市规划，综合考虑被保障人群工作生活的实际，合理确定选址和地块，为人民群众方便工作、生活、就医和就学创造有利条件。（新华网2009年5月18日）

2009年5月18日，以"京畿重地，区域合作"为主题的中国廊坊国际经贸洽谈会召开，京津冀三地在城市规划、交通运输、旅游等方面先后签署合作备忘录，借此建立和完善京津冀协商对话机制、协作交流机制、重要信息沟通反馈机制，预示着京津冀一体化正全面加速。京津冀是中国具有首都地区战略地位的重要城镇密集地区，今后这一地区将实现区域规划"一张图"。三方将建立规划联席会议制度，主要研究、协调有关区域交通、重大基础设施、生态环境保护、水资源综合开发利用、海岸线资源保护与利用等跨区域重要的城乡规划，以及影响区域发展的重大建设项目选址，协商推进区域一体化发展和规划协作的有关重大事宜。作为继珠三角和长三角之后中国经济增长的第三大引擎，京津冀区域内目前已有35条高速公路和280多条一般国省干线相连，基本形成了覆盖京津和河北11个设区市的三小时都市交通圈；津冀沿海港口设计通过能力7.5亿t，占全国的16%；三省市之间已开通道路客运班线900多条，营运班车2200多部。（新浪网2009年5月19日）

2009年5月21日，四川省政府新闻办举行新闻发布会，宣布国务院已于近

附录

日正式批复了成都市上报的《成都市统筹城乡综合配套改革试验总体方案》。两年前的6月7日，成都正式获批"全国统筹城乡综合配套改革试验区"。《方案》的指导思想是，深入贯彻落实科学发展观，坚持统筹城乡发展的基本方略，把解决"三农"问题作为重中之重，以体制机制创新为动力，以产业发展为支撑，大力推进新型工业化、新型城镇化、农业现代化。主要目标是，努力把成都试验区建设成为全国深化改革、统筹城乡发展的先行样板、构建和谐社会的示范窗口和推进灾后重建的成功典范，带动四川全面发展，促进成渝经济区、中西部地区协调发展。成都在9个方面具有先行先试的任务：①建立三次产业互动的发展机制；②构建新型城乡形态；③创新统筹城乡的管理体制；④探索耕地保护和土地节约集约利用的新机制；⑤探索农民向城镇转移的办法和途径；⑥健全城乡金融服务体系；⑦健全城乡一体的就业和社会保障体系；⑧努力实现城乡基本公共服务均等化；⑨建立促进城乡生态文明建设的体制机制。（经济日报2009年5月22日）

2009年5月21日，提交北京市人大常委会审议的《北京市城乡规划条例》规定，"经依法审定的修建性详细规划、建设工程设计方案的总平面图不得随意修改"；"因修改给利害关系人合法权益造成损失的，应当依法给予补偿"。据介绍，北京市相关部门正在制定该条例的实施细则，该细则拟将与条例于今年10月1日同时实施。根据常委会的审议意见，法制委员会建议新增"城乡规划的修改"一章，共六条，在内容上既体现《城乡规划法》规定的城乡规划修改的基本程序和要求，同时根据北京市规划管理工作的需要，在总结实践经验的基础上，对城市总体规划的评估期限、听取利害关系人意见的方式、规划修改后的公布等问题作了规定。《条例》还规定，北京市各类城乡规划经过修改后应当重新向社会公布。（北京晚报2009年5月21日）

2009年5月21日，根据国家发改委此日公布的数据，在我国4万亿元投资计划中，有4000亿元投向廉租房、棚户区改造等保障性住房，占比10%。2008年11月初，国务院颁布进一步扩大内需、促进经济增长的十项措施，其中第一条就包括加快建设保障性安居工程，加大对廉租住房建设的支持力度。住房和城乡建设部副部长齐骥此后不久表示，3年将在全国投资9000亿元建保障性住房。（新闻晨报2009年5月22日）

2009年5月22日，由中国城市规划学会和香港规划师学会联合主办，英国皇家规划师学会和澳门城市规划学会协办的"共建低碳都市"国际研讨会在香港举行。住房和城乡建设部副部长仇保兴出席会议并发表了《中国城镇化发展与低碳生态城规划建设的探索与实践》的演讲。他强调：中国内地城镇化发展迅速，采纳低碳发展策略尤为重要。仇保兴认为，当前迫切的问题是要反思城市的建设理念和发展模式，探索符合中国国情和生态文明建设要求的城市发展道路。低碳生态城是以低能耗、低污染、低排放为标志的节能、环保型城市，是一种在生态环境综合平衡制约下的全新城市发展模式。

2009年5月22日，住房和城乡建设部、国家发改委、财政部向各地、各部门印发《2009—2011年廉租住房保障规划》。《规划》称，从2009年起到2011年，争取用三年时间，基本解决747万户现有城市低收入住房困难家庭的住房问题。其中，2008年第四季度已开工建设廉租住房38万套，三年内再新增廉租住房518万套、新增发放租赁补贴191万户。进一步健全实物配租和租赁补贴相结合的廉租住房制度，并以此为重点加快城市住房保障体系建设，完善相关的土地、财税和信贷支持政策。《规划》制定了每年的年度工作任务：2009年，解决260万户城市低收入住房困难家庭的住房问题。其中，新增廉租住房房源177万套，新增发放租赁补贴83万户。2010年，解决245万户城市低收入住房困难家庭的住房问题。其中，新增廉租住房房源180万套，新增发放租赁补贴65万户。2011年，解决204万户城市低收入住房困难家庭的住房问题。其中，新增廉租住房房源161万套，新增发放租赁补贴43万户。（中国新闻网2009年6月3日）

2009年5月26日，获国务院批复通过的《深圳市综合配套改革总体方案》正式发布。深圳此次获得四项"先行先试"权。一是对国家深化改革、扩大开放的重大举措先行先试。二是对符合国际惯例和通行规则，符合我国未来发展方向，需要试点探索的制度设计先行先试。三是对深圳市经济社会发展有重要影响，对全国具有重大示范带动作用的体制创新先行先试。四是对国家加强内地与香港经济合作的重要事项先行先试。《总体方案》提出，下一步深圳市的改革将在六个方面实现重点突破：一是深化行政管理体制改革。二是全面深化经济体制改革。三是积极推进社会领域改革，不断深化教育、医疗卫生、就业、社会保障、收入分配、住房、文化制度改革，创新社会管理体制，培育发展社会组织，积极推进依法治市，加快构建社会主义和谐社会。四是完善自主创新体制机制。五是以深港紧密合作为重点，全面创新对外开放和区域合作的体制机制，创新外经贸发展方式，主动应对开放风险，率先形成全方位、多层次、宽领域、高水平的开放型经济新格局。六是建立资源节约环境友好的体制机制。（新华网2009年5月26日）

2009年6月3日，中新天津生态城联合工作委员会举行第四次会议，中国住房和城乡建设部副部长仇保兴、新加坡国家发展部部长马宝山共同主持。同日，生态城科技园奠基。位于天津滨海新区的中新天津生态城，是中国与新加坡两国政府继苏州工业园区后又一重大合作项目。生态城规划面积$30km^2$，于去年9月底开工，确定了以节能环保、高新技术研发和现代服务业为主导的产业发展方向，着力构建以高新技术、清洁生产、循环经济为主导的生态型产业体系，构成绿色企业之谷。生态城$4km^2$起步区基础设施建设以及环境治理快速推进，形成

附 录

了国内第一套绿色建筑的规范化和强制性的设计执行标准及实施监管体系。城管中心、滨海家园住宅、培训中心、商业街、次中心等项目陆续开工。（人民日报2009年6月4日）

2009年6月4日，为贯彻落实最严格的耕地保护制度和最严格的节约用地制度，落实《全国土地利用总体规划纲要（2006—2020年）》，科学编制市、县、乡级土地利用总体规划，强化土地用途管制和土地宏观调控，国土资源部在试点实践和调查研究基础上，制定了《市县乡级土地利用总体规划编制指导意见》，下发地方执行。

《指导意见》分为四部分：一是土地规划分类与基数转换，明确了土地规划分类与基数转换的原则、方法、要求以及二次调查数据应用处理等；二是各类用地空间布局，明确了各类用地规划布局的次序和原则；三是基本农田调整和布局，明确了基本农田调整的原则、要求和基本农田保护区的划定要求；四是建设用地布局与管制，明确了建设用地布局原则、空间管制要素及其划定要求、成果检验和管制规则等。

2009年6月5日，我国举办2009年"六·五"世界环境日活动，今年的主题是：减少污染——行动起来，旨在引导公众关注污染防治，积极参与到节能减排工作中来。

2009年6月10日，国务院总理温家宝主持召开国务院常务会议，讨论并原则通过《江苏沿海地区发展规划》。会议指出，江苏沿海地区地处我国沿海、沿长江和沿陇海兰新线三大生产力布局主轴线交会区域，是长江三角洲的重要组成部分，区位优势独特，土地后备资源丰富，战略地位重要。在新形势下加快江苏沿海地区发展，对于长江三角洲地区产业优化升级和整体实力提升，完善全国沿海地区生产力布局，促进中西部地区发展，加强中国与中亚、欧洲和东北亚国家的交流与合作，具有重要意义。

2009年6月10日，首批"中国历史文化名街"授牌仪式及高峰论坛在北京举行。在综合专家意见和公众投票的基础上，北京国子监街、平遥南大街、哈尔滨中央大街、苏州平江路、黄山市屯溪老街、福州三坊七巷、青岛八大关、青州昭德古街、海口骑楼老街、拉萨八廓街等10条街区被评为首批"中国历史文化名街"。中国文物学会会长罗哲文在授牌仪式上指出，历史文化名街是历史文化名城、名镇、名村最重要的组成部分。把历史文化名街保护好，对于历史文化遗产的保护非常重要。同时，要把物质文化遗产的保护与非物质文化遗产的保护结合起来。

2009年6月13日，我国第四个"文化遗产日"开展活动，今年的主题是：保护文化遗产，促进科学发展。

2009年6月15日，国家文物局局长单霁翔在上海开幕的全国工业遗产保护利用现场会上强调，工业遗产保护性再利用应受到重视。这是赋予工业遗产新的生存环境的一种可行途径，当尊重工业遗产的原有格局、结构和特色，并应创造条件保留一定能够记录和解释原始功能的生产区域，用于展示和解说曾有的工业生产用途。工业遗产保护性再利用不应侧重于商业性房地产开发项目，必须根据不同工业遗产的性质，探索更为合理而广泛的利用方式，重点应用于文化设施建设。如博物馆、美术馆、展览馆、社区文化中心、文化产业园区等，既体现工业遗产特色，又使公众得到游憩、观赏和娱乐，可以通过建立工业遗产旅游线路，形成规模效益。（光明日报2009年6月16日）

2009年6月24日，国务院总理温家宝主持召开国务院常务会议，讨论并原则通过《横琴总体发展规划》。会议决定，将横琴岛纳入珠海经济特区范围，重点发展商务服务、休闲旅游、科教研发和高新技术产业，实行更加开放的产业和信息化政策等，逐步把横琴建设成为"一国两制"下探索粤港澳合作新模式的示范区、深化改革开放和科技创新的先行区、促进珠江口西岸地区产业升级的新平台。

2009年6月25日，我国第19个"土地日"开展活动，今年的主题是：保障科学发展，保护耕地红线，同时拟定20条宣传口号。开展全国"土地日"宣传活动，是宣传我国土地资源国情国策，坚持和落实最严格的耕地保护制度和最严格的节约用地制度，提高全社会坚守18亿亩耕地红线意识的有效手段。

2009年6月25日，国务院发布了《关中—天水经济区发展规划》。关中—天水经济区是《国家西部大开发"十一五"规划》中确定的西部大开发三大重点经济区之一。规划范围包括陕西省西安、铜川、宝鸡、咸阳、渭南、杨凌、商洛部分县和甘肃省天水所辖行政区域，面积7.98万km^2。直接辐射区域包括陕西省陕南的汉中、安康，陕北的延安、榆林，甘肃省的平凉、庆阳和陇南地区。《规划》提出，将把关中—天水经济区打造成为"全国内陆型经济开发开放的战略高地"。"大关中"地区在西部开发的新起点上能否为内陆型经济开放开发新模式探索出一条路径，引人关注。根据《规划》，关中—天水经济区的战略定位除了"全国内陆型经济开发开放战略高地"外，还将打造成为全国统筹科技资源改革示范基地、全国先进制造业重要基地、全国现代农业高技术产业基地和彰显华夏文明的历史文化基地。《规划》提出，到2020年，关中—天水经济区的经济总量占西北地区比重超过1/3，人均地区生产总值翻两番。（人民日报2009年7月15日）

2009年6月29日，住房和城乡建设部向无锡、珠海、大同等17个城市派驻城乡规划督察员，对国务院审批的城市总体规划的实施情况加强监督。加上此前分三批派遣的人员，目前中国已向包括全部省会城市在内的51个城市派驻了68名规划督察员，覆盖了由国务院审批的城市总体规划中的所有国家级历史文化名城。住房和城乡建设部副部长仇保兴指出，违反建设规划的行为一旦发生，可能造成难以补救的损失。派驻城乡规划督察员制度实现了监督关口前移，督察员平时深入实际、积累情况，违规事项发生时能够快速反应、及时处置，多数违法违规问题被及时制止，有效维护了城乡规划的严肃性。据悉，住房和城乡建设部将进一步扩大部派城乡规划督察员的工作范围，力争在2~3年时间内，覆盖国务院审批城市总体规划中的所有城市。（新华网2009年6月30日）

2009年7月1日，国务院常务会议讨论并原则通过了《辽宁沿海经济带发展规划》，从而不仅为这片中国最北端的沿海地区带来新的发展机遇，也为东北振兴增添新的动力。包括大连、丹东、锦州、营口、盘锦、葫芦岛等沿海城市在内的辽宁沿海经济带，地处环渤海地区重要位置和东北亚经济圈关键地带，资源禀赋优良，工业实力较强，交通体系发达。加快辽宁沿海经济带发展，对于振兴东北老工业基地，完善我国沿海经济布局，促进区域协调发展和扩大对外开放，具有重要的战略意义。

2009年7月11日，中国城市科学研究会与美国联合技术公司关于合作开展"生态城市指标体系构建与生态城市示范评价项目"的签字仪式在哈尔滨举行。住房和城乡建设部副部长仇保兴出席签字仪式并讲话。根据协议，中国城市科学研究会将组织构建中国生态城市指标体系，并依照该指标体系，在中国遴选优秀生态示范城市，大力推广生态城市最佳实践，鼓励和推动城市相互经验交流、借鉴，从而促进中国城市的可持续发展。

2009年7月12~13日，由中国城市科学研究会、中国城市规划学会、哈尔滨市人民政府共同主办的2009城市发展与规划国际论坛在哈尔滨举行，"和谐生态，可持续的城市"成为此次论坛的主题。与会者围绕交流国内外城市规划与可持续发展、中国城市化与城乡转型、城市生态、历史文化遗产保护、城市交通和安全、城市防灾减灾、城市基础设施规划建设、城市突发公共事件应急管理、绿色交通规划建设、低碳生态城市专项技术、城市总体规划先进案例与控制性详细规划编制办法等方面进行了专题学术研讨。

2009年7月14日，全球最具知名度的建筑师学会之一——英国皇家建筑师学会公布了获得2009年建筑国际奖的名单，包括北京国家体育场（"鸟巢"）、"水立方"和首都国际机场3号航站楼在内的15个建筑项目榜上有名。颁奖典礼在英国外交部举行，英国皇家建筑师学会主席和来自世界各国的多位知名设计师，共同参加了当晚的颁奖活动。报道说，备受瞩目的北京奥运场馆"鸟巢"和"水立方"成为当晚颁奖仪式上最受关注的作品。它们独具匠心的设计、宏大的规模以及和中国奥运的完美结合被评委们称作是建筑与现实融合的典范。

2009年7月22日，北京商务中心区（CBD）宣布向来自世界各地的7家设计机构征集东扩区规划方案，东扩区将延伸至东四环，计划6~8年完成。CBD

将沿朝阳北路、通惠河向东扩展至东四环，新增面积约 3km^2，东扩区与现有核心区将是共赢的关系，在建筑的整体要求上，多数标志性建筑将在 100～300m 之间。此次规划方案征集首次提出了绿色、低碳的理念，刘春成说，作为一个区域提出低碳发展的理念，这无论在国内还是国际上都是第一次。在产业上，CBD 东扩区将形成以国际金融、传媒产业为龙头，以高端服务产业为主导。进一步提高甲级写字楼的比重至 50％以上，并提供专业定制楼宇。（新京报 2009 年 7 月 23 日）

2009 年 7 月 23 日，国家发改委、住房和城乡建设部下发了《关于做好城市供水价格管理工作有关问题的通知》，要求各省、自治区、直辖市有关部门严格履行水价调整程序，完善水价计价方式，做好对低收入家庭的保障工作，保障城市供水和污水处理行业健康发展。《通知》指出，水价调整的总体要求要以建立有利于促进节约用水、合理配置水资源和提高用水效率为核心的水价形成机制为目标，促进水资源的可持续利用。要统筹社会经济发展和供水、污水处理行业健康发展的需要，重点缓解污水处理费偏低的问题。要充分考虑社会承受能力，合理把握水价调整的力度和时机，防止集中出台调价项目。要切实做好宣传解释工作，争取社会的理解与支持，确保水价调整工作的平稳实施。（中国建设报 2009 年 7 月 28 日）

2009 年 7 月 27 日，辽宁省阜新市海州露天煤矿国家矿山公园正式开园，从而使这个当年亚洲最大的露天煤矿变身为工业遗产主题公园。海州露天煤矿国家矿山公园 2007 年破土动工，公园总占地面积 28km^2。目前，面积达 20 万 m^2 的矿山主题公园已经正式对外开放，包括正门、矿山文化广场、博物馆、纪念碑和观景台 5 部分。矿山博物馆共建有 20 多个功能区，涵盖了矿产资源与环境保护、工业遗产与旅游开发等内容。（中国建设报 2009 年 8 月 10 日）

2009 年 8 月 6 日，深圳市委市政府通过最新一期《市政府公报》正式发布《深圳市综合配套改革三年（2009～2011 年）实施方案》，明确了今后三年深圳市综合配套改革的主要内容和任务，确定了 2009 年要实施的九个重点改革项目。《实施方案》提出，力争用三年左右的时间，在行政管理体制改革、经济体制改革、社会领域改革、完善自主创新体制机制、创新对外开放与区域合作、建立资源节约环境友好的体制机制等六大方面取得新突破、新进展，确保综合配套改革起好步、开好局，实现"今年起好步，每年有进展，三年大突破"的工作目标。（人民网 2009 年 8 月 6 日）

2009 年 8 月 7 日，由住房和城乡建设部正式批准的《中国城市综合管理体制及其运行机制研究》课题研究大纲公开征求意见。课题提出了"大城管"概念，也就是城市综合管理，所管理的范围包括给水、电力、通信、垃圾收运处理、供水等城市基础功能，以及城市公共空间。在此基础上，专家提出，这些城市管理工作应由住房和城乡建设部负责指导和管理。各地政府可以成立统一的城管综合管理指挥中心，统一指挥权、督察权、赏罚权，建立健全城管综合管理指挥中心运行机制。从8月7日起，该课题研究大纲（征求意见稿）将在人民城市网（www.city188.net）"和谐城管"栏目公示，公开向外界征求意见，征求意见的截止时间为9月8日。（京华时报2009年8月8日）

2009年8月9日，石家庄市邀请国务院发展研究中心区域经济与发展战略部前部长、研究员，清华大学双聘教授李善同等国内规划专家，对该市500万人口大都市整体规划方案进行专家咨询。石家庄市城市空间由"河南"向"河北"的扩展模式得到专家肯定。规划显示，以北跨建设新区为基础，城市空间由"河南"向"河北"扩展，布局形态由"单中心"到"双城"模式的转换，不仅是城市空间建设重点的转移，更重要的是滹沱河滨水空间，为石家庄城市发展提供了独特的景观资源，正定历史文化名城丰富了城市的历史文化底蕴。同时，以滹沱河为纽带实施沿河发展为主的战略，将滹沱河地带规划建设为集聚未来城市活力的区域，以此带动石家庄空间、经济、社会的跨越式发展。（石家庄日报2009年8月11日）

2009年8月10日，在积极应对国际金融危机、加快交通运输基础设施建设的新形势下，交通运输部组建以来的第一次全国交通运输发展前期工作会议在贵阳召开，标志着"十二五"交通运输发展规划编制工作全面启动。交通运输部党组副书记、副部长翁孟勇出席会议并强调，面对新的形势和要求，必须立足于"十二五"经济社会发展的基本要求，及早谋划，合理布局，进一步理清交通运输发展思路，统筹安排建设重点，明确主要任务，扎实推进"十二五"交通运输科学发展。"十二五"交通运输发展规划编制工作需要切实把握好六个原则。一是准确判断形势，明确阶段性特征。二是科学设定发展目标，保持快速发展。三是合理确定发展重点，促进协调发展。四是充分体现发展方式转变，推进科学发展。五是强化安全保障能力建设，实现安全发展。六是加强政策措施研究，保障规划实施。同时，还要进一步做好推进综合运输体系建设、促进现代物流业发展以及有关高速公路、农村公路、内河水运、沿海港口建设等重要课题的研究。（中国新闻网2009年8月11日）

2009年8月12日，国务院总理温家宝主持召开国务院常务会议，听取并审议了国家发改委关于应对气候变化工作情况的报告，研究部署应对气候变化的有关工作，审议并原则通过《规划环境影响评价条例（草案）》。会议要求，下一阶段，重点做好以下几方面工作：①把应对气候变化纳入国民经济和社会发展规划。②抓好国家方案的落实。③大力发展绿色经济。④强化应对气候变化综合能力建设。⑤健全应对气候变化的法律体系。⑥积极开展国际交流与合作。继续对外开展应对气候变化政策对话与交流，拓展应对气候变化国际合作渠道，加快资金、技术和人才引进，有效消化、吸收国外先进的低碳技术和应对气候变化技术。深化与发展中国家的合作，支持不发达国家和小岛屿发展中国家提高适应气候变化的能力。（中国政府网 2009 年 8 月 12 日）

2009 年 8 月 14 日，国务院对《横琴总体发展规划》正式作出批复，业内人士认为，《横琴总体发展规划》的实施，使珠海横琴新区站在了一个新的制高点上，标志着横琴开发建设迈进了新的阶段。据了解，《横琴总体发展规划》的规划范围为珠海横琴岛，土地总面积 106.46km^2，规划期至 2020 年。《规划》对产业发展也提出了要求。根据《规划》，珠海将集约横琴建设用地，高标准、高起点开展大宗项目招商引资，在产业发展上重点发展商务服务、休闲旅游、科教研发和高新技术等四个产业。《规划》指出，通过这些产业的发展，深化落实 CEPA，为澳门居民在横琴投资、就业创造条件，促进澳门经济适度多元化，把横琴建设成为"四基地一平台"，即：粤港澳地区的区域性商务服务基地，与港澳配套的世界级旅游度假基地，珠江口西岸的区域性科教研发平台和建设融合港澳优势的国际级高新技术产业基地。其中具体要实现的目标是到 2015 年，人口规模为 12 万人，人均 GDP 为 12 万元；到 2020 年，人口规模为 28 万人，人均 GDP 为 20 万元。据透露，本月底将完成横琴城市总体规划和控制性详细规划。

2009 年 8 月 17 日，中国第一份各省区市生态文明水平的排名出炉。它来自代表国家社科研究最高水平的国家社科基金项目——"新区域协调发展与政策研究"课题组。作为研究成果的《中国生态文明地区差异研究》首次披露了各省区市生态文明的发展现状，以期促进各省区市经济社会的可持续发展、落实科学发展观、构建和谐社会。据悉，通过测算，除西藏自治区外，全国各省、市、自治区的生态文明水平排序如下：北京、上海、广东、浙江、福建、江苏、天津、广西、山东、重庆、四川、江西、河南、湖南、（以下为全国平均水平线下）湖北、海南、安徽、陕西、黑龙江、吉林、青海、河北、辽宁、新疆、云南、甘肃、内蒙古、贵州、宁夏、山西。（中国经济周刊 2009 年 8 月 17 日）

2009 年 8 月 17 日，国务院召开会议，讨论并原则通过了《关于进一步实施东北地区等老工业基地振兴战略的若干意见》。会议指出，要着重抓好以下工作：一是优化经济结构，建立现代产业体系。二是推进企业技术进步，全面提升自主创新能力。三是加快发展现代农业，不断巩固和发展农业基础地位。四是加强基础设施建设，为东北地区全面振兴创造条件。五是积极推进资源型城市转型，促进可持续发展。六是切实保护好生态环境，大力发展绿色经济。七是着力解决民生问题，加快推进社会事业发展。八是深化省区协作，推动区域经济一体化发展。九是继续深化改革开放，增强经济社会发展活力。（中国政府网 2009 年 8 月 17 日）

2009 年 8 月 18 日，国土资源部和监察部联合发出了《关于进一步落实工业

附 录

用地出让制度的通知》，以更好地发挥土地政策调控作用。《通知》细化了工业用地招标拍卖挂牌政策和协议出让政策的适用范围，提出：凡属于农用地转用和土地征收审批后由政府供应的工业用地，政府收回、收购国有土地使用权后重新供应的工业用地，必须采取招标拍卖挂牌方式公开确定土地价格和土地使用权人；划拨工业用地补办出让、承租工业用地补办出让、划拨工业用地转让等，符合规划并经依法批准，可以协议方式出让。《通知》明确，出让方应按照合同约定及时提供土地，督促用地者按期开工建设。受让人因非主观原因未按期开工、竣工的，应提前30日向出让人提出延建申请，经出让人同意，项目开竣工延期不得超过一年。《通知》要求，各市、县国土资源行政主管部门要及时向社会公布经批准的出让计划，要安排一定比例的土地用于中小企业开发利用。（人民网2009年8月16日）

2009年8月18日，据新快报报道，最新修编的珠三角城际轨道交通网络规划已原则上获广东省政府常务会议通过，并上报国家发改委审批。根据规划，到2030年，珠三角的城际轨道交通网络将基本覆盖所有城镇，线网密度达到$4.8km/100km^2$。据了解，与2005年获得国务院批准的《珠江三角洲地区城际轨道交通网规划》相比，《规划》将珠三角地区规划城际线路从原来的5条增加到23条，线网总长从原来的600km，增加到1890km。据介绍，《规划》中整体工程的投资额将超过3700亿元，同时，还专门预留了与粤西、粤东、粤东北地区的接口。整个珠三角轻轨网络建成后，将以广州为中心，实现主要城市间1h互通，内圈层主要城市1h互通，广州、深圳、珠海三大都市区内部1h互通的目标。（新快报2009年8月18日）

2009年8月23日，西藏文物保护史上投资最多、规模最大、科技含量最高、技术要求最严的"西藏三大重点文物"——布达拉宫、罗布林卡、萨迦寺文物保护维修工程竣工。该三大重点文物保护维修工程是中央第四次西藏工作座谈会确定的国家重点文化建设项目，也是全国六大重点文物保护维修工程中的三大工程。三大工程共安排国家批准的子项目154个，总投资3.8亿元，主要包括古建筑和壁画维修、部分住户搬迁及环境整治、新改建公用设施等内容。随着西藏三大重点文物保护工程竣工，更大规模的文化遗产保护工作即将拉开帷幕。"十一五"期间，中央又安排5.7亿元资金，对扎什伦布寺等22处文物保护单位和红色遗迹进行维修保护。（人民日报海外版2009年8月24日）

2009年9月1日，国土资源部发布《关于严格建设用地管理 促进批而未用土地利用的通知》（以下简称"通知"）强调，对取得土地后满2年未动工的建设项目用地，应依照闲置土地的处置政策依法处置，促进尽快利用。通知强调，严肃查处违反土地管理法律法规新建"小产权房"和高尔夫球场项目用地。通知要求，对在建在售的以新农村建设、村庄改造、农民新居建设和设施农业、观光农业等名义占用农村集体土地兴建商品住宅的，必须采取强力措施，坚决叫停，管住并予以严肃查处。(每日经济新闻 2009 年 9 月 2 日)

2009 年 9 月 2 日，住房和城乡建设部在京举行新闻发布会，呼吁采取措施，在我国实施和恢复绿色交通，使城市空间资源向公共交通、步行、自行车等绿色交通倾斜，构建合理的综合交通体系，减少私人机动车的使用。9 月 22 日，迎来又一个世界无车日。据介绍，2009 年中国城市无车日活动的主题为"健康环保的步行和自行车交通"。9 月 22 日 7～19 时，各承诺城市将围绕活动主题，组织"无车日"活动。开展活动的城市将划定不小于 $5km^2$ 的区域（道路）作为无小汽车区，禁止机动车在无小汽车区内行驶，只对行人、自行车、公共电汽车、出租车和其他交通（校车、通勤车、特种车辆等）开放。城市将至少选定 1 条道路作为自行车和步行交通出行的示范道路。住房和城乡建设部要求，各城市政府领导应带头采用步行、自行车或公共交通上下班。各城市政府至少应实施两项长效措施，提高步行和自行车出行便利和安全。(中国经济时报 2009 年 9 月 3 日)

2009 年 9 月 7 日，广东省政府召开珠三角一体化五个规划编制工作会议。在会议上，黄华华省长指出，编制好珠三角基础设施建设、产业布局、城乡规划、公共服务和环境保护等五个一体化专项规划，对贯彻落实《规划纲要》和推动珠三角发展至关重要，是当前全省工作的重点之一。2 月以来，五个一体化规划的编制工作开局良好，为做好下一步工作打下了坚实基础。黄华华强调，当前，编制工作进入了关键时期，要深入贯彻落实科学发展观，高质量、高标准推进珠三角一体化规划编制工作。重点做到五个"着力"：①紧扣主题，着力体现一体化的本质要求。②抓住关键，着力解决制约一体化发展的重点难点问题。③改革创新，着力开拓规划编制思路。④整合协调，着力做好规划之间的衔接。⑤细化措施，着力突出可操作性。(广州日报 2009 年 9 月 8 日)

2009 年 9 月 12～14 日，由中国城市规划学会主办、天津市人民政府协办、天津市规划局承办的 2009 中国城市规划年会在滨海国际会展中心举行。本届规划年会以"城市规划与科学发展"为主题，探讨新形势下城市的科学发展，交流、展示国内外规划设计的先进理念和优秀成果。开幕式上，来自全国的规划专家就当前业界关注的热点问题进行深入探讨，总结了新中国成立 60 年以来城市规划事业的重要经验教训，反思城市规划的学科地位，分析当前面临的宏观形势，展现上海世博会的全新理念等。年会期间，与会人员分别就住房建设与社区规划、城市生态规划、区域研究与城市总体规划、法制建设与规划管理、历史文化保护与城市更新、小城镇与村庄规划、园林绿化与风景环境、城市土地与开发控制、工程规划与防灾减灾、详细规划与城市设计、产业发展与园区规划、城市交通规划等 12 个城市发展热点问题进行了专题研讨。开设了五个自由论坛，论坛内容包括什么是好的规划、城乡统筹怎么统、"低碳"对规划的冲击有多大、总体规划批什么、控制性详细规划应该控制什么等，增设了国际最新学术进展和城市密度与环境质量—香港经验两个特别论坛。年会的召开，对提升我国城市规划理论水平，促进城市科学发展具有十分重要的意义。

2009年9月22日，上海市政府办公厅召开会议宣布，上海10个小城镇建设发展改革试点工作全面启动。目前松江区小昆山镇、嘉定区安亭镇、浦东新区六灶镇、宝山区罗店镇等试点镇完成了城乡建设用地增减挂钩规划的编制和上报工作，国家已批复同意4个镇共7000亩土地增减挂钩指标。上海10个发展改革试点的小城镇为崇明县陈家镇、金山区廊下镇、奉贤区青村镇、松江区小昆山镇、嘉定区安亭镇、青浦区金泽镇、浦东新区六灶镇、宝山区罗店镇、闵行区浦江镇和浦东新区川沙镇。根据国家发改委要求，上海在全面总结"一城九镇"试点经验教训的基础上，着力在土地、财政、产业政策等方面进行整合和突破。目前市规划国土资源局、市财政局、市建交委、市农委等成员单位根据职能分工，正在加快制定改革试点的细则和操作办法，近期将出台并付诸实施。（文汇报2009年9月23日）

2009年9月23日，国务院批复《促进中部地区崛起规划》。《规划》共11章，围绕总体要求和全面实现建设小康社会宏伟目标，提出了到2015年中部地区崛起的4大目标及8个方面的重点工作：一要以加强粮食生产基地建设为重点，积极发展现代农业。二要按照优化布局、集中开发、高效利用、精深加工、安全环保的原则，巩固和提升重要能源原材料基地地位。三要以核心技术、关键技术研发为着力点，建设现代装备制造业及高技术产业基地。四要优化交通资源配置，强化综合交通运输枢纽地位。五要加快形成沿长江、沿陇海、沿京广和沿京九"两横两纵"经济带，积极培育充满活力的城市群；推进老工业基地振兴和资源型城市转型，发展县域经济，加快革命老区、民族地区和贫困地区发展。六要努力发展循环经济，提高资源节约和综合利用水平。七要优先发展教育，繁荣文化体育事业，增强基本医疗和公共卫生服务能力，千方百计扩大就业，完善社会保障体系。八要以薄弱环节为突破口，加快推进体制机制创新，支持综合改革试点，提高对外开放水平，加强区域经济合作，不断增强发展动力和活力。（中国政府网2009年12月3日）

2009年9月26日，国务院发布了一则《关于集约用地的通知》，针对开发商首次明确规定了相对严格的"闲置"费用标准，并指出将会很快对"闲置"土地征收增值地价。对于土地闲置满两年的，将依法无偿收回、坚决无偿收回或者重新安排使用；对于土地闲置满一年不满两年的，开发商需按出让或划拨土地价款的20%交纳土地闲置费；另外，国土资源部将对闲置土地征收增值地价。专家预计，这一方面会削弱开发商拿地的冲动，同时还会促使开发商加快建设进度。（重庆晚报2009年9月29日）

2009年9月27日，广州召开了《广州城市总体发展战略规划2010—2020年》专家研讨会，再开国内先河，首次将主体功能区规划、城市总体规划与土地利用总体规划"三规合一"。根据规划，广州将以科学发展观为统领，以世界先进城市为标杆，按照国家中心城市和综合性门户城市的定位，加快建设成为广东宜居城乡的"首善之区"，建成面向世界、服务全国的国际大都市。广州市市长张广宁代表广州市委、市政府致欢迎辞时表示，规划好广州、建设好广州、发展好广州，是历史赋予的重大使命，希望与会专家为广州的规划建设出谋献策。中国科学院院士、中国工程院院士、原建设部副部长周干峙以及来自国务院发展研究中心、住房与城乡建设部、香港特别行政区规划署、澳门特别行政区土地工务运输局城市规划厅、广东省委政策研究室、广东省人民政府发展研究中心、中科院生态环境研究中心、中国风景园林学会、香港大学、南京大学、同济大学、中山大学的专家学者，广州市领导苏泽群、李荣灿、徐志彪、许瑞生、刘平，各民主党派、工商联代表，各区（县级市）、市政府各有关部门负责人参加了研讨会。（广州日报2009年9月28日）

2009年9月28日，国家发改委组织召开电视电话会议，就"十二五"（2011～2015年）规划编制前期工作进行部署。会议指出，"十二五"规划将深化对一些全局性、战略性重大问题的研究，就解决经济社会发展的突出矛盾和问题提出相应措施。在"十二五"规划编制过程中，须根据国际环境的新变化和国内发展的新要求，深化对一些全局性、战略性重大问题的研究，从解决经济社会发展的突出矛盾和问题入手，明确发展的思路，提出相应的措施。根据会议的部署，规划编制将突出体现"统筹兼顾"，把握和处理速度与结构质量效益、内需与外需、投资与消费、中央与地方、经济发展与社会发展、改革发展稳定等重大关系，实现经济发展与社会和谐的有机统一。会议强调了"总体规划的统领作用"，表示在制订规划过程中要遵循下级规划服从上级规划、其他规划服从总体规划的原则。要提高编制过程的透明度和社会参与度，提高决策的科学化、民主化程度。据悉，"十二五"规划前期重大问题涉及8个领域39个题目。8大领域涵盖国内外发展环境、思路目标、产业结构、城乡区域、科教文化、改革开放、人民生活和资源环境。（中国新闻网2009年9月28日）

2009年9月30日，联合国教科文组织保护非物质文化遗产政府间委员会第四次会议在阿布扎比召开，审议并批准了列入《人类非物质文化遗产代表作名录》的76个项目，其中包括中国申报的22个项目。列入名录的22个中国项目是：中国蚕桑丝织技艺、福建南音、南京云锦、安徽宣纸、贵州侗族大歌、广东粤剧、《格萨尔》史诗、浙江龙泉青瓷、青海热贡艺术、藏戏、新疆《玛纳斯》、蒙古族呼麦、甘肃花儿、西安鼓乐、朝鲜族农乐舞、书法、篆刻、剪纸、雕版印刷、传统木结构营造技艺、端午节、妈祖信俗。据悉，联合国教科文组织保护非

附 录

物质文化遗产政府间委员会第四次会议9月28日在阿拉伯联合酋长国首都阿布扎比开幕,来自全球114个国家和地区的400多名代表与会。为期三天的会议主要讨论确定入选《人类非物质文化遗产代表作名录》和《急需保护的非物质文化遗产名录》的项目。(新华网2009年9月30日)

2009年10月16~17日,中国城市规划设计研究院55周年院庆报告会在北京举办。汪光焘、周干峙、邹德慈、王瑞珠分别作了题为《积极应对气候变化,促进城乡规划理念转变》、《扩大知识基础,深化细化工作》、《论证——城市规划的一项重要方法》、《城市设计,方法与实践》的学术报告。国土资源部总规划师胡存智、国务院参事陈全生、清华大学社会学系教授孙立平等也应邀在会上作学术报告。李晓江院长在致辞中说,回顾历史,感到欣慰。中规院按照国家科学发展战略,奋力拼搏,勇于创新,为我国城乡规划事业的发展作出了积极贡献。大会从国家乃至世界性的高度,从城市的层面出发,关切城市规划涉及的社会、政治、伦理、价值等系统,也关注了大灾难下或者复杂形势下规划师本身的价值观、责任和立场,对当前城镇化多方面现象和国家政策变化,涉及敏感的土地流转问题、农村土地转换和社会公平,以及新出现的"超级城市体"等众多课题进行了广泛研究和深入思考。

2009年10月19日,中国城市科学研究会在北京召开了《中国低碳生态城市发展战略》成果新闻发布会。中国城市科学研究会副理事长、中国社会科学院副院长武寅研究员发表了讲话,她指出全球正面临着气候变化和资源环境的巨大压力,外延增长式的城市发展模式已难以适应新形势下的发展要求,世界城市发展模式面临着转型的抉择。中国城市需要积极实践、探索一条新的发展道路——低碳生态城市发展道路。

世界自然基金会全球气候变化应对计划主任杨富强和中国城市科学研究会秘书长李迅分别介绍了《中国低碳生态城市发展战略》研究成果的主要内容,包括低碳生态城市发展目标、实施路径和实施措施。具体内容包括:发展遵循城市功能和低碳生态城市发展要求的城市工业;科学规划、合理引导低碳生态城市发展,完善规划指标体系,推行规划环评,保障城市可持续发展;以全方位的可持续交通系统引导城市高效节能运转,构建可持续城市交通系统;研究推广节能技术,推广绿色建筑技术和清洁生产技术,为低碳生态城市发展提供技术保障;推进体制创新,改革财税体制和考核体系,为发展低碳生态城市营造制度环境,改革城市政府行政管理体制,转变和优化城市政府职能,促进低碳生态城市发展。

2009年10月31日至11月1日,"大遗址保护高峰论坛"在历史名城洛阳举办,论坛通过了《大遗址保护洛阳宣言》。国家文物局副局长童明康在论坛上说,中国大遗址保护正在有序推进,形成了以长城、大运河、丝绸之路、西安片区、洛阳片区"三线两片"为核心、100处重要大遗址为重要节点的基本格局。据介绍，最近一年来，长城资源调查和保护工作取得重大进展，调查、发布了明长城资源调查的最终数据——明长城的总长度为8851.8km。总投资2亿元的山海关长城关城保护工程顺利通过国家级验收。大运河将作为中国2014年申报世界文化遗产项目，保护和申遗的各项工作正在积极推进，即将全面进入保护实施阶段。2010年年底之前将公布第一批申报世界文化遗产的大运河点段的初步名单。截至目前，丝绸之路沿线48处遗址点的保护工作已全面启动，吐鲁番地区遗址保护工作和丝绸之路涉及的中国6个省区的申报文本均取得阶段性成果。继去年10月大明宫考古遗址公园建设工作启动以来，牛河梁、良渚、汉长安城、秦始皇陵、隋唐洛阳城、汉魏洛阳城、偃师商城、长沙铜官窑、扬州城等的保护工作正在推进中。童明康说，5年来，中国大遗址保护行为越来越融入经济社会发展。洛阳、西安、无锡、扬州、杭州、安阳、郑州、成都等地的一系列实践案例充分表明，大遗址正在成为中国城市独具特色的名片。（新华网2009年11月5日）

2009年11月16日，国务院批复《中国图们江区域合作开发规划纲要》。标志着长吉图开发开放先导区建设已上升为国家战略，成为迄今唯一一个国家批准实施的沿边开发开放区域。图们江区域是我国参与东北亚地区合作的重要平台。国务院在批复中指出，以吉林省为主体的图们江区域在我国沿边开放格局中具有重要战略地位，加快图们江区域合作开发，是新时期我国提升沿边开放水平、促进边疆繁荣稳定的重大举措。

2009年11月22日，第三届中国城市化国际峰会在北京举行。住房和城乡建设部村镇建设司司长李兵弟表示，中国的城镇化发展出路只能立足于现有的城乡建设用地，确保村庄整治节约出来的土地利益，绝大部分用于农民，防止单纯为解决城市发展的用地盲目撤并村庄。到2008年年末，我国城乡建设用地有22万多平方公里，其中，城市建设用地约5万km^2，乡村建设用地约17万km^2。如果按户籍人口划分，城市的人均建设用地约在$100m^2$，农村的人均建设用地现在已经到$180m^2$。李兵弟认为，统筹城乡建设用地的确可以有效促进土地利用效率的提升，中国的城镇化发展出路只能立足于现有的城乡建设用地，乡村建设用地应该按照城乡规划实施，在切实保证宅基地、农村集体经济建设用地和农村公共服务设施用地的基础上，通过有效的村庄整治，节约用地，统筹用于城乡的发展。

2009年11月25日，国务院批复《关中—天水经济区发展规划》。关中—天水经济区是《国家西部大开发"十一五"规划》中确定的西部大开发三大重点经济区之一，《规划》提出，将把关中—天水经济区打造成为"全国内陆型经济开发开放的战略高地"。经济区规划范围包括陕西西安、咸阳、铜川、渭南、宝鸡、商洛部分县、杨凌农业高新技术产业示范区和甘肃省天水市所辖行政区域，总面积 7.98 万 km^2，规划期从 2009~2020 年。

2009 年 11 月 30 日，住房和城乡建设部副部长仇保兴在第四届中国城镇水务发展国际研讨会上表示，必须在改革的过程中，充分关注到低收入家庭的实际状况，应该给他们充分的补贴，在这种情况下，通过公开公正的程序取得社会共识，在这个基础上持续使水资源的价格恢复到合理的位置，这是有关方面现在所采取的方式。保护中国水资源并不能只单纯依靠调整水价、节约水源。中国目前需要的是建立循环再利用的意识。水价跟保护水资源是有关系，但是还不是最重要的，因为保护水资源实际上是实现了水的循环利用，有关方面采用了一些科学的技术，比方说饮水机的技术、分设水房、水分流的技术，以及环网的分流技术，这些技术都很成熟，而且成本非常低，而且越来越低。在这种情况下，实际上多用一些科技手段和先进理念，就可以实现水的循环利用，就可以达到节水防污的目的。（重庆晚报 2009 年 12 月 1 日）

2009 年 12 月 1 日，《海峡西岸城市群发展规划》获得住房和城乡建设部批复。《规划》指出，海西城市群总体上正向着加速城镇化、沿海化和网络化的方向发展。《规划》提出构建海峡城市群的战略构想：落实国家加快建设海峡西岸经济区的决策部署，充分发挥福建省的比较优势，优化整合内部空间格局，联动周边省区，推进两岸合作交流，逐步形成两岸一体化发展的国际性城市群——"海峡城市群"，构筑我国区域经济发展的重要"增长区域"。《规划》就经济产业发展、社会文化发展、生态建设、城乡统筹发展等四个方面提出发展目标。（福建日报 2009 年 12 月 4 日）

2009 年 12 月 1 日，《深圳市城市更新办法》正式实施。《更新办法》的出台是深圳城市发展转型的一个重要标志。它意味着深圳的城市发展正由过去的以增量土地开发为主向存量土地"再开发"为主转变迈出了重要一步。《更新办法》对城市更新予以了明确的定义："城市的基础设施、公共服务设施亟需完善；环境恶劣或者存在重大安全隐患；现在的土地用途、建筑物使用功能或者资源、能源利用明显不符合社会经济发展要求，影响城市规划的实施。"《更新办法》在政策上有如下重大突破：一是明确原权利人可作为更新改造的实施主体，改造项目无须由"发展商"实施，同时政府鼓励权利人自行改造；二是突破更新改造土地必须"招拍挂"出让的政策限制，规定权利人自行改造的项目可协议出让土地。《更新办法》突破了原有的框架范围，将更新改造范围扩大到旧工业区、旧商业区、旧住宅区、城中村及旧屋村等所有城市更新活动。《更新办法》还首次引入了"城市更新单元"这一概念。"城市更新单元"的划分可以不为具体的行政单位或地块所限，而是通过对零散土地进行整合，予以综合考虑，以此获取更多的"腾挪"余地，保障更新改造中城市基础设施和公共服务设施的相对完整性。

2009 年 12 月 3 日，国务院正式批复《黄河三角洲高效生态经济区发展规划》。国务院指出，要把《规划》实施作为应对国际金融危机、贯彻区域发展总体战略、保护环渤海和黄河下游生态环境的重大举措，把生态建设和经济社会发展有机结合起来，促进发展方式根本性转变，推动这一地区科学发展。国务院要求，《规划》实施要以资源高效利用和生态环境改善为主线，着力优化产业结构，着力完善基础设施，着力推进基本公共服务均等化，着力创新体制机制，率先转变发展方式，提高核心竞争力和综合实力，打造环渤海地区具有高效生态经济特色的重要增长区域，在促进区域可持续发展和参与东北亚经济合作中发挥更大的作用。依据《规划》，黄河三角洲高效生态经济区的战略定位是：建设全国重要的高效生态经济示范区、特色产业基地、后备土地资源开发区和环渤海地区重要的增长区域。《规划》明确了黄河三角洲发展的近期和远期目标：到2015年，基本形成经济社会发展与资源环境承载力相适应的高效生态经济发展新模式；到2020年，率先建成经济繁荣、环境优美、生活富裕的国家级高效生态经济区。（新华网2009年12月3日）

2009年12月4～6日，中国城市规划学会国外城市规划学术委员会及《国际城市规划》杂志编委会2009年年会在重庆召开。以"跨界与融合"为主题，与会中外专家共同探讨了城市规划的时代转型问题。此次年会引起了专家学者和社会各界的共鸣，共收到国内外论文80多篇，经评审后有50多篇入选会议论文集。曾参加上一届年会的著名城市规划学者约翰·弗里德曼也提交了论文。会议围绕城乡统筹与规划改革、民生优先与社区构建、市民参与与公共治理、旧城更新与内生发展、区域协作与宜居城市、因地制宜与集约发展、生态安全与防灾减灾、学科交融与多值决策等8个议题，展开了深入研讨。会议期间，与会专家还就重庆两江四岸城市设计进行了专题研讨。（中国建设报2009年12月8日）

2009年12月12日，国务院正式批复《鄱阳湖生态经济区规划》，这标志着鄱阳湖生态经济区建设上升为国家战略。《规划》明确，鄱阳湖生态经济区包括南昌、景德镇、鹰潭3市，以及九江、新余、抚州、宜春、上饶、吉安市的部分县（市、区），共38个县（市、区），国土面积为5.12万 km^2。鄱阳湖生态经济区的功能定位总结起来讲，就是"三区一平台"，即全国大湖流域综合开发示范区、长江中下游水生态安全保障区、加快中部崛起重要带动区和国际生态经济合作重要平台。围绕"三区一平台"的总体定位，江西今后着力构建安全可靠的生态环境保护体系、调配有效的水利保障体系、清洁安全的能源供应体系、高效便捷的综合交通运输体系等四大支撑体系，重点打造区域性优质农产品生产基地，生态旅游基地，光电、新能源、生物及航空产业基地，改造提升铜、钢铁、化工、汽车等十大产业基地。（人民日报2009年12月17日）

2009年12月14日，国务院总理温家宝主持召开国务院常务会议，研究完善促进房地产市场健康发展的政策措施，全面启动城市和国有工矿棚户区改造工作。会议认为,随着房地产市场的回升,一些城市出现了房价上涨过快等问题,应当引起高度重视。为保持房地产市场的平稳健康发展,会议要求,按照稳定完善政策、增加有效供给、加强市场监管、完善相关制度的原则,继续综合运用土地、金融、税收等手段,加强和改善对房地产市场的调控。重点是在保持政策连续性和稳定性的同时,加快保障性住房建设,加强市场监管,稳定市场预期,遏制部分城市房价过快上涨的势头。一要增加普通商品住房的有效供给。二要继续支持居民自住和改善型住房消费,抑制投资投机性购房。三要加强市场监管。四要继续大规模推进保障性安居工程建设。力争到 2012 年年末,基本解决 1540 万户低收入住房困难家庭的住房问题。会议决定,用 5 年左右时间基本完成城市和国有工矿集中成片棚户区改造,有条件的地方争取用 3 年时间基本完成。(中国广播网 2009 年 12 月 14 日)

2009 年 12 月 15 日,北京市国土资源局正式公布了《北京市土地利用总体规划(2006—2020)》。《规划》提出了首都土地资源保护与开发利用新的战略目标、发展重点、空间格局和政策措施,是北京实行最严格土地管理制度的纲领性文件,是规划首都城乡建设和各项建设、各级部门依法行政的重要依据。根据《规划》,北京市近期新增建设用地的主要来源为城镇地块、城乡结合部、城中村改造地块,远期新增用地范围则向京郊浅山区推移。到 2020 年,北京市城乡建设用地规模控制在 27 万 hm^2 以内;中心城区建设用地规模控制在 $778km^2$ 以内,建设用地扩展应优先利用闲置地、空闲地,尽量不占或少占耕地。《规划》按照土地功能定位首次提出将北京划分为四类功能区,分别为首都功能核心区、城市功能拓展区、城市发展新区、生态涵养发展区,因地制宜,分类引导和管理。《规划》提出未来北京土地利用总格局的空间结构在于着力构建"三圈九田多中心"土地利用总格局。(北京晨报 2009 年 12 月 16 日)

2009 年 12 月 18 日,住房和城乡建设部部长姜伟新在 2010 年全国建设工作会议上发言时表示,住房和城乡建设部明年将继续大规模发展保障性住房建设,计划建 180 万套廉租房和 130 万套经济适用房,希望 2010 年让大家"住有所居"。在总结住房和城乡建设部 2009 年工作时,姜伟新部长主要回顾了 7 个方面的工作进展情况,提到在住房措施方面,推进了 2009 年保障性住房发展,以及《2009—2011 年廉租住房保障规划》的出台等工作。2009 年房价上涨过快也引起了住房和城乡建设部的关注,姜伟新认为原因和 2009 年投资和投机占主导、保障房工作进展不平衡、一些地方的大拆重建工程比较多等因素有关。(法制晚报 2009 年 12 月 18 日)

2009 年 12 月 24 日,全国首个跨区域综合规划《广佛同城化发展规划(2009—2020)》正式出台。《规划》提出,广佛都市圈战略定位就是建设全国科学发展试验区。2008 年年底,国务院批准《珠江三角洲地区改革发展规划纲要

(2008—2020)》，将广佛同城上升到国家战略层面，明确要求以广佛同城携领珠江三角洲地区打造布局合理、功能完善、联系紧密的城市群。《同城化发展规划》由发展基础与环境、总体要求和发展目标、空间发展布局、重点协调发展区域、发展重点、规划实施保障等六个部分组成。（人民网2009年12月25日）

资料来源

2009年度《城市规划通讯》，2009年度《每周信息》，中国城市规划行业信息网。

（编辑整理：金晓春，中国城市规划设计研究院学术信息中心，主任工程师；郭磊，中国城市规划设计研究院学术信息中心，城市规划师）

2009年度城市规划相关政策法规索引

名称	批号（文号）	发布机构	发布日期	实施日期
国务院关于同意将江苏省南通市列为国家历史文化名城的批复	国函〔2009〕2号	中华人民共和国国务院	2009—01—02	
关于开展全国特色景观旅游名镇（村）示范工作的通知	建村〔2009〕3号	中华人民共和国住房和城乡建设部、国家旅游局	2009—01—04	2009—01—04
建设项目环境影响评价文件分级审批规定	第5号令	中华人民共和国环境保护部	2009—01—16	2009—03—01
国土资源部办公厅关于印发市县乡级土地利用总体规划规划基数转换与各类用地布局指导意见（试行）通知	国土资厅发〔2009〕10号	中华人民共和国国土资源部	2009—01—20	2009—01—20
国土资源部关于改进报国务院批准单独选址建设项目用地审查报批工作的通知	国土资发〔2009〕8号	中华人民共和国国土资源部	2009—01—24	
西藏自治区布达拉宫保护办法	第89号令	中华人民共和国西藏自治区人民政府	2009—01—25	2009—03—01
国务院关于推进重庆市统筹城乡改革和发展的若干意见	国发〔2009〕3号	中华人民共和国国务院	2009—01—26	
土地利用总体规划编制审查办法	国土资源部令第43号	中华人民共和国国土资源部	2009—02—04	2009—02—04
关于印发《住房和城乡建设部防灾减灾与抗震工作2008年总结和2009年工作要点》的通知	建办质〔2009〕4号	中华人民共和国住房和城乡建设部	2009—02—17	2009—02—17
关于印发《城镇污水处理厂污泥处理处置及污染防治技术政策（试行）》的通知	建城〔2009〕23号	中华人民共和国住房和城乡建设部、环境保护部、科学技术部	2009—02—18	2009—02—18
关于进一步加强水利工程建设管理的指导意见	水建管〔2009〕115号	中华人民共和国水利部	2009—02—18	2009—02—18

续表

名称	批号（文号）	发布机构	发布日期	实施日期
关于发布《环境保护部直接审批环境影响评价文件的建设项目目录》及《环境保护部委托省级环境保护部门审批环境影响评价文件的建设项目目录》的公告	公告2009年第7号	中华人民共和国环境保护部	2009-02-21	2009-03-01
关于印发《全国城镇生活垃圾处理信息报告、核查和评估办法》的通知	建城〔2009〕26号	中华人民共和国住房和城乡建设部	2009-02-24	2009-02-24
关于进一步做好汶川地震灾区受损城市桥梁隐患处置工作的通知	建办城函〔2009〕146号	中华人民共和国住房和城乡建设部		
国务院办公厅转发环境保护部等部门关于实行"以奖促治"加快解决突出的农村环境问题实施方案的通知	国办发〔2009〕11号	中华人民共和国国务院办公厅	2009-02-27	2009-02-27
国家发展改革委办公厅关于印发西藏生态安全屏障保护与建设规划（2008—2030年）的通知	发改办农经〔2009〕446号	中华人民共和国发展和改革委员会	2009-03-02	2009-03-02
矿山地质环境保护规定	第44号令	中华人民共和国国土资源部	2009-03-02	2009-05-01
国务院关于同意天津新技术产业园区更名为天津滨海高新技术产业开发区的批复	国函〔2009〕25号	中华人民共和国国务院	2009-03-05	2009-03-05
国务院关于拉萨市城市总体规划的批复	国函〔2009〕27号	中华人民共和国国务院	2009-03-12	
国土资源部关于全面实行耕地先补后占有关问题的通知	国土资发〔2009〕31号	中华人民共和国国土资源部	2009-03-14	
关于发布国家环境保护标准《规划环境影响评价技术导则 煤炭工业矿区总体规划》的公告	公告2009年第10号	中华人民共和国环境保护部	2009-03-14	2009-07-01
国务院办公厅关于批准无锡市城市总体规划的通知	国办函〔2009〕36号	中华人民共和国国务院办公厅	2009-03-16	
关于落实《政府工作报告》重点工作部门分工的意见	国发〔2009〕13号	中华人民共和国国务院	2009-03-22	

续表

名称	批号（文号）	发布机构	发布日期	实施日期
关于印发《2009—2010年全国污染防治工作要点》的通知	环办函［2009］247号	中华人民共和国环境保护部	2009—03—23	
关于加快推进太阳能光电建筑应用的实施意见	财建［2009］128号	中华人民共和国财政部、住房和城乡建设部	2009—03—23	
关于表彰第二批全国文明风景旅游区和全国创建文明风景旅游区工作先进单位的决定	文明办［2009］2号	中华人民共和国中央文明办、住房和城乡建设部、国家旅游局	2009—03—24	
国务院关于淮河流域防洪规划的批复	国函［2009］37号	中华人民共和国国务院	2009—03—26	
陕西省城乡规划条例	公告第12号	陕西省人民代表大会常务委员会	2009—03—26	2009—07—01
国务院办公厅关于批准辽阳市城市总体规划的通知	国办函［2009］44号	中华人民共和国国务院办公厅	2009—03—28	
关于开展工程项目带动村镇规划一体化实施试点工作的通知	建村函［2009］75号	中华人民共和国住房和城乡建设部	2009—04—09	
关于对房地产开发中违规变更规划、调整容积率问题开展专项治理的通知	建规［2009］53号	中华人民共和国住房和城乡建设部、监察部	2009—04—10	
国务院关于推进上海加快发展现代服务业和先进制造业建设国际金融中心和国际航运中心的意见	国发［2009］19号	中华人民共和国国务院	2009—04—14	
关于加强稽查执法工作的若干意见	建稽［2009］60号	中华人民共和国住房和城乡建设部	2009—04—17	
关于支持福建省加快建设海峡西岸经济区的若干意见	国发［2009］24号	中华人民共和国国务院	2009—05—06	
关于2009年扩大农村危房改造试点的指导意见	建村［2009］84号	中华人民共和国住房和城乡建设部、发展和改革委员会、财政部	2009—05—08	
国土资源部关于调整工业用地出让最低价标准实施政策的通知	国土资发［2009］56号	中华人民共和国国土资源部	2009—05—11	

续表

名称	批号（文号）	发布机构	发布日期	实施日期
基础测绘条例	国务院令第556号	中华人民共和国国务院	2009—05—12	2009—08—01
国家发展改革委办公厅关于加强区域创新基础能力建设工作的通知	发改办高技[2009]1039号	中华人民共和国发展和改革委员会	2009—05—13	
国土资源部关于切实落实保障性安居工程用地通知		中华人民共和国国土资源部	2009—05—13	
2009—2011年廉租住房保障规划	建保[2009]91号	中华人民共和国住房和城乡建设部、发展和改革委员会、财政部	2009—05—22	
北京市城乡规划条例		北京市人大常委会	2009—05—22	
关于发布《国家环境保护技术评价与示范管理办法》的通知	环发[2009]58号	中华人民共和国环境保护部	2009—05—25	
国土资源部办公厅关于印发市县乡级土地利用总体规划编制指导意见的通知	国土资厅发[2009]51号	中华人民共和国国土资源部办公厅	2009—05—25	
大连市城乡规划条例	公告第1号	辽宁省大连市人大常委会	2009—06—09	2009—08—01
关于修改《中华人民共和国公路管理条例实施细则》的决定	交通运输部令2009年第8号	中华人民共和国交通运输部	2009—06—13	
土地调查条例实施办法	国土资源部令第45号	中华人民共和国国土资源部	2009—06—17	2009—06—17
国家发展改革委、住房和城乡建设部关于做好城市供水价格管理工作有关问题的通知	发改价格[2009]1789号	中华人民共和国发展和改革委员会、住房和城乡建设部	2009—07—06	
关于印发加快推进农村地区可再生能源建筑应用的实施方案的通知	财建[2009]306号	中华人民共和国财政部、住房和城乡建设部	2009—07—06	
关于印发可再生能源建筑应用城市示范实施方案的通知	财建[2009]305号	中华人民共和国财政部、住房和城乡建设部	2009—07—06	
关于印发《数字化城市管理模式建设导则（试行）》的通知	建城[2009]119号	中华人民共和国住房和城乡建设部	2009—07—07	
国务院办公厅关于印发2009年节能减排工作安排的通知	国办发[2009]48号	中华人民共和国国务院办公厅	2009—07—19	

续表

名称	批号（文号）	发布机构	发布日期	实施日期
关于扩大农村危房改造试点建筑节能示范的实施意见	建村函［2009］167号	中华人民共和国住房和城乡建设部	2009—07—21	
海南省城乡规划条例	公告第24号	海南省人大常委会	2009—07—27	2009—10—01
关于新增建设用地土地有偿使用费征收等别执行政策问题的通知	财综［2009］50号	中华人民共和国财政部、国土资源部	2009—07—31	
国土资源部关于严格建设用地管理促进批而未用土地利用的通知		中华人民共和国国土资源部	2009—08—11	
规划环境影响评价条例	国务院令第559号	中华人民共和国国务院	2009—08—17	2009—10—01
关于印发《住房和城乡建设部政府信息公开实施办法》的通知	建办［2009］145号	中华人民共和国住房和城乡建设部	2009—08—31	
国务院关于进一步实施东北地区等老工业基地振兴战略的若干意见	国发［2009］33号	中华人民共和国国务院	2009—09—09	
关于印发《城镇供水设施改造技术指南（试行）》的通知	建科［2009］149号	中华人民共和国住房和城乡建设部	2009—09—10	
国务院办公厅关于发布吉林松花江三湖等16处新建国家级自然保护区名单的通知	国办发［2009］54号	中华人民共和国国务院办公厅	2009—09—18	
关于印发半导体照明节能产业发展意见的通知	发改环资［2009］2441号	中华人民共和国发展和改革委员会、科技部、工业和信息化部、财政部、住房和城乡建设部、国家质检总局	2009—09—22	
成都市城乡规划条例		四川省第十一届人民代表大会常务委员会	2009—09—25	2010—01—01
重庆市城乡规划条例		重庆市第三届人民代表大会常务委员会	2009—09—25	
文化产业振兴规划		中华人民共和国国务院	2009—09—26	
国务院办公厅关于调整天津古海岸与湿地等5处国家级自然保护区的通知	国办函［2009］92号	中华人民共和国国务院办公厅	2009—09—28	

续表

名称	批号（文号）	发布机构	发布日期	实施日期
国务院办公厅关于应对国际金融危机保持西部地区经济平稳较快发展的意见	国办发〔2009〕55号	中华人民共和国国务院办公厅	2009—09—30	
房屋建筑和市政基础设施工程竣工验收备案管理办法（2009年修正）	住建部令第2号	中华人民共和国住房和城乡建设部	2009—10—19	
深圳市城市更新办法	深圳市人民政府令第211号	深圳市人民政府	2009—10—22	2009—12—01
关于印发《住房和城乡建设系统开展工程建设领域突出问题专项治理工作方案》的通知	建市〔2009〕255号	中华人民共和国住房和城乡建设部	2009—10—26	
天津市城乡规划条例		天津市第十五届人民代表大会常务委员会	2009—11—19	
山西省城乡规划条例		山西省人民代表大会常务委员会	2009—11—26	2010—01—01
关于开展2009年住房城乡建设领域节能减排专项监督检查的通知	建办科函〔2009〕992号	中华人民共和国住房和城乡建设部办公厅	2009—11—27	
关于深入推进房地产开发领域违规变更规划调整容积率问题专项治理的通知		中华人民共和国住房和城乡建设部、监察部房地产开发领域违规变更规划调整容积率问题工作领导小组办公室	2009—11—30	
国务院关于加快发展旅游业的意见	国发〔2009〕41号	中华人民共和国国务院	2009—12—01	
关于公布第三批国家重点公园的通知	建城〔2009〕276号	中华人民共和国住房和城乡建设部	2009—12—03	
关于公布第六批国家城市湿地公园的通知	建城〔2009〕277号	中华人民共和国住房和城乡建设部	2009—12—03	

（编辑整理：金晓春，中国城市规划设计研究院学术信息中心，主任工程师；郭磊，中国城市规划设计研究院学术信息中心，城市规划师）

2009 年国务院批准的城市总体规划名单

名　称	发布文号	发布机构	发文日期
国务院关于拉萨市城市总体规划的批复	国函 [2009] 27 号	中华人民共和国国务院	2009—03—12
国务院办公厅关于批准无锡市城市总体规划的通知	国办函 [2009] 36 号	中华人民共和国国务院办公厅	2009—03—16
国务院办公厅关于批准辽阳市城市总体规划的通知	国办函 [2009] 44 号	中华人民共和国国务院办公厅	2009—03—28

2009 年中国人居环境奖获奖名单

中国人居环境奖

浙江省安吉县

中国人居环境范例奖

1. 北京市什刹海历史文化保护区环境整治项目
2. 北京市门头沟区樱桃沟村新农村建设项目
3. 天津市华明示范小城镇建设项目
4. 天津市海河两岸宜居家园工程项目
5. 上海市浦东新区生态环境改善项目
6. 重庆市南岸区南山街道宜居城镇建设项目
7. 重庆市湖广会馆历史文化遗产保护及周边环境整治项目
8. 河北省廊坊市绿色生态走廊建设项目
9. 河北省迁安市三里河两岸环境整治建设项目
10. 山西省晋城市煤层气综合利用工程
11. 内蒙古呼伦贝尔市弘扬民族文化塑造草原风情城市项目
12. 黑龙江省哈尔滨市群力新区生态环境建设项目
13. 吉林省长春市棚户区改造工程
14. 辽宁省铁岭市莲花湖湿地生态恢复工程
15. 山东省淄博市周村古商城历史文化遗产保护项目
16. 江苏省常州市公园绿地建设管理体制创新项目
17. 江苏省镇江市西津渡历史文化街区保护与更新项目
18. 安徽省合肥市西南城区环境综合整治项目
19. 浙江省金华市改善居民住房项目
20. 浙江省上虞市曹娥江两岸环境综合整治项目
21. 福建省南安市西溪两岸生态环境建设项目
22. 河南省嵩县生态保护及城市绿化建设项目
23. 湖北省鄂州市居民住房改善项目
24. 湖北省神农架木鱼镇特色小城镇建设项目

25. 广东省梅州市龙丰垃圾填埋场 CDM 综合治理项目
26. 广东省肇庆市星湖湿地生态保护与环境整治项目
27. 广东省惠州市两江四岸人文与生态环境建设项目
28. 广西柳州市柳江环境整治项目
29. 广西北海市银滩改造与生态保护项目
30. 云南省昆明市莲花池公园环境整治项目
31. 四川省成都市青白江区生态保护及城市绿化建设工程项目
32. 陕西省西安市曲江新区人居环境建设项目
33. 宁夏中卫市开发保护黄河湿地资源项目
34. 新疆沙湾县绿化建设项目

中国城市规划行业信息网十周年改版简介

中国城市规划行业信息网（www.china-up.com）是由中国城市规划设计研究院和中国城市规划协会联合主办、北京中伟思达科技有限公司承办的城市规划行业门户网站。秉承"服务于决策、服务于生产、服务于科研、服务于公众"的宗旨，中国城市规划行业信息网致力于行业权威资讯中心、专业数据中心及专业服务中心的建设。自2000年创办以来，历经2001年、2003年两次改版，时至今日，已走过近十个春秋。在2010年——网站成立十周年之际，网站进行全新改版，以期百尺竿头更进一步。

一、网站改版目标

目标：坚持走学术资源型的网站道路，从信息服务向知识服务的目标迈进

目标实现的关键在于对既有资源的进一步重新整合和搭建更为先进的技术平台，概括为：知识管理＋WEB2.0。为更好地实现这一目标，具体采取了以下几项行动。

（一）网站更名及主办单位的增设

增加中国城市规划学会、中国城市科学研究会为主办单位以增强网站信息的全面性和权威性；网站名称由"中国城市规划行业信息网"变更为"中国城乡规划行业网"，使之更加符合行业的定位。

（二）成立网站编委会

成立中国城乡规划行业网编委会，充分利用行业力量，实现网站资源的共建、共管、共享，更好地实现网站的建设宗旨。

二、网站整体结构与设计

全面改版后的网站将于2010年7月份正式发布，改版框架内容主要包括以下几点。

附 录

（一）更好地体现为行业服务的功能

设立机构展示平台和中国城市规划协会、中国城市规划设计研究院等专版。拟通过推介各单位的最新优秀成果、科研动态、重要项目负责人与学术带头人简介等内容，展示各单位的技术特色与优势，同时在平台上发布投招标信息、会议信息、规划书讯等即时性信息，形成具有开放性的互动平台。

（二）信息知识的便捷搜索和挖掘

鉴于目前网站的资源储备达到一定量级（包括源文件在内共计 120G 的容量），技术条件业已成熟，实施"知识管理"战略的时机已经到来。为此网站创建了城市规划百科平台，面向公众施行半开放制。通过内容开放，以大规模协作的全民参与方式完成对城市规划及相关领域知识的采集、整理以及提取，实现自学习和自我完善，并以结构化体系的形式呈现，形成知识的共享、创造、创新，最终成为一部网络互动型的城市规划百科。

（三）完善用户体验设计

（1）视觉设计：以学术为导向，突出学术氛围，注重实效，体现规划设计行业特点。网站进行整体 CI 设计，形象鲜明，标志性强。具体包括：Logo 设计；调整网页宽度，加大字体，以增加信息容量；页面设计清晰、明了、简洁、大方，不易导致视觉疲劳。

（2）充分体现 WEB2.0 系统平台的互动优势，如提供更多的用户自创造内容（UGC）体验，让更多的用户有机会参与到网站的建设；降低互动的门槛；设立会员管理制等。

（3）具有高度的扩展性，能够为日后的功能扩展预留接口。

附图：首页设计稿。

我们希望中国城乡规划行业网新版的推出，能够更好地满足行业的需求，为城市规划行业的健康发展作出贡献；同时也不辜负行业领导、机构及广大同仁对网站一直以来的关心、鼓励和支持。

中国城市规划行业信息网
2010 年 5 月

中国城市规划行业信息网十周年改版简介

附图 首页设计稿

本书编研机构简介

中国城市科学研究会

中国城市科学研究会于 1984 年正式成立（英文名称为 Chinese Society for Urban Studies，缩写为 CSUS），是由全国从事城市科学研究的专家、学者、实际工作者和城市社会、经济、文化、环境，城市规划、建设、管理有关部门及科研、教育、开发等单位自愿组成，依法登记成立的全国性、公益性、学术性法人社团，是发展我国城市科学研究科技事业的重要社会力量。

本会的宗旨：为适应我国健康城镇化和城市科学发展的需要，组织并推动会员对城市发展的规律，对城市社会、经济、文化、环境和城市规划建设管理中的重大问题进行综合性研究，繁荣和发展城市科学理论，促进城市科学的普及和推广，促进城市科学研究科技人才的成长和提高，促进城市的经济、社会和环境的协调发展。

本会挂靠住房和城乡建设部，接受业务主管单位中国科协和社团登记管理机关民政部的业务指导和监督管理。

本会秘书处下设综合部、组织工作部、学术交流部、咨询宣教部、编辑部、县镇工作部。

目前本会已设立了 5 个专业委员会，全国省（区、直辖市）、市设有 100 个地方城市科学研究会，个人会员 16000 多名。

中国城市规划协会

中国城市规划协会是城市规划行业全国性社会团体，其英文名称为 China Association of City Planning，缩写为"CACP"。1994 年在国家民政部登记注册成立，业务主管部门为中华人民共和国住房和城乡建设部。

中国城市规划协会是由单位会员和个人会员组成的社会团体。全国共有会员单位 800 多个，主要是城市规划管理、城市规划设计、城市勘测、地下管线行业的机构和地方城市规划协会。个人会员包括专家、社会知名人士或有关部门负责人。

历任会长为：周干峙、赵宝江，历任秘书长为：陈晓丽、邹时萌、王燕。协会下设：城市规划管理、城市规划设计、城市勘测、地下管线、女规划师、信息管理、城市规划展示等七个专业委员会，协会办事机构为秘书处，下设行业管理部、培训与咨询部。

中国城市规划协会的宗旨是遵守我国宪法、法律、法规和社会道德风尚，贯彻党和国家的方针政策，维护会员合法权益，反映会员愿望，密切行业横向联系，发挥政府与行业之间的纽带作用，促进城乡规划、建设事业的健康发展。

中国城市规划协会坚持为政府和会员单位服务的方针，依据章程广泛开展行业管理和交流。同时承担业务主管部门委托的行业管理职能，已分别承担了部级优秀城市规划设计项目评选、城市规划技术公告征集、城市规划设计单位体制改革政策研究、注册城市规划师和行政管理法规培训、年度城市规划行业大盘点等方面的具体组织与实施工作。

中国城市规划协会积极开展国际交流与合作，先后与法国、美国、加拿大等国的城市规划部门的有关机构建立了工作关系，进行了人员培训、业务交流与合作。

中国城市规划学会

中国城市规划学会成立于1956年，是依法登记的法人学术性社会团体和职业组织，规划领域唯一的国家一级学会，会员遍布全国，包括9名院士和一大批教授、研究员、高级规划师、注册城市规划师，汇集了城市规划行业的精英，代表了当今中国城市规划领域的最高学术水平。

中国城市规划学会是我国在国际城市与区域规划师学会的官方代表，也是世界银行注册的咨询机构，与主要国家的规划组织签署了双边合作备忘录，有着密切的业务联系，近期的业务合作单位包括联合国开发计划署、联合国人居署、世界银行等国际机构。

学会每年组织大量学术活动，为政府决策提供技术咨询，出版各种学术书刊。由学会主办的每年一次的中国城市规划年会是我国规划行业规模最大、水平最高的盛会。学会会刊《城市规划》是我国城市规划领域发行量最大、最权威的核心期刊；《China City Planning Review》是我国工程建设领域唯一正式出版的英文期刊，深受海外读者欢迎。学会曾经在城镇化、规划立法、规划管理体制、住宅建设、城市机动化、历史文化遗产保护、规划技术标准、规划决策民主化、城市安全防灾等诸多领域为国家有关部门决策提出重要政策建议和参考意见。学会还是国家认可的注册城市规划师继续教育机构，每年为注册规划师提供继续教育培训活动。

学会下设组织、青年、学术和编辑出版4个工作委员会，区域规划与城市经济、居住区规划、风景环境规划设计、历史文化名城规划、城市规划新技术应用、小城镇规划、国外城市规划、工程规划、城市生态规划建设、城市设计、城市安全与防灾 11 个专业学术委员会。学会办事机构为秘书处，下设编辑部、咨询部和联络部。

中国城市规划设计研究院

中国城市规划设计研究院（简称中规院）是中华人民共和国住房和城乡建设部直属科研机构，是全国城市规划研究、设计和学术信息中心。具有城市规划编制、工程设计、工程咨询、旅游规划设计、文物保护工程勘察设计、建设项目水资源论证、建筑工程设计和建筑智能化集成甲级资质；具有承包境外市政工程勘测、咨询、设计和监理项目资质，全国性事业单位组织派遣团组和人员出国（境）培训工作资格证书。对部服务、科研标准规范、规划设计和社会公益服务是中规院的四项主要职能。

中规院是国务院学位委员会批准的城市规划与设计硕士学位授予单位，人力资源和社会保障部批准设置博士后科研工作站；是中国城市规划学会、全国城市规划科技情报网等学术团体的挂靠单位，中国城市规划学会区域规划与城市经济学术委员会、中国城市交通规划学术委员会等十余个二级专业学术委员会挂靠在中规院；是中国国际工程咨询公司的成员单位和国家外专局批准的城市规划境外培训单位；是住房和城乡建设部指定的全国城市规划标准规范技术归口单位、城市轨道交通标准技术归口单位；住房和城乡建设部城市交通工程技术中心、住房和城乡建设部地铁和轻轨研究中心、住房和城乡建设部城市水资源中心和住房和城乡建设部城市供水水质监测中心（包括水质监测国家实验室）均设在中规院。中规院已同 20 多个国家和地区的有关学术机构建立了联系，是国际住房与城市规划联盟的团体会员，是世界银行的注册咨询机构。

中国城市规划行业信息网协办单位简介

江苏省城市规划设计研究院

江苏省城市规划设计研究院是一所成熟而充满活力，拥有省级文明单位等多项殊荣的专业规划设计与研究机构。在该院240多名员工队伍中，拥有20多名国内与省内知名专家，多名南京大学兼职教授，20多名教授级高级专家，80多名注册专业技术人员以及80多位博、硕士专业人才。具有国家甲级城市规划设计、甲级建筑工程设计及市政、旅游、园林等各项资质，通过了ISO 9001：2000质量体系认证。业务领域涵盖区域规划、城市总体规划、详细规划、建筑设计、园林规划设计、市政交通设计、旅游规划、行政区划规划以及相关学术研究等，服务对象遍布国内，远及海外。

在历次全国全省的设计评奖中，该院凭借雄厚的实力名列前茅，先后获国家优秀工程设计银质奖2个、铜质奖2个、住房和城乡建设部优秀城市规划设计奖38个、江苏省优秀工程设计奖130项。其中不乏扛鼎之作：江苏省城镇体系规划和苏州古城控制性详细规划获国家优秀工程设计银质奖、住房和城乡建设部一等奖；江阴市城市总体规划和张家港市城市总体规划获国家优秀工程设计铜质奖、住房和城乡建设部一等奖；江苏省都市圈规划获住房和城乡建设部一等奖。

作为规划行业的领先者，该院以"顾客为本，高度责任"为价值，以"开明开放，合作共赢"为原则，以"专心务本，追求卓越"为理念，不断实践着"用我们的知识和智慧向社会提供最优服务，为人们拥有更加美好的人居环境作出贡献"的庄严使命。

深圳市城市规划设计研究院

（1）服务范围：具有城市规划/工程咨询/市政道路设计甲级、建筑工程设计乙级资格，承接城市发展战略和管理政策研究、城市总体规划、分区规划、法定图则、详细蓝图、城市设计、控制性详细规划、修建性详细规划、各类专项规划、建筑工程设计、市政工程设计项目，参与各地城市发展的重大决策和技术咨询，积累了千余项目的实践经验，有能力为顾客提供满意的服务。

（2）工作理念：以务实的工作态度、创新的思维方法，从城市实际出发，深入细致地调查研究，全面准确地解读城市，注重技术与行政的密切结合，向顾客提供研究上具科学性、管理上具操作性、建设上具实施性的规划、设计、研究、咨询成果。

（3）质量体系：自 2000 年起在城市规划行业中率先通过 ISO 9001 质量管理体系认证，经过多年运行和持续改进，建立了适合行业运作、符合标准要求、系统完善、运行有效的质量体系，在管理实践中发挥了重要作用，有效地控制和规范了项目运作，为保证成果质量提供了可靠的管理制度。

（4）智力资源：全院员工 350 人，其中正、副高级职称 65 人，中级职称 72 人，各类注册师 68 人，博士、硕士学位人员 114 人。与北京大学、南京大学、同济大学、哈工大、中山大学、中科院以及香港地区的咨询公司等著名高校和研究机构建立了合作伙伴关系，拥有由国内外 100 多位著名专家组成的专家库，使我院成为智力资源雄厚、综合实力强大的技术团队。

（5）技术成就：建院十多年来，完成了千余个本市和全国各地规划、设计、研究项目，在全国性各类刊物上发表数百篇学术论文和专著，先后有百余项次的项目获国家、部、省、市优秀规划设计或科技进步奖，其中《深圳市城市总体规划》获国家首次设定的规划设计金奖，并同时荣获国际建协第 20 届世界建筑师大会城市规划专项奖，为中国乃至亚洲规划界赢得了荣誉。

（6）庄重承诺：更深入贯彻 ISO 9001：2000 标准，持续改进质量体系，不断提高管理水平，用雄厚的技术资源，发挥团队集体的智慧，严格履行合同的规定，坚持质量第一、顾客至上、信守承诺的原则，保证所承接的任何服务成果体现全院综合水平，创造规划精品，回报顾客。

沈阳市规划设计研究院

沈阳市规划设计研究院始建于 1960 年 5 月 11 日，具有国家甲级规划设计、建筑设计、工程咨询，国家乙级市政工程设计、风景园林工程设计资质，土地规划甲级资质；是辽宁省规划设计协会理事长单位、辽宁省文明单位、全国规划行业应用新技术先进单位和全国 CAD 新技术应用示范企业单位；是率先在全国同行业中取得 ISO 9001 质量体系认证和国际质量标准认证证书的单位。

全院现有职工 190 人，其中专业技术人员 179 人，有规划研究所、规划设计一所、规划设计二所、道路交通研究所、市政管网研究所、建筑设计事务所、景观规划与环境设计所、沈北新区规划设计中心、土地利用研究所等 14 个部门，能承担区域规划、土地利用规划、城市总体规划、分区规划、控制性详细规划、修建性详细规划、各专业专项规划、风景区规划、环境设计、建筑工程设计、道路工程设计、市政管网工程设计、科技咨询和可行性研究。

多年来，该院与清华大学、同济大学、哈尔滨工业大学、美国伊利诺斯大学、美国威尔考特建筑事务所、美国 RTKL 国际有限公司、美国 UID 建筑事务所、美国泛亚易道景观公司、美国 HCCP 建筑事务所、英国阿特金斯公司、日本芝蒲工业大学、日本庆应大学、日本安井建筑设计事务所、澳大利亚 LAB 建筑事务所、澳大利亚杰克逊设计公司、加拿大 INRO 公司、德国 B-Plan 规划建筑设计公司、德国柏林工业大学等建立了合作伙伴关系，掌握着世界最先进的设计理念和规划动态，其科研设计工作已与国际接轨。

太原市城市规划设计研究院

太原市城市规划设计研究院的前身是太原市总体规划办公室，成立于1979年9月1日，于1984年3月7日更为现名，是具有甲级城市规划资质，并兼有甲级工程咨询、乙级建筑设计、乙级市政行业工程设计等资质的综合性规划设计研究院。该院从1990年开始连续获"太原市文明单位"和"太原市文明单位标兵"荣誉，并获得山西省模范单位、山西省知识分子工作先进单位、山西省建设系统先进单位、太原市优秀党组织等光荣称号。

该院技术力量雄厚，专业门类齐全，设备先进。现有在岗职工85人，专业技术人员81人，其中具有教授级高级技术职称者6人，副高级技术职称者35人，中级技术职称者27人。有国家注册建筑师16人，注册结构工程师4人，注册规划师18人，注册设备师4人，注册咨询工程师10人。设有包含城市规划、总体规划与交通、市政工程、建筑设计等五个综合设计所及办公室、总工办、经营处、图文信息中心、财务处、党办职能处室。专业涵盖城市规划、道路桥梁、建筑学、工民建、给水排水、暖通、电气、园林、环保、经济学等十几个领域。

该院业务范围包括了城镇体系规划、总体规划、控制性详细规划、修建性详细规划、道路交通规划、市政工程规划与设计、专业规划、城市设计、建筑工程设计、工程咨询与可行性研究及课题研究等。建院以来编制完成的数千个规划设计项目中有150余项获国家、部、省、市级奖。

该院倡导并实践"团结、进取、求实、奉献"的企业精神，注重人才培养，全面运行 ISO 9000 质量管理体系，严格技术管理，稳步提升产品质量，贯彻执行"质量第一，服务为本，积极创新，为城乡建设提供科学的规划与设计精品"的质量方针，努力成为政府规划城市、建设城市、管理城市的好助手，以优质的设计和完善的服务为城市规划事业的发展作出积极的贡献。

深圳市城市空间规划设计有限公司

深圳市城市空间规划设计有限公司于 2001 年 4 月在深圳正式成立，具有国家甲级规划设计资质。公司专业从事城市发展战略研究、城市发展规划、项目可行性研究、城市总体规划、详细规划、城市设计、建筑设计等咨询及设计服务。

经过六年多的发展，公司在资质水平、业务范围、技术力量、团队组织上不断壮大完善。现已拥有深圳、上海、北京、贵阳等四家分公司，公司业务布局趋于完善。公司在发展中，一贯秉承"务实和创新并举"的理念，注重多学科融汇和不断地自我超越。在人员配置方面，公司的设计人员涵盖城市规划、建筑学、旅游规划、给水排水、电力电信、园林景观等专业，已形成较为完善的人员结构和较强的设计研究力量。

在自我完善方面，公司设立网站加强与业界同行的相互学习和交流，出版内部刊物《城市空间》鼓励员工各抒己见，加强内部学术气氛。城市空间致力于城市发展的各项研究和为城市管理者、开发者献计献策，我们将以专业的学识和规范的运作，构筑城市空间特有的企业文化。

西安市城市规划设计研究院

西安市城市规划设计研究院是 1990 年 2 月成立的甲级城市规划设计单位。现有职工 110 人，专业技术人员 85 人，其中高级工程师 16 人，工程师 41 人。院内设有党支部、办公室、总工办、计划经营室、规划一所、二所、三所、四所、五所等十几个部门。

该院技术力量雄厚，技术装备先进，规划设计经验丰富，资料齐全。院计算机中心配备有微机、扫描仪、打印机及各类软件；院内配有大型工程复印机、晒图机、摄录仪、投影仪等先进设备，已实现了全院普及计算机辅助规划设计联网，并藏有大量国内外图书资料和信息。建院以来，已完成了 6000 余项城市规划设计，独立完成和参与了西安市多项重大城市建设项目，其中"西安环城工程规划"获得 1995 年度建设部优秀设计一等奖、国家第七届优秀工程设计铜奖；"西安市环南路城市公园及环境综合设计"获得 2001 年度建设部优秀设计二等奖；"西安市城市总体规划（1995—2010）"、"西安市北院门历史地段保护与更新规划"、"西安市钟鼓楼广场规划"、"西安市明德门小区安居工程修建性详细规划"、"北大街城市设计规划"、"西安市环城南路城市公园及环境综合设计"、"西安南院门——粉巷街景设计"、"敦煌市总体规划"、"长安郭杜镇总体规划"、"西安市近期建设规划"、"西安市城市雕塑体系规划"、"西安市空间发展研究"、"秦俑民俗文化旅游村"等项目获得省（部）级优秀设计奖，在国内外规划界有较高的声誉。通过我们的不断努力，已初步具备了集设计、研究、信息管理为一体的综合规划设计能力。

该院十分重视国内外交流与合作，重视引进高层次的专业技术人才。近年来先后与日本、澳大利亚、德国、法国、挪威等国家的专家进行了多项合作，建立了业务联系，先后多批派出技术人员到国外进修、讲学、参观访问，进行学术交流和技术合作。

该院愿与各建设单位、国内外同仁进行广泛的交流合作，本着"团结、求实、奋进"的精神，精益求精，精心设计，以过硬的技术质量和优良的服务态度，为西部大开发各项城市建设、为各建设单位提供高品质的规划设计成果。

北京大学城市规划设计中心

北京大学城市规划设计中心成立于1993年，并于当年取得了建设部授予的全国高校城市规划设计甲级资质，中国城市规划协会会员单位。现拥有专业人员45人，其中高级职称人员28人，国家注册城市规划师12人，多人拥有国外一流大学学术背景与国外一流规划设计单位的实务经验，并配有建筑学、结构工程、园林、市政工程等专业设计人员，是一个资源雄厚、人才密集、技术设备先进的规划设计研究机构。对外承担：城市与区域发展规划研究、城镇体系规划、城市总体规划、分区规划、控制性详细规划、修建性详细规划、城市设计、城市景观规划、环境设计、园林设计、旅游规划、风景区规划、世界遗产保护规划、社区空间规划、房地产开发策划等规划设计业务。

北京大学城市规划设计中心融北京大学文理工综合的学科优势，以北京大学城市与区域规划系的研究与规划设计力量为依托，自成立以来共完成各类主要规划设计项目250余项。近期完成编制的主要规划设计项目包括：长江三峡区域旅游发展规划、山东半岛城市群战略研究、山东半岛城市群总体规划、济南都市圈规划、济南市北跨及北部新城区发展战略研究、德州齐河融入济南都市区战略规划、北京市东城区南锣鼓巷保护与发展规划、安徽省泾县荷花塘地区修建性详细规划等，其中山东半岛城市群总体规划获山东省优秀规划设计一等奖、山东半岛城市群战略研究获山东省科技进步二等奖、河北大厂夏垫镇镇域总体规划获河北省建设厅优秀成果一等奖。

天津市城市规划设计研究院

　　天津市城市规划设计研究院成立于1989年，现有设计部门包括两个分院、三个研究中心、六个规划设计所、一个规划景观设计公司、两个专家工作室、一个建筑设计所及多媒体中心、信息中心等生产和服务部门。一个具有规划设计、建筑设计、工程咨询甲级资质的综合性研究院已初具规模。

　　20多年来，该院一直致力于建设一支高水平的人才队伍，以为长远的发展奠定坚实的基础。秉承以人为本的宗旨，努力营造一个具有广泛包容性的学术氛围，尽可能为每一个人的全面发展提供最大的空间。由此，吸引了来自全国各地、覆盖多个专业领域的技术人才，逐步形成了一支年龄结构、专业结构比较合理的技术团队。

　　20多年来，该院一直致力于技术领域和业务地域范围的拓展，以适应城市发展对规划不断提升的需求。现在，已由一个以规划设计为主，业务比较单一的设计机构，逐步发展到包括规划设计、建筑设计、道路及工程设计、环境景观设计等技术领域的综合性设计机构。而同样具有意义的是，在服务于天津城市建设和经济发展的同时，逐步参与到区域和全国规划设计市场的竞争中，业务遍及全国20多个省、市、自治区。

　　20多年来，该院一直致力于进行广泛的对外技术合作与交流，以求进一步提高技术水准。先后与美国规划师协会、泛亚易道、英国伟信、美国WRT、加拿大宝佳、西班牙里卡多博菲、日本川口卫等学术团体和设计公司在各个领域进行合作，并先后派出十几批、数十位专业人员到国外进行参观、考察和学术交流。

重庆市规划设计研究院

　　重庆市规划设计研究院成立于1984年，是原建设部首批认证的甲级规划设计研究院之一，具有甲级建筑设计、甲级工程咨询、乙级市政工程设计、乙级开发建设项目水土保持方案编制和一级社会公共安全行业从业资质，是以城市规划设计与研究为主，兼有建筑工程设计、市政工程设计、风景名胜区规划、城市设计、小城镇规划、城市消防规划和综合管网规划等众多规划设计的技术密集型的综合设计研究院。

　　全院现设有三个规划所、一个研究所、一个建筑所和一个设计工作室共六个专业设计所（室），并在成都、厦门和重庆设立了分院及公司。全院正式职工中有93％为专业技术人员，其中教授级高工7人，高级工程师24人，工程师38人，博士、硕士生20多名，有相当一批技术人员已成为重庆和全国相关专业领域内的专家。

重庆市规划设计研究院经过20年的发展和积累，现已拥有老中青相结合、各种专业人才配备齐全、技术力量雄厚的专业队伍，具备承担各类大中型重要城市规划编制任务和与国外规划设计公司进行国际合作的能力。20年来，先后完成千余项各类城市规划的编制及建筑、市政设计。院的业务领域涉及城镇体系规划、城市总体规划、分区规划、详细规划、小城镇规划、交通规划，其中尤在山地城市的规划设计方面具有相当丰富的经验和一大批获奖成果。

成都市规划设计研究院

成都市规划设计研究院成立于1983年，是原建设部批准的第一批甲级城市规划设计单位，还具有工程咨询甲级资质和建筑设计乙级资质，主要承担各层次、各类型的规划设计、工程设计以及相关技术服务和技术咨询，同时还承担城市建设有关研究、策划、规范编制等工作，2005年通过了ISO 9000质量管理体系认证。

该院注重队伍建设、质量建设，倡导科学发展、理性管理、积极向上、锐意进取的企业文化及团队精神。现有职工145人，其中专业技术人员131人，毕业于清华大学、同济大学、天津大学、东南大学、重庆大学等国家重点院校，现有硕士以上学历者30人、高级职称者28人（其中教授级高工2人）、中级职称者46人、初级职称者49人、注册规划师22人、一级注册建筑师2人、一级注册结构师2人、高级咨询师9人、咨询师5人。

20多年来，成都市规划设计研究院在为国家公共政策服务、为成都市政府服务、为城市建设服务，在业务拓展、技术进步，以及院深化改革和党建与精神文明建设方面都取得了可喜的成绩。保持了快速、持续、健康、协调发展，经过长期的实践积累，已形成了一套完整有效的质量管理体系和经营管理理念，特别是近几年在科技进步、专业开拓、人才培养和技术手段、技术装备方面不断进步，成长为中国城市规划设计领域中一支重要的生力军，先后完成了成都市及省内外的城镇体系规划、总体规划、分区规划、控制性详细规划、修建性详细规划、村镇规划、风景区规划以及各类专业规划、城市设计和建筑设计等8000多项。近几年来共有56项设计成果荣获部、省级奖励，25项设计成果荣获市级奖励。主编了《城市环境卫生设施规划规范》，参编了《历史文化名城规划规范》等国家标准。

济南市规划设计研究院

济南市规划设计研究院成立于 1987 年，是原建设部 1993 年批准的首批规划设计甲级资质单位，业务范围包括城市规划设计、市政工程设计、道路交通规划和建筑景观设计等。

全院下设：规划设计一所、规划设计二所、创作室、市政工程规划设计所、城市交通所、建筑与环境设计所等生产设计部门；办公室、总工办、信息中心、计财科、政工科等管理科研部门。现有在职职工 116 人，具有各类专业技术职称人员 97 人，其中工程技术研究员 10 人、高级工程师 35 人、注册城市规划师 37 人，2002 年通过 ISO 9001：2000 国际质量管理体系认证。

建院 23 年以来，经过几代人的不懈努力，该院在城市规划设计领域成绩斐然，先后主持编制完成《济南市总体规划》、《济南市历史文化名城保护规划》等重大设计项目 1000 余项，获得优秀规划设计奖项 140 余项，其中省部级以上奖项 50 余项，院先后被住房和城乡建设部、山东省、济南市评为"新技术应用"先进单位、"城市规划"先进单位、"文明示范窗口"先进单位、"重点工程建设"先进单位。为省会济南的经济、社会发展和城市建设作出了突出贡献。

武汉市城市规划咨询服务中心

武汉市城市规划咨询服务中心成立于 2001 年，是武汉市规划局下属的处级事业单位，专业从事规划咨询论证、城市规划设计、规划政策咨询等规划公益服务，是湖北省内首批成立的城市规划咨询机构之一。中心具有雄厚的技术实力和丰富的实践经验，持有城市规划编制资质证书乙级、工程咨询资格证书乙级、城市规划报建咨询资格证书，并拥有百余名各领域专家组成的专家智囊团。

近年来，该中心承担了 3000 余项城市建设项目的规划设计、咨询、研究工作，先后有 90 余项规划咨询成果获部、省、市优秀工程咨询和规划设计奖励，其中《汉正街都市工业园改造规划》、《中共五大会址周边历史地段综合规划》等成果获得住房和城乡建设部优秀规划设计奖，《武汉市旧城改造研究》获得全国优秀工程咨询二等奖。这些成果为武汉的城市规划管理、区级经济建设、土地资产经营、招商引资提供了重要的技术支撑和决策参谋，在规划管理与建设单位之间架起了沟通的桥梁，为武汉市的城乡规划建设发挥了重要作用。

同时，中心还十分重视精神文明建设，长期开展思想教育和政治理论学习，积极参与社区共建活动、爱国主义基地参观、援藏、扶贫、助学、志愿者等公益行动,组织参与书画、演讲、摄影、乒乓球、健身操等各种丰富多彩的文娱活动,先后获得了市青年文明号、市"五四"红旗团支部、市"创新业绩、创高效益"竞赛创新示范岗、区级"最佳文明单位"、市"五一劳动奖状"等集体荣誉称号。

随着新的《城乡规划法》的颁布实施,咨询中心将与时俱进、积极探索,为维护城市规划原则、保障城市公共利益作出新的贡献。

山西省城乡规划设计研究院

山西省城乡规划设计研究院成立于 1980 年,现有职工 186 人,其中专业技术人员 158 人;具有高级技术职称的技术人员 36 人(教授级高级技术人员 3 人);城市注册规划师 32 人,各类注册工程师 35 人。是具有国家城市规划编制甲级、建筑与市政工程设计甲级及工程咨询甲级资质的综合性规划设计单位。

山西省城乡规划设计研究院开展的城市规划业务有:国土区域规划、城镇体系规划、城市发展战略规划、城市总体规划、城市概念规划、城市分区规划、城市详细规划、城市环境景观规划与城市设计、城市专项规划、城市综合交通规划、历史文化名城保护规划、风景名胜区规划、旅游规划、开发区与工业园区规划、村镇规划、城市科学研究等。

开展的工程设计业务有:建筑工程设计、给水排水工程设计、道路桥梁工程设计、燃气热力工程设计、环境卫生工程设计、风景园林工程设计等。

开展的工程咨询及其他业务有:工程建设项目监理、城市建设技术咨询、房地产开发咨询、工程项目建议书与可行性研究报告编制、计算机图形与三维动画制作、招投标代理与造价咨询。

山西省城乡规划设计研究院建院 30 年来始终坚持技术进步和人才培养的发展战略,以"追求先进技术,恪守诚信服务,设计优秀成果,塑造技术品牌"为质量方针,不断开拓进取,先后完成各类规划、工程设计项目 2000 余项,获国家、省、地级优秀规划、设计奖项 100 余项。

2005 年通过了 GB/T 19001—2000 国际质量体系认证(注册号:06705010028ROM)。

上海市城市规划设计研究院

上海市城市规划设计研究院创建于 1957 年，是国内成立最早、技术力量最为雄厚的甲级工程咨询单位之一。主要承担上海市政府下达的指令性规划编制任务，同时为上海和全国各地的政府部门与建设单位提供全方位的城市规划设计服务，被上海市规划行业协会授予"诚信单位"称号。下属主要有上海市浦东开发规划研究设计院、城市规划一所、城市规划二所、城市规划三所、城市规划四所、市政工程规划所、道路与交通规划所、科研中心、信息中心等单位和部门。现拥有专业技术人员 200 余人，其中，高级职称者 50 多人，教授级高工 12 人。

上海市城市规划设计研究院立足上海，通过精心规划、潜心研究、创新设计，在推进上海城市的建设和发展中，做了大量卓有成效的工作。先后承担的主要项目有：上海市总体规划、分区规划、编制单元规划、城镇规划、居住区详细规划、市政基础设施与道路综合交通规划、风景区规划及市重大工程项目规划、重点地区的改建规划、浦东新区总体规划及各开发区规划等，还专门为土地的有偿出让编制了技术要求，对城市规划的可行性研究、城市设计开展技术咨询等业务，为上海"四个率先"和"四个中心"建设的总体目标，提供了有力的规划技术支撑。先后 170 多次获国家、住房和城乡建设部和市级科技进步奖与优秀设计奖等奖项，位列全国同类设计单位前茅。

上海市城市规划设计研究院面向全国、放眼世界。规划业务工作的足迹已遍及国内各省、市、自治区，完成的主要项目有：北京市通州区控制性详细规划、天津北辰区环内地区总体城市设计、重庆市江北城总体规划、广州白鹅潭地区城市设计、宁波市核心滨水区城市设计及三江六岸地区概念规划、青岛中心城城市设计、海口市大金沙湾片区控制性详细规划等，还先后与美国、法国、德国、日本、加拿大、澳大利亚、韩国、新加坡等国家的规划界同行进行规划设计和研究。

上海市城市规划设计研究院秉承"精心规划，惠泽千秋"的理念，遵循《中华人民共和国城乡规划法》和国际通行的各类规划技术条例与规定，站在城市规划学科和事业发展的前沿，加强与国内外机构和社会各界的交流、合作，将"博学、求真、笃实"的精神，寓于为各地各级政府、建设单位提供一流城市规划专业服务的过程中，把自身打造成国内领先、国际知名的研究设计咨询单位。

内蒙古城市规划市政设计研究院有限公司

内蒙古城市规划市政设计研究院有限公司建于1984年，原隶属于建设厅。现为城市规划、市政公用行业、建筑工程及工程咨询四大主类专业齐全的综合性甲级资质设计研究机构。主要从事城市规划、市政工程、建筑工程设计、技术咨询及项目可行性研究。

内蒙古城市规划市政设计研究院有限公司设有：院办公室、总工办、计划经营管理部、经济所、规划设计一所、二所、市政工程设计一所、二所、建筑工程设计一所、二所、园林设计所及工程咨询所等。全院现有职工140多人，其中专业技术人员占86%。

多年来该院在规划、市政、建筑设计、工程咨询等领域做了大量的工作，积累了丰富的工作经验，拥有一支由高素质人才组成的设计队伍，并拥有多位自治区知名专家，在设计领域具有独特的地位和影响力。在专业设备配置方面具有先进的计算机应用软件和设备，如规划、市政、建筑设计的专用工程软件，彩色喷墨绘图仪、打印机以及其他文印绘图出图设备，实现了计算机应用的网络化、信息化、自动化管理，建立了完整的内部管理机制和质量保证体系。

建院以来，内蒙古城市规划市政设计研究院有限公司承接并完成了自治区范围内的城市规划、村镇规划、给水排水工程、道桥工程、园林绿化工程、工业与民用建筑工程等几百项设计项目。且多项设计获国家、自治区优秀设计奖。

全院一贯以重信誉、保质量、高效率作为工作宗旨。这为该院在设计领域中保持技术领先提供了可靠的保证，赢得了客户的信任和较好的社会声誉，并占领了相当广泛的市场。在21世纪，内蒙古城市规划市政设计研究院有限公司将继续坚持"诚实守信，服务一流"的工作作风，竭诚为区内外建设单位提供一流的设计服务。

南京市城市规划编制研究中心

南京市城市规划编制研究中心成立于2003年9月，隶属南京市规划局，是以城市规划、信息集成、城市测绘等多专业融合的新型城市规划研究机构。内设四所一室，即战略规划所、地区规划所、信息系统所、数据服务所、办公室，拥有规划、建筑、交通、园林、测绘、GIS、计算机等专业人才近65人，主要业务涉及城市发展战略研究、地区开发、城市设计、重点项目的规划服务以及各类城市规划信息系统和城市测绘系统的建立及维护、测绘信息采集、管理、GIS 建设及软件开发等有关技术性、服务性工作等方向。

中心成立六年来，紧跟城市的宏观战略和发展趋势，努力发挥规划研究中心、数据中心和全市空间规划综合技术平台的"两个中心一个平台"功能，主动服务政府、服务规划、服务管理，先后完成或参与规划设计和科研任务 200 余项，为"十一五"规划的顺利开展、南京城市发展、规划管理、数字南京建设等工作作出了巨大的贡献，既建立起长期而系统地跟踪城市发展的基本模式，也为政府实现"一疏散三集中、跨江发展、一带三港"等宏伟发展战略提供了科学的决策依据。特别是近三年，中心围绕南京城市总体规划修编（2007～2020 年）、历史文化名城保护规划、城乡规划全覆盖、南京市"数字规划"信息平台研发等重点项目，充分发挥自身集"规划、测绘、信息"三大专业"1+1+1>3"的效应，以及新技术应用于城市规划领域的优势，求真务实，开拓创新，为"全面达小康、建设新南京"的发展目标不懈努力，优秀的业绩也多次获得省市领导、相关政府部门的一致好评和高度称赞。

作为总规修编工作的主编单位之一，在工作方案确定的 9 大类、44 个专题研究和专项规划中，中心负责主编了城市空间演变与发展布局专题研究、历史文化名城保护规划和教育设施布局专项规划，同时还承担了社会经济发展、产业经济等 6 大系统 14 个专题研究和专项规划的协调与辅助研究工作。

作为南京历史文化名城保护规划的编制单位之一，中心整理出南京市点状资源的保护名录，编制完成《南京市重要近现代建筑及近现代建筑风貌区保护规划》和《2009 年重要近现代建筑和近现代建筑风貌区整治建议》。

作为南京市"数字规划"信息平台的联合承担单位和维护单位，目前该项目已通过住房和城乡建设部的成果鉴定和江苏省建设厅的项目验收，成果达到国内领先水平，一期成果也已正式在全局投入使用。

作为南京市规划局的数据中心，经过近 6 年的发展，已经拥有各类电子数据达到 12TB，其中，南京市 1∶500～1∶2000 大比例尺的地形图数据 3000km^2 计 50GB，多年度的全市域正射影像图计 260GB，各层次的规划编制成果数据 190GB，规划审批数据 245GB。

春华秋实，硕果累累。作为国内城市规划领域的新型研究机构和一支充满活力的新兴力量，6 年时间荣获 5 项国家级、19 项省部级、7 项市级、11 项市级课题和 7 项省级课题奖项，并且与南京大学、西北大学、澳大利亚西悉尼大学等国内外知名高校、中国城市规划协会、中国城市规划学会、中国地理信息系统协会、江苏省城市规划学会等行业组织以及新加坡雅斯柏、武大吉奥、微创等专业公司建立了良好的合作机制，使中心在行业内的地位、影响力和知名度逐日提升。此外，中心 6 年的工作成效为提高南京城市规划管理的质量与效能奠定了基础，更为南京的新一轮城市建设提供了一个坚实可靠的平台。

安阳市规划设计院

安阳市规划设计院成立于1987年，拥有规划编制甲级，工程测绘、工程勘察、工程咨询乙级，工程设计丙级等多专业的省内规划强院。业务遍及省内外，现有高中级专业技术人员50余人、市级以上专家7人、硕士研究生17人，规划师、建筑师、结构师、设备师等各类国家注册执业人员43人的高素质专业人才队伍。

多年来，该院坚持"科技创新、认真负责、诚实守信、团结进取、服务奉献"的治院理念，紧紧围绕市委市政府关注的重大问题展开工作。强化技术质量管理和内部行政管理，创新规划理念，广泛开展技术交流，夯实基础，打造了一支适应社会经济发展的观念现代化、人才专业化、技术信息化、管理标准化的正规化队伍。

近年来，该院先后被评为安阳市文明单位、创省级园林城市先进单位、安林公路环境整治先进集体、殷墟申报世界文化遗产集体三等功、城市规划工作先进单位和2008年省级卫生先进单位等荣誉称号。40余项成果获部、省级科技进步奖、优秀勘察设计奖励。年产值逾千万元，综合实力明显加强，各项指标名列省同行前茅，连续七年被评为河南省勘察设计行业先进单位。

滨州市规划设计研究院

山东省滨州市规划设计研究院成立于1993年5月，现为正县级自收自支的科研事业单位，持有规划设计甲级、建筑设计乙级（正在升甲中）及市政设计丙级资质，同时还持有园林绿化、装饰装修、基础工程施工和工程咨询等多项资质证书。

主要从事各类规划设计、建筑设计、市政工程、环境艺术、园林绿化、测量测绘、广告设计、图文设计、装订及装饰装修、基础工程施工、工程技术咨询等业务。现有各类专业人员82人，其中中级以上规划师、工程师职称者48人；各类国家注册师17人。

该院始终坚持"质量是生命，用户是上帝，创新是灵魂，时间是效益"的服务宗旨，坚持"质量立院、人才兴院、科技强院"的经营方针；立足全市，面向全省，走向全国。先后有多个项目、多人、多次受省、市表彰和奖励。经过十几年的发展壮大，已成为滨州市规划设计行业的龙头单位。

温州市城市规划设计研究院

浙江省温州市城市规划设计研究院成立于1984年，隶属温州市规划局。

该院经过20多年的发展，从建院初始的零资产，发展到现在拥有固定资产1600多万元、办公场所3500余平方米、职工人数100多人，具有城市规划编制甲级资质、建筑工程设计甲级资质、市政工程设计丙级资质、文物保护工程勘察设计乙级资质的综合性设计院，是浙中南地区唯一具有规划和建筑工程双甲级设计资质的设计院。

全院现有专业技术人员95人，其中教授级高级职称者1人、副教授级高级职称者25人、中级职称者33人；注册城市规划师14人、一级注册建筑师5人、一级注册结构工程师5人；有博士学位者1人、硕士学位者17人。设计业务范围覆盖区域规划、城市总体规划、分区规划、详细规划、城市设计、园林景观规划设计、村镇规划、文物保护、建筑工程设计、市政给水排水工程设计、道路桥梁工程设计、城市道路交通规划设计和交通影响评估以及相关工程的可行性研究。

2004年年初，该院通过ISO 9001质量标准认证。

创优秀设计品牌是该院的质量目标。历年来，该院不断提高、完善设计理念，不仅在温州本地完成大量的设计业务，还通过实力和优质服务积极拓展省内外业务，已成功进入福建、江西、河北、新疆及浙北等地设计市场。

建院以来，共获部、省、市级优秀设计奖励100多项，其中全国优秀设计奖励9项，出版专著5部，在国家级刊物和学术研讨会上共发表学术论文130多篇；与美国、德国、澳大利亚等国的设计机构以及浙江大学、同济大学、南京大学、哈尔滨工业大学、中规院等单位进行过合作和交流，特别是与哈尔滨工业大学联合开发和研究的《平台式木框架房屋抗风性能》课题，将填补国内在这方面的空白。

邯郸市规划设计院

邯郸市规划设计院是集城市规划设计与研究、规划技术和工程咨询服务、市政工程设计、工程监理、建筑设计、园林景观设计、城市测绘为一体的综合性科研设计单位。具有城市规划和工程咨询"双甲级"、市政工程设计乙级、测绘乙级、市政工程监理乙级及建筑工程设计丙级等资质，技术力量雄厚，仪器设备精良，2008 年通过 ISO 9001：2000 国际质量体系认证。

20 多年来，邯郸规划院以"诚信、和谐、创新、奋进"为建院方针，在城市规划研究、规划设计和工程咨询过程中，积累了较为丰实的经验，锻炼了一支精干的专业技术队伍，先后编制了邯郸市第二期、第三期总体规划，与上海规划院合作编制了邯郸市第四期总体规划。编制了邯郸市主城区分区规划、总体城市设计、绿地系统规划、公共交通、历史文化名城保护、风景旅游等各类专项规划；完成了邯郸市区道路、桥隧、给水排水、供热等市政工程设计；邯郸市 GPS 控制网和 1：1000、1：500 数字化地形图等基础测绘工程。有 60 多项规划设计成果获得省、部级优秀设计奖励。连续 5 年荣获邯郸市政府城乡建设工作先进单位，连续 4 年荣获邯郸市基层文明单位称号，多次被评为先进基层党组织。2008 年河北省建设厅授予"河北省支援四川灾后恢复重建规划工作先进单位"、中国城市规划协会授予"全国城市规划行业抗震救灾先进集体"荣誉称号。

邯郸市规划设计院树立求创新、促增长、建强院的理念，依靠科技进步、质量创优，创立自己的品牌规划、品牌设计，走出一条独具特色的发展之路，为邯郸市的城市建设和"城乡面貌三年大变样"作出了积极贡献。

北京市城市规划设计研究院

北京市城市规划设计研究院（简称北京市规划院）是北京市规划委员会所属负责编制城乡各项规划的事业单位，是住房和城乡建设部批准的甲级资质规划设计单位，其主要职能是为市政府对城市建设宏观决策及各项建设提供规划服务。主要工作任务是：负责组织编制全市城市总体规划、分区规划、控制性详细规划，以及城市交通、市政基础设施等系统规划，承担地下管网规划综合工作；参与全市社会经济发展战略和城市建设重大政策的研究，为政府有关部门和各区县政府等提供规划研究、规划编制、规划咨询等技术服务；承担规划方案技术论证和综合，参与规划方案技术审查，为规划管理提供技术服务与保障；组织编制北京市城市规划技术规程及相关规划定额指标。

北京市规划院自 1986 年成立以来，围绕市政府城市建设的中心任务和建设重点，开展和完成了多层次、多专业的规划编制和规划设计工作。主要规划成果包括：北京城市总体规划、中心城控制性详细规划、近期建设规划、北京历史文化名城保护规划、北京皇城保护规划、北京 2008 奥运规划、商务中心区规划、中关村科技园区规划、顺义和亦庄等新城规划、北京中轴线城市设计、地下空间规划、限建区规划等。同时，北京市规划院还主持或参与完成了一批重大项目的规划研究工作，如北京航空遥感综合调查应用、北京市城市交通综合体系规划研究、北京城市空间发展战略研究、北京市能源发展战略研究、北京市综合生态规划研究等。全院有近百项规划设计和研究成果获得国家、住房和城乡建设部、北京市科技进步奖和优秀规划设计奖。

北京市规划院建院以来，广泛开展了对外学术交流与技术合作，与韩国首尔市政开发研究院等机构建立了长期交流关系，与美国、加拿大、澳大利亚、新加坡等国规划设计事务所合作完成了多项规划设计项目。

北京市规划院现有工作人员270多人，专业技术人员占到80%以上，其中有高级技术人员80余人，中级技术人员80余人，有政府突出贡献专家4人，18人享受国家津贴，形成了专业齐全、结构合理、综合素质较高的规划队伍。

大同市规划设计院

大同市规划设计院前身为大同市城建局规划设计室，成立于1977年，1989年11月组建大同市规划设计院，是以城市规划为主体的具有城市规划资质乙级、市政公用行业资质乙级、建筑工程设计资质丙级的综合性设计院。

全院现有职工47人，其中具有高级职称者6人、中级职称者22人，国家注册规划师8人，国家一级注册建筑师1人，国家二级注册建筑师2人，国家一级注册结构师1人。我院办公场所宽敞，技术力量雄厚，技术装备先进，主要承担：城市城镇体系规划、城市总体规划、分区规划、控制性、修建性详细规划、各类专业规划、项目可行性研究及市政工程设计、建筑工程设计、工程咨询等。

我院一贯坚持以"科学规划、精心设计、质量第一、优质服务"为宗旨，先后完成了数十项政府指令性的规划编制任务，主要有：大同城市总体规划，大同市旧城控制性详细规划，大同市古城保护规划，御河西岸修建性详细规划，火车站广场、红旗广场整顿规划，大同市御东分区规划，御河西岸控制性详细规划，居住区修建性详细规划，并配合规划完成了城市建设的道路拓宽工程设计、污水厂管网工程和百余项建筑工程设计任务。

江阴市规划局

江阴市规划局是市政府负责对全市城乡规划工作实施统一管理的职能部门，主要职能是认真贯彻《中华人民共和国城乡规划法》，加强全市城乡规划的统一管理，实施规划建设项目全过程的规划监督，统筹安排城市各类用地、地下管网和空间资源，提高城乡规划设计和规划管理水平，加大规划执法力度，保证城乡规划的实施。

哈尔滨工业大学城市设计研究所

（1）研究所概况：

哈尔滨工业大学城市设计研究所成立于1989年，是国内高校成立较早的城市设计研究的科研机构之一。城市设计研究所承担城市设计项目，开展城市设计教育，培养建筑学、城市规划专业领域从事城市设计科学研究的博士研究生和硕士研究生。

（2）建设目标：

研究所建设的目标是：城市设计研究所创造良好的研究条件和学术环境，吸引、聚集优秀人才在城市设计的各个研究方向展开多学科交叉的、高水平的学术研究。努力建设成为全国高校中较有影响力的城市设计人才培养和学术研究机构。

（3）学术研究：

城市设计研究所与国内外许多科研院所和高等学校建立了长期稳定的学术联系，承担完成了多项国家、省部和市级的科研项目。城市设计研究所的主要研究方向有城市设计理论与实践、寒地城市人居环境、城市公共空间设计、城市美学、城市景观设计、城市旅游休闲规划设计和高校校园规划设计等。城市设计研究所多年来已发表了近百篇论文，完成了百余项科研课题，及大量的城市规划设计和建筑设计任务。

（4）人才培养：

随着城市设计研究所不断发展壮大，近些年来，城市设计研究所取得了丰硕的研究成果。研究所成员发扬不断进取的精神，大胆探索，锐意创新，求真务实，学习国内外先进的理论；在研究工作中，努力培养自己的研究方向、研究特色和研究风格，从而逐步建立起自身富有特色的学术理论和方法。

乌鲁木齐市城市规划设计研究院

乌鲁木齐市城市规划设计研究院组建于1993年，目前隶属乌鲁木齐市城市规划管理局，其前身为市规划局规划设计室等机构。1998年11月，由乌鲁木齐人民政府批准成立"乌鲁木齐市城市规划设计研究院"，列事业编制50名、领导职数2名，实行差额预算管理。2001年11月28日，经乌鲁木齐市直属机关工会工作委员会批准成立市规划院工会。2003年2月，经乌鲁木齐市城市规划管理局党组会议研究，我院对内部机构设置进行了局部调整。2004年经主管部门批准，我院实行自收自支。经行业主管部门核准，现具备甲级城市规划编制资质，并具有丙级市政、建筑工程设计资质。

全院现有职工48人，中共党员12人，已取得专业技术职称的有42人，其中高级职称者10人，占专业技术人员总数的23.8%，中级职称者25人，初级职称者10人。全院下设9个所、科室，其中专业规划设计所4个，其他内部职能科室5个。

自建院以来，该院一直致力于乌鲁木齐及周边城市的城市规划设计事业，在全院职工的共同努力下，在规划设计领域取得了丰硕成功，其中"乌鲁木齐红山、雅山城市景观设计"，荣获建设部2001年度优秀城市规划设计三等奖，此外还先后多次获得自治区及乌鲁木齐市各类规划和设计奖项，为乌鲁木齐乃至全疆的城市规划建设事业贡献了自己的力量。